普通高等教育计算机类系列教材

计算机网络（MOOC版）

王洪泊　主　编
边胜琴　崔晓龙　参　编

本书配套MOOC课程链接

机械工业出版社

本书是作者多年教学实践与课程改革的经验总结，以计算机网络各层核心协议技术标准为主线，以提升学生学习兴趣为先导，系统深入地讲解了应用层、传输层、网络层、数据链路层、物理层的主要任务和相关实现协议，采用自顶向下的视角引出了TCP/IP核心协议所解决的科学问题，循序渐进地剖析了计算机网络协议三要素（语法、语义、时序）、客户服务器工作模式、域名系统、万维网、数据可靠传输、流量控制及拥塞控制、内部路由选择、透明传输、虚拟局域网等知识的重点和难点，详细阐述了通信子网中重要设备（路由器、交换机等）的配置及使用的技术细节。

本书通过个人独立完成的计算机网络常规实验操作和团队协作完成的课程设计，启发和鼓励学生在解决问题的过程中锻炼及提高自己的计算机网络软/硬件开发、维护等实践能力。

本书可以作为计算机科学技术、物联网工程、人工智能、软件工程等专业高年级本科生学习计算机网络技术课程参考教材使用，也可供计算机科学与技术、电子科学与技术、控制工程、通信工程、信息安全、智能科学与技术等相关专业硕、博士研究生学习选读。授课教师可以根据相关教学计划，灵活调整授课学时。

本书配有以下教学资源：电子课件、习题答案、教学大纲等。欢迎选用本书作教材的老师发邮件至 jinacmp@163.com 索取，或登录 www.cmpedu.com 注册下载。

图书在版编目（CIP）数据

计算机网络：MOOC版/王洪泊主编．—北京：机械工业出版社，2023.1
普通高等教育计算机类系列教材
ISBN 978-7-111-72212-0

Ⅰ．①计…　Ⅱ．①王…　Ⅲ．①计算机网络－高等学校－教材
Ⅳ．①TP393

中国版本图书馆CIP数据核字（2022）第235551号

机械工业出版社（北京市百万庄大街22号　邮政编码100037）
策划编辑：吉　玲　　责任编辑：吉　玲　张振霞
责任校对：张亚楠　张　征　　封面设计：张　静
责任印制：郜　敏
三河市国英印务有限公司印刷
2023年2月第1版第1次印刷
184mm×260mm · 16印张 · 395千字
标准书号：ISBN 978-7-111-72212-0
定价：49.80元

电话服务　　网络服务
客服电话：010-88361066　　机　工　官　网：www.cmpbook.com
010-88379833　　机　工　官　博：weibo.com/cmp1952
010-68326294　　金　书　网：www.golden-book.com
封底无防伪标均为盗版　　机工教育服务网：www.cmpedu.com

前言

近年来，随着计算机网络技术的迅速发展，企事业等用人单位对计算机专业的毕业生提出更新、更高的实践能力要求，因此“计算机网络及实验操作”课程（以下简称本课程）开设以来，受到学生们的广泛欢迎，选课人数逐年递增。

“计算机网络”是计算机应用专业的重要专业必修课。为了适应计算机网络技术发展的趋势，配合作者学校国家级计算机应用特色专业建设以及相关人才培养工作的迫切需要，本书将结合作者近几年的相关教学及研究工作，以计算机网络各层核心协议技术标准为主线，以提升学习者探索兴趣为先导，从应用层、传输层、网络层、数据链路层、物理层，自顶向下地梳理 TCP/IP 的核心工作原理，使学生能够掌握通信子网中重要设备的路由器、交换机等的配置和使用；通过课程设计的形式，鼓励学生在团队协作中锻炼及提高计算机网络软/硬件开发、维护等实践能力。

本课程经过多年的教学实践与积累，于 2014 年成为北京科技大学第四批研究型教学示范课程建设资助项目（编号：KC2014YJX25），2017 年 1 月获得北京科技大学颁发的示范课程荣誉证书。2019 年，本课程成为第一批校级精品在线开放课程（KC2019ZXKF16），经过两年多的不懈努力，课程团队完成了慕课课程建设项目，并于 2020 年 10 月上线中国大学 MOOC 平台，一期开课全国参与学习人数近万人。

本书是作者多年教学实践的总结，注重从技术的源头出发，既从热点方面深入浅出地讲解与剖析，又从整体上系统地梳理，使学生可以用发展的眼光了解现代计算机网络核心协议的实质及其发展趋势。全书共分为 8 章：第 1 章绪论，第 2 章应用层核心协议，第 3 章传输层核心协议，第 4 章网络层核心协议，第 5 章数据链路层核心协议，第 6 章物理层核心协议，第 7 章局域网组建实验，第 8 章路由器组网配置与安全技术实验。其中，第 1 ~ 6 章由王洪泊撰写；第 7 章由边胜琴编写；第 8 章由崔晓龙编写。

本书力求概念准确、论述严谨、内容新颖、图文并茂。全书围绕基本原理和技术细节进行了阐述，同时反映了相关研究的最新进展。

结合本书的撰写，作者开展了研究型教学实践尝试，从扎实理论学习和动手能力培养两方面对学生进行了全面的素质培养；积极创造机会，为建设精品课程打好基础，为计算机科学及技术特色专业建设贡献力量。本书已列入北京科技大学“十四五”教材建设规划（JC2021YB028），本书的顺利出版得益于校教务处、院系各级领导的关怀和帮助，在此表示衷心感谢。

本书同时是作者关于物联网智能硬件新技术科研工作和国家自然科学基金项目——物联网环境下的认知调度网络构建及其资源协调优化（项目编号：61572074）的阶段总结。鉴于该学科知识及相关技术发展迅速，以及作者水平所限，书中难免有不妥之处，诚望读者批评斧正。

作　者

目 录 Contents

前 言

第 1 章 绪论 …… 1

1.1 计算机网络的历史故事 …… 1

1.1.1 燧烽守候，沧桑见证 …… 1

1.1.2 莫尔斯电码，点划世界 …… 2

1.1.3 钟摆传奇，谛悟传真 …… 2

1.2 计算机网络的发展 …… 3

1.2.1 主机多终端式的发展阶段 …… 3

1.2.2 有独立功能的多主机互联阶段 …… 4

1.2.3 计算机网络标准化阶段 …… 5

1.2.4 计算机网络的高速化、个性化、综合化、智能化阶段 …… 6

1.3 计算机网络的基本概念 …… 6

1.3.1 计算机网络的定义 …… 6

1.3.2 资源子网、通信子网和节点 …… 7

1.3.3 通信链路 …… 7

1.3.4 广域网、局域网和城域网 …… 8

1.3.5 公用网和专用网 …… 8

1.3.6 互联网 …… 8

1.3.7 无线网 …… 8

1.3.8 虚拟和透明 …… 8

1.3.9 虚拟局域网与虚拟专用网 …… 9

1.4 计算机网络的组成 …… 9

1.4.1 基本要素 …… 9

1.4.2 系统拓扑结构描述 …… 9

1.4.3 系统组成 …… 9

1.4.4 计算机网络的功能和特点 …… 11

1.4.5 计算机网络的分类及其拓扑结构 …… 12

1.4.6 计算机网络体系结构与协议 …… 13

1.4.7 OSI 参考模型中各层功能概述 …… 16

1.4.8 TCP/IP 体系结构 …… 20

本章小结 …… 21

习题 …… 22

扩展阅读 …… 22

第 2 章 应用层核心协议 …… 23

2.1 域名系统 …… 23

2.1.1 域名系统的研究历史 …… 23

2.1.2 域名系统概述 …… 24

2.1.3 Internet 的域名结构 …… 24

2.1.4 域名服务器与域名解析 …… 25

2.2 文件传送协议 …… 28

2.2.1 FTP 概述 …… 28

2.2.2 基本工作原理 …… 28

2.2.3 主动和被动模式 …… 29

2.2.4 FTP 和网页浏览器 …… 30

2.2.5 FTP 的使用 …… 30

2.3 网络文件系统 …… 31

2.3.1 NFS 组成及配置过程 …… 31

2.3.2 NFS 的技术优势 …… 32

2.4 简单文件传送协议 …… 32

2.4.1 TFTP 的主要特点 …… 32

2.4.2 TFTP 的工作原理 …… 32

2.4.3 FTP 与 TFTP 的区别 …… 34

2.5 远程登录协议 …… 34

2.5.1 客户服务器工作模式 …… 34

2.5.2 TELNET 的使用 …… 35

2.6 电子邮件 …… 36

2.6.1 概述 …… 36

2.6.2 电子邮件的组成构件 …… 37

2.6.3 电子邮件的发送和接收过程 …… 38

2.6.4 电子邮件的组成 …… 38

2.6.5 简单邮件传送协议 …… 39

2.6.6 邮局协议 …… 39

2.6.7 通用 Internet 邮件扩充协议 ········ 39
2.7 万维网 ································ 41
2.7.1 伯纳斯·李与万维网的创建 ······ 41
2.7.2 万维网的工作原理 ················ 41
2.7.3 统一资源定位符 ··················· 43
2.7.4 超文本传送协议 ··················· 44
2.7.5 超文本标记语言 ··················· 48
2.7.6 万维网页面中的超链 ············· 49
2.7.7 万维网动态文档 ··················· 50
2.7.8 动态网页编程技术 ················ 52
2.7.9 万维网上的搜索引擎 ············· 53
2.8 引导程序协议与动态主机配置协议 ································ 54
2.8.1 引导程序协议 ······················ 54
2.8.2 动态主机配置协议 ················ 55
2.9 简单网络管理 ·························· 56
2.9.1 网络管理的基本概念 ············· 56
2.9.2 简单网络管理协议 ················ 57
2.9.3 管理信息库 ························· 58
2.9.4 SNMPv1 的五种协议数据单元 ······ 59
2.9.5 SNMPv2 和 SNMPv3 ·············· 60
2.10 网络应用进程接口 ··················· 61
2.10.1 应用编程接口与套接字 ·········· 61
2.10.2 无连接循环服务与面向连接并发服务 ························· 62
本章小结 ···································· 64
习题 ·· 64
扩展阅读 ···································· 65
第 3 章 传输层核心协议 ···················· 66
3.1 传输层协议概述 ······················· 66
3.1.1 传输层协议的地位 ················ 66
3.1.2 传输层与应用进程的通信 ········ 66
3.1.3 传输层协议和网络层协议 ········ 67
3.2 TCP/IP 体系中的传输层 ············· 68
3.2.1 TCP 与 UDP ························ 68
3.2.2 传输层网络端口 ··················· 69
3.3 用户数据报协议 ······················· 70
3.3.1 UDP 概述 ··························· 70
3.3.2 用户数据报首部格式 ············· 70
3.4 传输控制协议 ·························· 71
3.4.1 TCP 服务器与客户机通信机制 ··· 71
3.4.2 传输控制协议报文段的首部 ······ 71
3.4.3 面向字节的数据编号与确认机制 ································ 73
3.4.4 流量控制与拥塞控制 ············· 73
3.4.5 重传机制 ···························· 76
3.4.6 采用随机早期丢弃策略进行拥塞控制 ································ 77
3.4.7 TCP 的传输连接管理 ············· 78
3.4.8 管理信息库 ························· 79
本章小结 ···································· 80
习题 ·· 80
扩展阅读 ···································· 80
第 4 章 网络层核心协议 ···················· 81
4.1 网络层与网络互联 ···················· 81
4.1.1 网络层的主要任务 ················ 81
4.1.2 网络互联的基本概念 ············· 81
4.2 IPv4 地址 ······························ 82
4.2.1 IPv4 地址概述 ····················· 82
4.2.2 IPv4 地址分类 ····················· 82
4.2.3 几种特殊 IP 地址形式 ············ 84
4.2.4 子网 ·································· 85
4.2.5 子网地址空间的划分 ············· 88
4.2.6 超网 ·································· 90
4.2.7 无类域间路由技术 ················ 91
4.2.8 网络地址转换技术 ················ 92
4.3 IP 分组交付和路由选择 ············· 98
4.3.1 IP 分组交付 ························ 98
4.3.2 路由选择 ···························· 99
4.4 Internet 的路由选择协议 ··········· 100
4.4.1 自治系统 ·························· 100
4.4.2 内部网关协议 ···················· 100
4.4.3 最短路径优先协议 ·············· 105
4.4.4 外部网关协议 ···················· 110
4.5 IPv4 协议 ···························· 112
4.5.1 IPv4 协议的特点 ················· 112
4.5.2 IPv4 数据报 ······················ 112
4.5.3 IP 数据报的分片 ················· 113

4.6　地址解析协议…………………… 115
4.6.1　IP 地址与物理地址的映射……… 115
4.6.2　地址解析方法的改进 ………… 117
4.7　路由器与第三层交换机………… 118
4.7.1　路由器的主要功能 ………… 118
4.7.2　路由器的结构 ……………… 118
4.7.3　路由器的基本工作原理 ……… 120
4.7.4　第三层交换机 ……………… 121
4.7.5　路由器的配置方式与配置方法 ………………………… 122
4.7.6　路由器的基本配置及公用命令 ………………………… 123
4.8　Internet 控制报文协议 ………… 124
4.8.1　ICMP 的作用与特点 ………… 124
4.8.2　ICMP 报文 ………………… 125
4.9　IP 组播与 Internet 组管理协议 … 126
4.9.1　IP 组播的基本概念 ………… 126
4.9.2　Internet 组管理协议 ………… 126
4.9.3　组播路由器与 IP 组播中的隧道技术 ………………………… 126
4.10　IPv6 与 IPSec ………………… 127
4.10.1　IPv6 的主要特点………………… 127
4.10.2　IPv6 地址表示方法 ………… 128
4.10.3　IPv6 与 IPv4 报头的比较 ……… 129
4.10.4　IPv4 到 IPv6 的过渡 ………… 129
4.10.5　IPSec 安全协议 …………… 131
本章小结 ……………………………… 132
习题 …………………………………… 132
扩展阅读 ……………………………… 132
第 5 章　数据链路层核心协议 ……… 133
5.1　数据链路层概述………………… 133
5.1.1　基本术语……………………… 133
5.1.2　数据链路层的主要功能 ……… 134
5.1.3　四个基本问题 ……………… 134
5.2　停止等待协议………………… 136
5.2.1　透明化数据传输 …………… 136
5.2.2　具有最简单流量控制的数据链路层协议 ……………………… 137
5.2.3　实用的停止等待协议 ………… 138
5.2.4　循环冗余检验的原理 ………… 139
5.2.5　停止等待协议的算法 ………… 140
5.2.6　停止等待协议的定量分析……… 141
5.3　连续 ARQ 协议 ……………… 142
5.3.1　连续 ARQ 协议的工作原理 …… 142
5.3.2　滑动窗口的概念 …………… 143
5.3.3　信道利用率与最佳帧长 ……… 144
5.3.4　选择重传 ARQ 协议 ………… 144
5.4　面向位的链路层协议…………… 145
5.4.1　面向位的链路层协议概述……… 145
5.4.2　HDLC 的帧结构 …………… 145
5.5　Internet 的点对点协议 ………… 146
5.5.1　Internet 的点对点协议的组成…… 146
5.5.2　PPP 的帧格式 ……………… 146
5.5.3　PPP 的工作状态 …………… 147
本章小结 ……………………………… 147
习题 …………………………………… 148
扩展阅读 ……………………………… 148
第 6 章　物理层核心协议 ………… 149
6.1　物理层主要功能………………… 149
6.1.1　物理层与局域网 …………… 150
6.1.2　物理层主要特性 …………… 150
6.2　以太网概述……………………… 151
6.2.1　以太网的工作原理 ………… 151
6.2.2　以太网的连接方法 ………… 153
6.3　以太网的 MAC 层 ……………… 155
6.3.1　MAC 层的硬件地址 ………… 155
6.3.2　两种不同的 MAC 帧格式 ……… 156
6.4　局域网的扩展方式……………… 158
6.4.1　在物理层扩展局域网 ………… 158
6.4.2　在数据链路层扩展局域网……… 158
6.5　虚拟局域网……………………… 162
6.5.1　虚拟局域网的概念 ………… 162
6.5.2　虚拟局域网使用的以太网帧格式 ………………………… 162
6.6　快速以太网……………………… 163
6.6.1　100BASE-T 以太网 ………… 163
6.6.2　吉比特以太网 ……………… 163
6.6.3　10 吉比特以太网 …………… 164

6.7 无线局域网 …… 165
6.7.1 无线局域网的组成 …… 165
6.7.2 802.11 标准中的物理层 …… 166
6.7.3 802.11 标准中的 MAC 层 …… 166
本章小结 …… 170
习题 …… 170
扩展阅读 …… 171
第 7 章 局域网组建实验 …… 172
7.1 实验环境和基本操作 …… 172
7.1.1 Cisco Packet Tracer 使用说明 …… 172
7.1.2 交换机和路由器的使用 …… 175
7.1.3 常用网络命令 …… 187
7.2 局域网组建 …… 189
7.2.1 单台交换机划分 Vlan …… 189
7.2.2 跨交换机 Vlan 访问 …… 193
7.2.3 链路聚合配置 …… 197
7.3 Vlan 间通信 …… 200
7.3.1 单臂路由 …… 200
7.3.2 三层交换机实现 Vlan 间通信 …… 205
第 8 章 路由器组网配置与安全技术实验 …… 210
8.1 路由器组网 …… 210
8.1.1 最简网络互联 …… 210
8.1.2 静态路由 …… 213
8.2 动态路由协议 …… 215
8.2.1 RIP 基本配置 …… 215
8.2.2 单区域 OSPF …… 221
8.2.3 多区域 OSPF …… 228
8.3 网络安全技术 …… 234
8.3.1 访问控制列表 …… 234
8.3.2 网络地址转换 …… 238
附录 名词及术语中英文对照索引表 …… 246
参考文献 …… 248

第1章 绪论

导读

本章首先漫话了几位计算机网络发展的历史人物，从狼烟滚滚的冷兵器时代里走出来的周幽王、洞察电信世界的神奇科学家塞缪尔·莫尔斯，到钟摆传奇、谛悟传真的亚历山大·贝恩。回味这些历史，我们既可以体会到科学家们脑海深思熟虑的那份宁静，又惊奇于他们触类旁通的那份才华。

本章知识点

- 计算机网络的历史故事与发展
- 计算机网络的定义和组成要素
- 计算机网络的功能、特点、分类及其拓扑结构
- 计算机网络体系结构的基本概念
- OSI 七层参考模型及各层功能
- TCP/IP 体系结构

1.1 计算机网络的历史故事

计算机网络技术又称计算机通信或数据通信，主要研究的是如何安全、可靠和高效地传递计算机或其他设备产生的数据信号。本节主要介绍计算机网络发展的历史故事。

1.1.1 燧烽守候，沧桑见证

古代打仗时，擂鼓助战，鸣金收兵。鼓是用牛皮制作的，声音浑厚，起到激励的作用，而鸣金（敲锣）的声音清脆，穿透力强，在战场厮杀时，士兵可以清楚地听见，服从指挥。

从那场历史悲剧《周幽王烽火戏诸侯》可以看出，我国古代的烽火通信系统相当发达，如图1-1所示，已经具备了现代计算机网络中“中继”的雏形，可以将少量军情信息快速“狼烟”到京城甚至全国各地。

古代的信息传递主要以声、光为载体，如击鼓、鸣金、挥舞旗帜等，只能在可视或可听的短距离内传输，可靠性差、速度慢、保密性低。由于缺乏现代数据通信中的“编、解码技术”，可以传递的信息只能事先约定好，并且无法实时协商，导致可传递信息量少。

图 1-1　古代烽火台遗迹

1.1.2　莫尔斯电码，点划世界

19 世纪 30 年代，由于铁路迅速发展，迫切需要一种不受天气影响并且比火车跑得快的通信工具。

1838 年，美国科学家塞缪尔·莫尔斯（Samuel Morse）发明了莫尔斯电码，如图 1-2 所示，以点和划形式传递离散的文本信息。该电报网通信方式非常简单，内容单一，可传送的信息量较少，但却开启了现代数据通信时代的新纪元。

A	• —	N	— •	1	• — — — —	Ñ	— — • — —
B	— • • •	O	— — —	2	• • — — —	Ö	— — — •
C	— • — •	P	• — — •	3	• • • — —	Ü	• • — —
D	— • •	Q	— — • —	4	• • • • —	,	• • — • •
E	•	R	• — •	5	• • • • •	.	• — • — • —
F	• • — •	S	• • •	6	— • • • •	?	• • — — • •
G	— — •	T	—	7	— — • • •	;	— • — • —
H	• • • •	U	• • —	8	— — — • •	:	— — — • • •
I	• •	V	• • • —	9	— — — — •	/	— • • — •
J	• — — —	W	• — —	0	— — — — —	+	• — • — •
K	— • —	X	— • • —	Á	• — — • —	-	— • • • • —
L	• — • •	Y	— • — —	Ä	• — • —	=	— • • • —
M	— —	Z	— — • •	É	• • — • •	()	— • — — • —

图 1-2　莫尔斯电码

1.1.3　钟摆传奇，谛悟传真

在使用电报网传递文字信息的几十年后，新闻业和摄影业等对远距离传送图片的需求不断增加。在最早发明传真机的亚历山大·贝恩眼里，可以实现该需求的就是一个远程打印机，的确说得十分形象。

1843年，亚历山大·贝恩试图把两支钢笔连接到两个钟摆的装置，再依次与电源连接起来，结果发现：在另一端重现了电传导性表面的信息。这就是世界上最早的传真机原理概念机，其示意图如图1-3所示，后来，这种原理的传真机在横跨美国的电报信息传输中应用得非常普遍。

1850年，美国科学家弗·贝克韦尔（Frederick Bakewell）开始采用“滚筒和丝杆”装置代替了亚历山大·贝恩的钟摆方式，使传真技术前进了一大步。

图1-3　传真机原理示意图

1865年，伊朗科学家阿巴·卡捷里根据贝恩和贝克韦尔提出的原理，制造出实用的传真机，并在法国的巴黎、里昂和马赛等多个城市之间进行了传真通信实验。

可见，传真机从发明至今已经有超过150年的历史，远早于电话的发明，但它的推广和普及则是近几十年的事。在这之前，传真机的发展非常缓慢，这主要是受到使用条件及其本身技术落后等原因的限制。

自20世纪70年代开始，世界各国相继在公用电话交换网上开放传真业务，传真机才得到广泛的发展。20世纪80年代中期，传真技术达到了巅峰，传真机成为普通办公环境中不可或缺的工具。但是近年来，随着互联网上电子邮件和网络传真技术的快速发展和应用，传统传真业务呈大幅下降趋势，仅在某些特殊的场景下具有不可取代的位置。

1.2　计算机网络的发展

计算机网络的应用正在改变着人们的生活和工作方式，特别是物联网的迅速兴起进一步引起全球范围内的信息产业的又一次新技术革命。

纵观计算机网络发展，经历（主机多终端式的发展阶段、有独立功能的多主机互联阶段、计算机网络标准式阶段、计算机网络的高速化个性化综合化智能化阶段）四个特征明显的演变历程。

1.2.1　主机多终端式的发展阶段

计算机网络的主机多终端式的发展阶段开始于20世纪50年代中后期，也称为面向终端的计算机网络阶段，或者第一代计算机网络，发展的过程经历了具有通信功能的脱机系统和具有通信功能的联机系统。

如图1-4所示，由一台主机通过两部调制解调器（Modem）、电话线路、集线器（Hub）连接到远程的多台终端（Terminal），构成了主机多终端式的系统。

主机多终端式的系统可以把地理位置上分散的多个终端通过通信线路连接到一个主机上。用户可以在办公室内的终端输入数据、程序、文档，通过通信线路传输到主机上，分时访问和使用其主机的硬软件资源进行信息处理，处理结果再通过通信线路送回用户终端显示和打印。

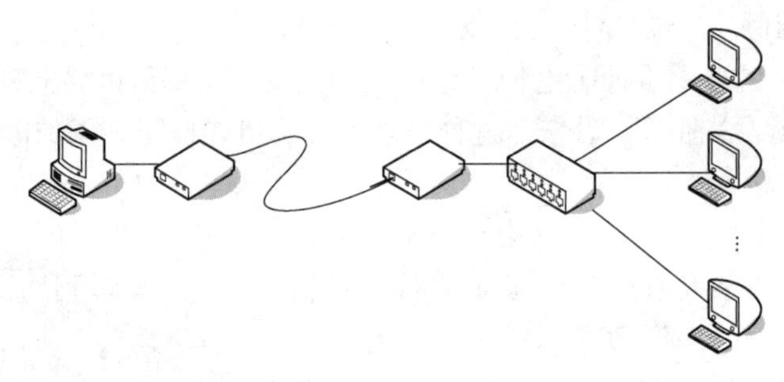

图 1-4　主机多终端式的系统

该阶段最明显的特征是将计算机技术与通信技术相结合，并实现了远距离的数据通信。由主机 – 通信线路 – 终端组成的第一代计算机网络，就是计算机网络的“雏形”阶段 。

1.2.2　有独立功能的多主机互联阶段

20 世纪 60 年代后期，为了完成资源共享，出现了有独立功能的多主机互联技术，形成以通信子网为中心、各计算机通过通信线路连接相互交换信息的系统，真正有了“网”的概念。

如图 1-5 所示，有独立功能的多主机互联的资源共享系统的出现使计算机网络的通信方式由终端与主机之间的通信，发展到拥有各种不同独立功能计算机与计算机之间的直接通信。

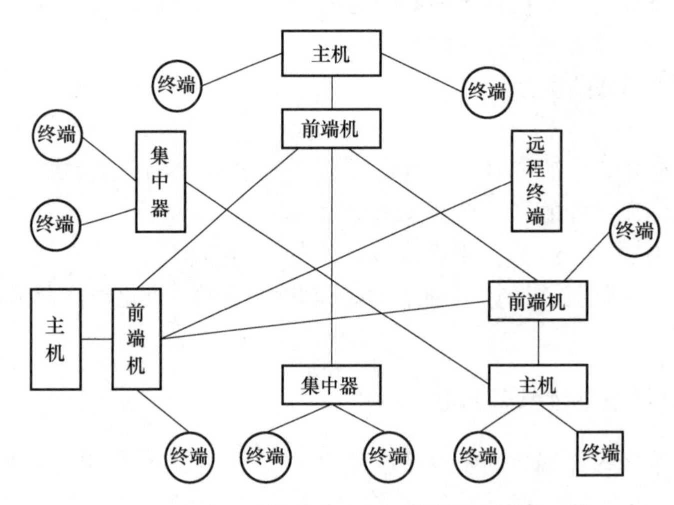

图 1-5　有独立功能的多主机互联的资源共享系统

使用者可以把整个系统看作由若干个功能不同的计算机系统集合而成。研究者们称之为第二代计算机网络，它超越了第一代面向终端的主机的功能，将数据处理与数据通信两项功能分开。

美国的 ARPANET 是最早的有独立功能的多主机互联系统的代表。ARPANET 是美国国防部高级研究计划局于 1969 年建成的，开始时有 4 个主机相连接，到 1975 年已经有 100 多台不同型号的大型计算机连于网内。它是一个典型的、全球第一个采用“分组交换”技术的网络，其结构如图 1-6 所示。

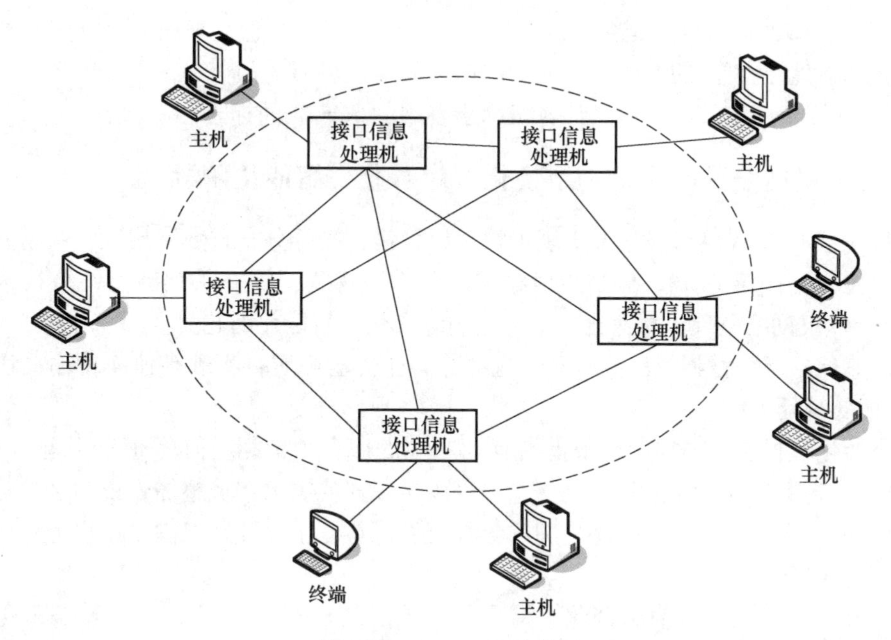

图1-6　ARPANET结构图

分组交换技术是计算机网络“形成与发展”的主要标志，促进了计算机网络向更大规模化的方向发展。

1.2.3　计算机网络标准化阶段

由于计算机网络的研究是分散进行的，没有一个组织机构来统一协调此事，而各大著名公司均按照自己的想法去研究和实现，如IBM和DEC公司等，因此在实践中出现了一个必须面对的问题：各网络之间并不兼容，不同网络之间的通信就出现了问题。随着计算机网络在数量上的增加和范围上的扩大，20世纪70年代末期，这些公司开始意识到：由于网络规范的不同，它们之间的信息交换变得不可能。

为了解决上述问题，国际标准化组织（International Organization for Standardization，ISO）研究了数字设备通信网（Digital Electronic Communication Network，DEC NET），系统网络架构（System Network Architecture，SNA）和传输控制协议/互联网协议（Transmission Control Protocol /Internet Protocol，TCP/IP）等，利用这些研究成果，ISO于1984年发布了一套描述性的网络体系结构模型——开放系统互联参考模型（Open System Interconnection Reference Model，OSI/RM），简称OSI参考模型，为生产商们提供了一个大家共同遵守的标准。该标准实施的目的是解决不同网络间的相互兼容性和互操作性。OSI参考模型非常详细地描述了网络各子层应该具有的功能及其层间服务关系，所以该参考模型成为指导构建计算机网络标准化发展的里程碑。

OSI参考模型是一个逻辑上的定义和规范，它在逻辑上将网络协议分为了七层。每一层都有相关、相对应的物理设备，比如常规的路由器是三层交换设备，常规的交换机是二层交换设备。OSI七层参考模型是一种框架性的设计方法 ，建立七层模型的主要目的是为了解决异种网络互联时所遇到的兼容性问题，其主要功能就是帮助不同类型的主机实现数据传输。OSI 参考模型的最大优点是将服务、接口和协议这三个概念明确地区分开来，通过七个层次化的结构模型使不同的系统、不同的网络之间实现可靠的通信。

第三代计算机网络的标准化是计算机网络发展“成熟”的标志。

1.2.4 计算机网络的高速化、个性化、综合化、智能化阶段

自 20 世纪 80 年代以来，相继出现了快速以太网、光纤分布式数字接口、快速分组交换技术、千兆以太网、B-ISDN、WiFi、射频识别技术、物联网等一系列新型网络技术，进入 21 世纪，计算机网络呈现出高速化、个性化、综合化、智能化的趋势。

1）高速化：网络宽频带，低时延。光纤等高速传输介质可实现高速率传输；快速交换技术可保证低时延。

2）个性化：根据用户的设定来提供有针对性的服务，依据各种渠道对资源进行收集、整理和分类，向用户提供和推荐相关信息，以满足用户的需求。从整体上说，个性化服务打破了传统的被动服务模式，能够充分利用各种资源优势，主动开展以满足用户个性化需求为目的的全方位服务。

3）综合化：接入技术的综合化。综合化接入网的目标是实现语音、数据和视频等全业务接入，要求其具有完善的体系结构，既可融入现有的电信网络，又能适应电信网络的未来发展。根据接入网所处的网络位置和需要实现的业务功能，综合化接入网应具备一体化的平台，便于网络规划、升级和扩容；应具备丰富的接口，满足各种业务的接入需求；应支持接口标准的开放，以适应与核心网和用户终端的互联互通；应能够提供针对不同业务的服务质量（Quality of Service，QoS）保证；应能够实现综合业务的统一传输，节省光纤；应能支持灵活的组网，支持环网、环带链等各种组网拓扑以及光纤加铜缆、光纤加无线、铜缆加无线等方式混合组网，以适应不同网络，实现广覆盖；应实现统一网管，降低运营维护成本。

4）智能化：在现有网络基础上，通过对网络结构的优化、资源的整合、节点设备的升级和改造、新技术的引入以及管理流程优化等手段来实现网络优化、业务开放和网元智能化的目标。网络智能化的核心思想是用户数据集中管理，减少业务对终端的依赖，便于业务触发和部署，同时为业务向 5G 过渡做准备。

1.3 计算机网络的基本概念

1.3.1 计算机网络的定义

如图 1-7 所示，计算机网络是指利用通信线路将地理上分散的、具有独立功能的计算机系统和通信设备按不同的形式连接起来，以功能完善的网络软件实现资源共享和信息传递的复合系统。

计算机网络的基本特征：①具有共享能力；②各计算机自治（计算机自成系统）；③网络协议支持（管理、控制和通信）；④具有通信功能。

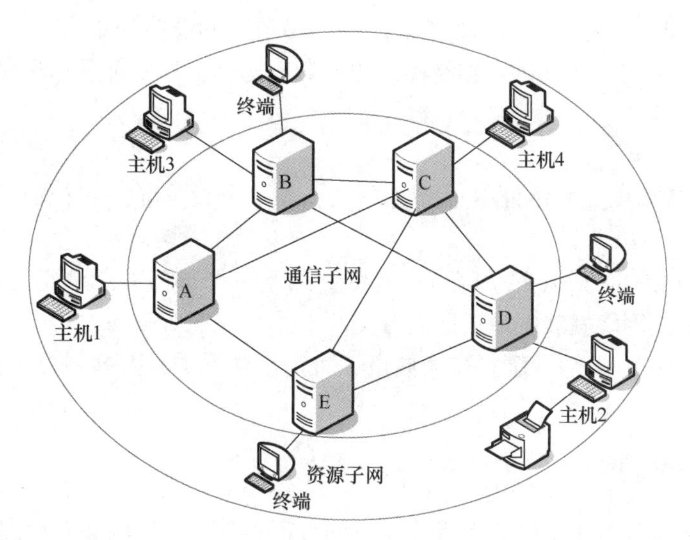

图 1-7　计算机网络示意图

1.3.2　资源子网、通信子网和节点

1. 资源子网（用户子网）

资源子网由各计算机系统、终端控制器和终端设备、软件和可供共享的数据库等组成。其功能是负责全网面向应用的数据处理工作，向用户提供所需的数据处理能力、数据存储能力、数据管理能力和数据输入输出能力以及其他数据资源。

1）网络资源：硬件资源、软件资源和数据资源。

2）资源共享：是指网络系统中的各计算机用户可以利用网内其他计算机系统中的全部或部分资源的过程。它是计算机网络的主要功能之一。

2. 通信子网

通信子网由通信硬件（通信设备和通信线路等）和通信软件组成，其功能是在用户共享各种网络资源时提供必要的通信手段和通信服务。

通信子网的类型有：①结合型；②公用型；③专用型。

3. 节点（Node）

是由一条或多条通信线路连接的具有一定功能的设备。网络中的各主计算机、终端和通信设备等均可称为节点。节点有两类：

1）访问节点：也称为端节点，通常指计算机及其附属设备和终端。

2）交换节点：也称为转接节点，其作用是支持网络的连接并提供转发与交换功能，通过所连接的线路来交换信息，该类节点通常为通信设备。

1.3.3　通信链路

通信链路是指任意两个节点间承载信息的线路段。链路之间没有任何节点，其有如下三类：

1）物理链路：是指两节点之间的物理线路（传输介质）。

2）逻辑链路：是指在物理链路基础上构成的具有数据传输和控制能力的链路。

3）通路：是指信息发送点到接收点之间一连串节点和链路的集合，即穿越通信子网而建立的“端点——端点”之间的数据链路，也叫数据通路，通常都是指逻辑链路。

1.3.4 广域网、局域网和城域网

1）广域网（WAN）：WAN 的覆盖范围较大，如一个大城市、一个国家或洲际间建立的计算机网络。

2）局域网（LAN）：LAN 的覆盖范围有限，属于一个部门或单位组建的小范围计算机网络，是目前计算机网络发展中最活跃的分支。

3）城域网（MAN）：是指建立在大城市、大都市区域的计算机网络，覆盖城市的大部分或全部地域。

1.3.5 公用网和专用网

根据计算机网络的应用范围和管理性质不同，可以分为公用网和专用网。

1）公用网也叫通用网，一般由政府的电信部门组建、控制和管理，网络内的数据传输和交换设备可租用给任何个人或部门使用。部分广域网是公用网。

2）专用网通常是由某一部门、某一系统、某机关、学校、公司等组建、管理和使用的。多数局域网属于专用网。某些广域网也可用作专用网，如广电网、铁路网等。目前专用广域网的发展极为迅速，可提供对外租用服务，形成与公用网竞争的局面。

1.3.6 互联网

一般将由多个网络相互连接构成的复合网络称为互联网。互联网是不同网络的相互连接，如局域网和广域网连接、两个局域网相互连接或多个局域网通过广域网连接等。

1.3.7 无线网

利用无线传输介质（如微波、卫星等）将各主机和通信子网连接起来构成无线网。无线网的发展依赖于无线通信技术的支持。无线通信系统有模拟蜂窝系统、数字蜂窝系统、移动卫星系统、无线 LAN 和无线 WAN 等。

无线网的特点：易于安装和使用，数据速率较低，误码率较高，站间干扰较大等。

无线网是当前国内外研究的热点。无线网使用户可以在任何时间、任何地点接入计算机网络，而这一特性使其具有强大的应用前景。当前已经出现了许多基于无线网的产品，如个人通信系统 PCS 电话、无线数据终端、便携式可视电话、个人数字助理等。

1.3.8 虚拟和透明

1）虚拟：如果一个事物或过程实际上并不存在，但却表现出来了，就像实际存在一样，这种属性就叫虚拟。如虚拟工作站、虚拟驱动器、虚拟终端、虚拟电路、虚拟网络等。

2）透明：如果一个事物或过程是实际存在的，但并没有表现出来，看似好像不存在一样，这种属性就叫透明。从用户的角度看，计算机网络通常提供透明的传输，使用户可以不必考虑网络的存在而访问网络的任何资源。

1.3.9 虚拟局域网与虚拟专用网

1）虚拟局域网（VLAN）：是指利用网络软件和网络交换技术将跨越不同地理位置的一个或多个物理网段上的相关用户组成的一个逻辑工作组（逻辑网络）。VLAN 是依赖网络软件建立的逻辑网络，很多 VLAN 是临时性的。

2）虚拟专用网（VPN）：是指依靠 Internet 服务提供者（ISP）和其他网络服务提供者（NSP）在公共网络中建立的专用的数据通信网络。VPN 可使用户利用公共网的资源将分散在各地的机构动态地连接起来，进行低成本的、安全的数据传输。

1.4 计算机网络的组成

1.4.1 基本要素

计算机网络的基本要素（硬件）包括网络端点设备、网络连接与互联设备和网络传输介质 。

如图 1-8 所示，从系统功能角度看，计算机网络由资源子网和通信子网组成。资源子网中的设备通常又叫作数据终端设备（Data Terminal Equipment，DTE），通信子网中的设备通常又叫作数据通信设备（Data Communication Equipment，DCE）。

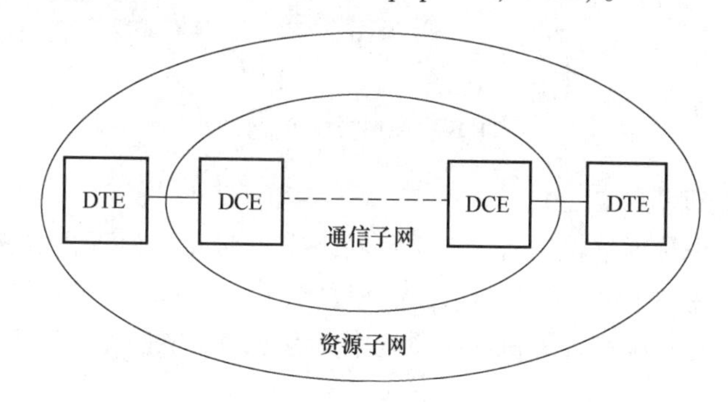

图 1-8 计算机网络的组成（系统功能角度）

1.4.2 系统拓扑结构描述

计算机网络由节点和连接这些节点的链路组成：网络 = {节点,链路}，记为 N = {V,L}。一般在采用多路复用时，一条物理链路可形成多条逻辑链路。

1.4.3 系统组成

如图 1-9 所示，计算机网络由硬件系统和软件系统组成。

1. 硬件系统

（1）主计算机（HOST）

主计算机与其他主计算机连网后构成网络中的主要资源。主计算机的作用：①负责网络中的数据处理；②执行网络协议；③网络控制和管理；④管理共享数据库。

(2) 终端

终端是用户访问网络的设备。终端的主要功能：把用户输入的信息转变为适合传送的信息送到网络上；将网络上其他节点输出并经过通信线路接收的信息转变为用户所能识别的信息。

1) 智能终端还具有一定的运算、数据处理和管理能力。

2) 虚拟终端是网络中的一个重要概念。在进行网络设计时，无法对各种实际终端的复杂情况通盘考虑，而通常是按一个假设的、统一的标准终端来考虑。这种假设的标准终端就是虚拟终端。如图 1-10 所示。

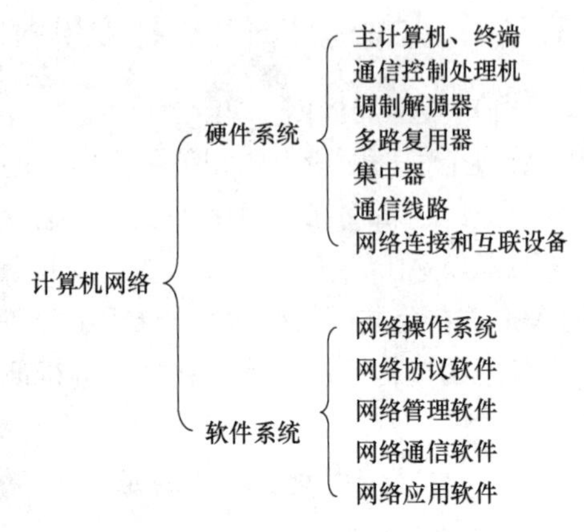

图 1-9　计算机网络系统组成

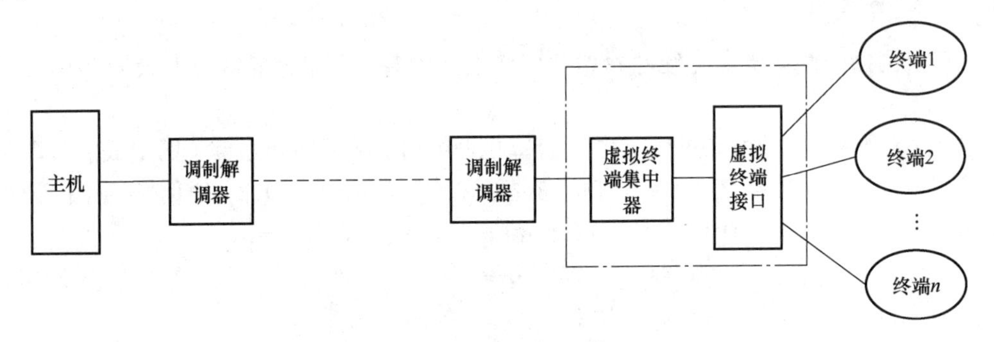

图 1-10　虚拟终端示意图

(3) 通信控制处理机（CCP）

通信控制处理机也称通信控制器，在某些网络中也叫前端处理机（FEP）、接口信息处理机（IMP）等。其主要作用：承担通信控制和管理工作，减轻主机负担。

通信控制处理机是一种在计算机网络系统中具有处理功能的专用计算机，通常由小型机或微型机担任。

(4) 调制解调器（Modem）

调制解调器是一种数据传输和信号转换设备。借助于调制解调器，就可以进行远距离通信，便于实现多路复用。

(5) 多路复用器

多路复用器具有多路复用功能。利用多路复用器可实现在一条物理链路上同时传输多路信号，提高信道利用率。

(6) 集中器

如图 1-11 所示，集中器用于在终端密集的地方，可以节省通信线路，提高线路利用率，集中器可由微型机或单片机担任。

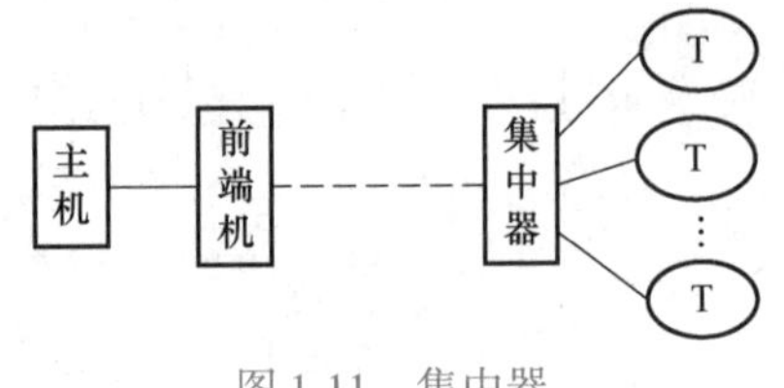

图 1-11　集中器

(7) 通信线路

通信线路是传输信息的载波媒体。计算机网络中的通信线路有有线线路和无线线路。有线线路有双绞线、同轴电缆、光缆等；无线线路有微波、卫星、红外线、激光等。

（8）网络连接和互联设备

网络连接设备有：中继器、集线器及各种线路连接器等；网络互联设备有：网桥、路由器、交换机和网关等。

2. 软件系统

计算机网络的软件系统是指完成网络中的各种服务、控制和管理工作的程序。其具体包括以下几种类型。

（1）网络操作系统（NOS）

NOS是软件系统的基础，与硬件结构相联系。NOS的主要作用：除具有常规操作系统的功能外，还具有网络通信管理功能、网络范围内的资源管理功能和网络服务等。常用的NOS有Windows、NetWare、Unix、Linux、iOS等。

（2）网络协议软件（Protocol）

网络协议软件是软件系统中最重要、最核心的部分之一。它是计算机网络中各部分通信所必须遵守的规则的集合。

网络协议软件的种类很多，不同体系结构的计算机网络都有支持自身系统的协议软件。典型的网络协议软件有：TCP/IP、IEEE 802标准协议系列、X.25协议等。

（3）网络管理软件

网络管理软件提供网络的性能管理、配置管理、故障管理、计费管理、安全管理和网络运行状态监视与统计等功能。

（4）网络通信软件

网络通信软件可以使用户在不必详细了解通信控制规程的情况下，很容易地控制自己的应用程序与多个站点进行通信，并对大量的通信数据进行加工和处理。主要的网络通信软件都能很方便地与主机连接，并具有完善的传真功能和文件传输功能等。

（5）网络应用软件

网络应用软件的主要作用是为用户提供信息传输、资源共享服务和各种用户业务的管理与服务。网络应用软件可分为两类：由网络软件商开发的通用工具（如电子邮件、Web服务器及相应的浏览）和依赖于不同用户业务的软件（如网上的金融业务、电信业务管理、交通控制和管理、数据库及办公自动化等）。

1.4.4 计算机网络的功能和特点

1. 计算机网络的功能

计算机网络的功能主要包括以下五项：

1）资源共享。

2）信息传输。

3）集中管理。

4）均衡负荷和分布式处理。

5）网络服务和应用。

2. 计算机网络的特点

（1）可靠性

当网络中某子系统出现故障时，可由网内其他子系统代为处理，网络环境提供了高度的可靠性。

（2）独立性

网络中各相连的计算机系统是相对独立的，它们各自既相互联系又相互独立。

（3）高效性

网络信息传递迅速，系统实时性强。网络可把一个大型复杂的任务分给几台计算机同时处理，从而提高了工作效率。

（4）易扩充性

可以灵活地在网络中接入新的节点，如远程终端系统等，达到扩充网络功能的目的。

（5）廉价性

网络可实现资源共享，进行资源调剂，避免系统中的重复建设和重复投资，从而达到节省投资和降低成本的目的。

（6）透明性

在网络中，用户所关心的是如何利用网络高效、可靠地完成自己的任务，而不去考虑网络所涉及的技术和具体工作过程。

（7）易操作性

掌握网络的使用技术要比掌握大型计算机系统的使用技术简单得多。大多数用户都会感到网络的使用方便，操作简单。

1.4.5 计算机网络的分类及其拓扑结构

1. 计算机网络的分类

1）按照覆盖范围划分：广域网、城域网和局域网。

2）按照逻辑功能划分：资源子网和通信子网。

3）按照拓扑结构划分：星形网、总线形网、环形网、树形网和网形网等。

4）按照传输介质划分：有线网和无线网。

5）按传输介质种类划分：双绞线网、同轴电缆网、光纤网、卫星网和微波网等。

6）按照应用范围和管理性质划分：公用网和专用网。

7）按照交换方式划分：电路交换网、分组交换网、ATM 交换网等。

8）按照连接方式划分：全连通式网络、交换式网络和广播式网络。

2. 计算机网络拓扑结构

计算机网络拓扑结构是网络中各节点及连线的几何构形。网络中各节点由通信线路连接，可构成多种类型的网络。计算机网络是由多个具有独立功能的计算机系统按不同的形式连接起来的，不同的形式就是指网络的拓扑结构。网络的拓扑结构对整个网络的设计、网络功能、网络可靠性、费用等有着重要的影响。

如图 1-12 所示，常见的网络拓扑结构有星形、总线形、环形、树形和网形等。

（1）星形网络

星形网络由中央节点与各站点通过传输介质连接而成。以中央节点为中心，实行集中式控制。该节点可能是转接设备，也可能是主机。

星形网络特点包括：结构简单，建网、扩充、管理、控制和诊断维护容易；但可靠性差，分布式处理能力差，电缆长度较长。

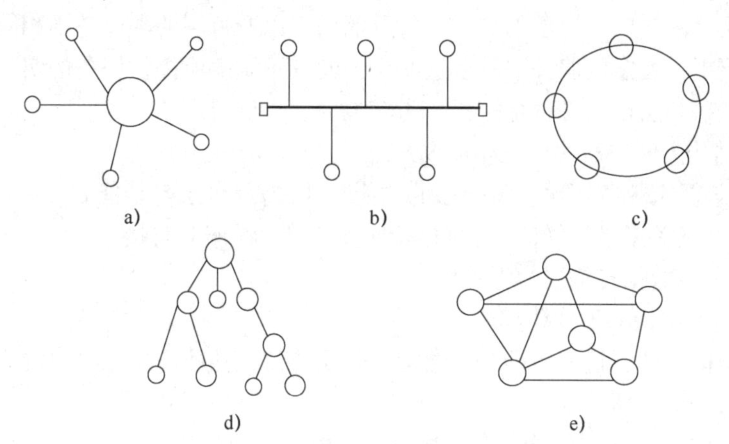

图1-12 常见的网络拓扑结构

（2）总线形网络

总线形网络中各节点通过相应的连接器连接到公共传输介质（总线）上，各节点信息均在总线上传输，属于广播式信道。

总线形网络特点包括：结构简单，扩充容易，可靠性较高；但控制复杂且时延不确定，受总线长度限制而使系统范围小，诊断维护较困难。

（3）环形网络

环形网络中各节点通过传输介质连接构成闭合环路，数据在一个环路中单向传输。当需要双向传输时，必须有双环支持。

环形网络的特点包括：节省线路，路径选择简单；但故障诊断困难，不容易扩充，节点多时响应时间长。

（4）树形网络

树形网络由多级星形网络分级连接而成。

树形网络的特点包括：线路总长度短，成本较低，节点易于扩充，故障隔离容易；但结构较复杂，传输延时较大。

（5）网形网络

网形网络中节点间连线较多，当各节点间都有直线连接时为全连通网，大多数连接不规则。

网形网络的特点包括：可靠性较高，节点共享资源容易，便于信息流量分配及负荷均衡，可选择较佳路径，传输延时小；但控制和管理复杂，协议和软件复杂，布线工程量大，建设成本高。

1.4.6 计算机网络体系结构与协议

1. 计算机网络体系结构的研究内容

为了简化对复杂计算机网络的研究、设计和分析工作；同时也能使网络中不同的计算机系统、通信系统和应用能够互联、互通和互操作，提出了网络体系结构的概念。

网络体系结构是针对计算机网络所执行的各种功能而设计的一种层次结构模型。为了降低设计的复杂性，大多数网络都被组织成一个层次或层次的堆栈，每个层次都建立在它下面的层次之上。网络的层数、每层的名称、每层的内容以及每层的功能各不相同。每一层的目的是向更高的层提供特定的服务，屏蔽这些层，使其不了解所提供服务的实际实现细节。从某种意义上说，每一层都是一种虚拟机，为其上一层提供特定的服务。

（1）层次结构方法要解决的三个问题

1）网络应该具有哪些层次？每一层的功能是什么？（分层与功能）

2）各层之间的关系是怎样的？它们如何进行交互？（服务与接口）

3）通信双方的数据传输要遵循哪些规则？（协议）

（2）网络体系结构的形式化建模

网络体系结构是计算机网络的分层结构、各层协议、功能和层间接口的集合，可以形式化表示为一个四元组，即

网络体系结构 = {分层结构，各层协议，功能，层间接口}

如图 1-13 所示，分层结构是指把一个复杂的系统设计问题分解为多个层次分明的局部问题，并规定每一层次所必须完成的功能。它提供了一种按层次来观察网络的方法，描述了网络中任意两个节点间的信息传输。

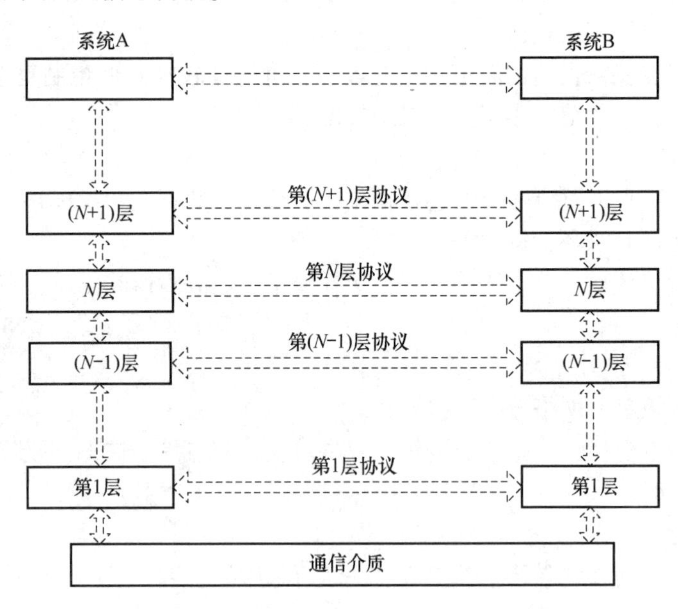

图 1-13　计算机网络的分层结构示意图

（3）网络体系结构的层概念

不同的计算机网络具有不同的体系结构，其层的数量、层次的名称、内容和功能以及各相邻层之间的接口都不一样。但在不同的网络体系结构中，每一层都是为了向相邻上层提供一定的服务而设置的，且每一层都对上层屏蔽如何实现协议的具体细节。网络体系结构是一个抽象的概念，因为它不涉及具体的实现细节。网络体系结构仅告诉网络工作者应“做什么”，而网络实现则说明应该“怎样做”。

1）实体：指客观存在的、与某一应用有关的事物，如程序、进程或作业等。实体既可以是软件实体，也可以是硬件实体。

2）服务：层次结构中各层都支持其上一层进行工作，这种支持就是服务。

3）各层次间的关系：下层为上层提供服务，上层利用下层提供的服务完成自己的功能，同时再向更上一层提供服务。

4）接口：同一系统相邻层之间都存在一种接口。

5）接口协议：指相邻层实体之间交换信息所遵守的规则。任何两相邻层之间都存在接口问题。

6）服务访问点（SAP）：指接口上相邻两层实体交换信息的地方，是相邻两层实体的逻辑接口。如 N 层 SAP 就是 $N+1$ 层可以访问 N 层的地方。

7）同等层：指不同系统的相同层次。

8）同等层实体：指不同系统同等层上的两个正在通信的实体。

9）同等层通信：指不同系统同等层实体之间存在的通信。

如图 1-14 所示，同等层协议是同等层实体之间通信所遵守的规则。各层的协议只对所属层的操作有约束力，而不涉及其他层。

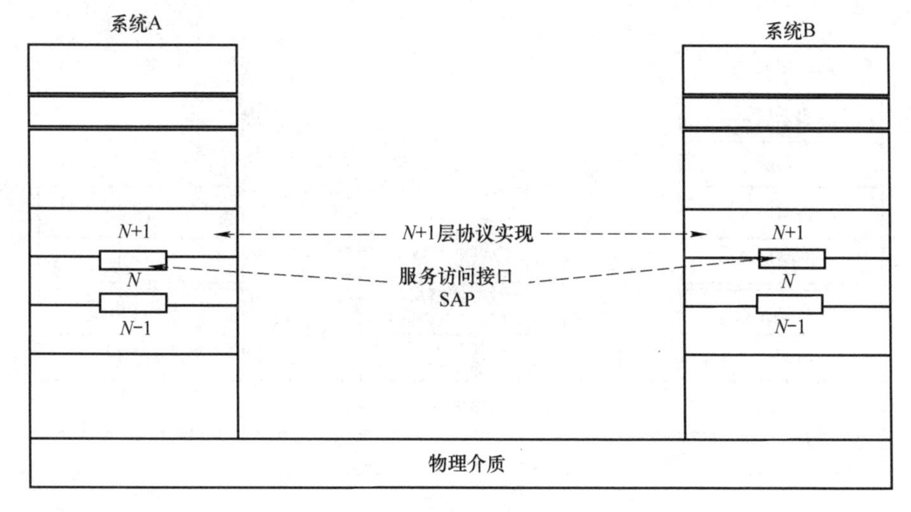

图 1-14　同等层协议

（4）网络协议

网络协议是网络中各方相互通信所遵守的规则；从层次角度说，网络协议是网络中所有同等层协议和接口协议的集合。

网络协议组成的三要素：

1）语义：规定了通信双方要发出的控制信息、执行的动作和返回的应答等。

2）语法：规定通信双方彼此应该如何操作，即确定协议元素的格式。

3）时序：（也称定时、同步）是对事件实现顺序的详细说明，指出事件的顺序和速率匹配等。

（5）“服务”“功能”和“协议”

在网络体系结构中，“服务”“功能”和“协议”是完全不同的概念。

1）服务：是某层次对上一层的支持，属于外观的表象。

2）功能：是本层内部的活动，是为了实现对外服务应从事的工作。

3）协议：相当于一种工具，层次“内部”的功能和“对外”的服务都是在本层“协议”的支持下完成的。

2. OSI 参考模型

1974 年，IBM 公司提出第一个网络体系结构 SNA，随后，各公司也纷纷推出了十几个网络体系结构方案。这些网络体系结构所构成的网络之间无法实现互通信和互操作。为了在更大范围内共享网络资源和相互通信，迫切需要一个共同的可以参照的统一标准，使得不同厂家的异构软/硬件资源和设备能够互通信和互操作。

1977 年，国际标准化组织（ISO）成立信息技术委员会 TC97，专门进行网络体系结构标准化工作，在综合已有计算机网络体系结构的基础上，经多次讨论研究，最后发布了网络体系结构的七层参考模型，即 OSI 七层参考模型。

如图 1-15 所示，网络标准化的 OSI 七层参考模型使得各个系统之间都是开放的，使得统一遵守这一标准化的系统之间都可以互相连接，解决了不同系统间信息交换和互相访问的问题。

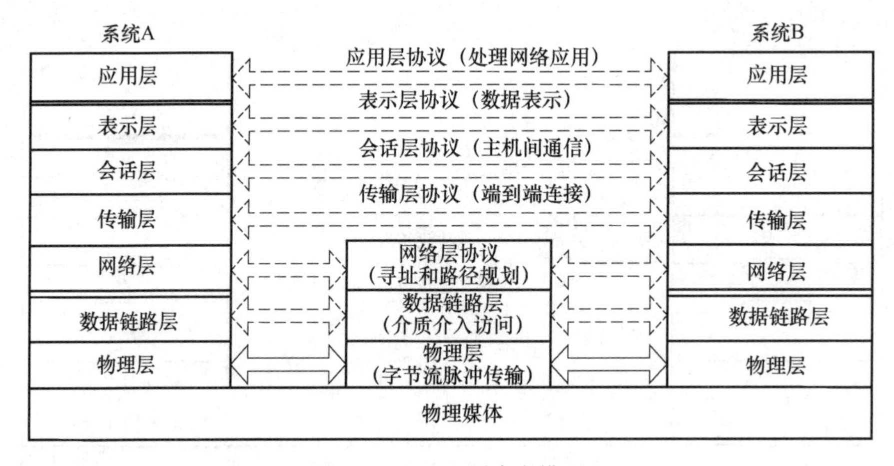

图 1-15　OSI 七层参考模型

1.4.7　OSI 参考模型中各层功能概述

1. 物理层

物理层是 OSI 参考模型中的最低层，也是最重要、最基础的一层。物理层既不是指连接计算机的具体物理设备，也不是指负责信号传输的具体物理介质，而是指物理介质上为上一层（数据链路层）提供传输比特流的一个物理连接。

（1）物理层的主要任务

在兼容不同通信介质、通信设备和通信方式的基础上，物理层为数据链路层提供服务。物理层的主要任务是为通信双方的数据传输提供物理连接，并在物理连接上透明地传输比特流。物理层的数据传输单位是位（bit，比特）。

（2）物理层的功能

1）建立、维持和拆除物理连接：为两个数据链路层实体之间进行数据传输建立、维持和拆除相应的物理连接。

2）位同步传输：在物理连接上，数据一般是串行传输。物理层要保证信息按位传输的正确性（即位同步，可以是同步传输，也可以是异步传输）。

3）实现四大特性的匹配：物理层要实现其机械特性、电气特性、功能特性和规程特性的匹配。

2. 数据链路层

（1）数据链路层的主要任务

数据链路层的主要任务是检测并校正物理层传输介质上产生的传输差错。该层负责数据链路信息从源节点传输到目的节点的数据传输与控制，如链路的建立、维护与拆除，异常情况处理，差错控制与恢复，信息格式等，检测和校正物理层可能出现的差错，使两系统之间构成一条无差错的链路。

（2）数据链路层的功能

数据链路的建立、维持和拆除：链路两端的节点在进行通信前要先建立数据链路，在传输过程中还要维持这种链路，传输完毕后要拆除该数据链路。

1）帧同步传输。帧头和帧尾分别表示帧的开始和结束，接收方要能够明确地从物理层收到的比特流中区分出帧的起始与终止，以便进行帧同步。

2）差错控制。帧信息在传输过程中存在出现差错的情况。采用差错控制技术可保证数据传输的正确性。通常采用检错重发方式。

3）流量控制。流量控制是指采用一定措施使通信网络中部分或全部链路和节点上的信息流量不超过某一限制值，来保证信息流动顺利通畅。

3. 网络层

网络层是通信子网的最高层，用于控制和管理通信子网的操作，体现了网络应用环境中资源子网访问通信子网的方式。网络层的数据传输单位为数据分组（包）。

（1）网络层的主要任务

在数据链路服务的基础上，实现整个通信子网内的连接，向传输层提供端到端的数据传输通路，为报文分组以最佳路径通过通信子网到达目的主机提供服务。如果两实体跨越多个网络，网络层还可提供正确的路由选择和数据传输服务等。

（2）网络层的功能

1）建立、维持和拆除网络连接：在网络层，要为传输层实体之间通信提供网络连接的建立、维持和拆除。

2）路由选择：根据一定的原则和算法，在多节点的通信子网中，选择一条从源节点到目的节点的合适逻辑通路的控制过程。

3）流量控制：网络层的流量控制是对进入整个通信子网内的数据流量及其分布进行控制和管理，以避免发生网络阻塞和死锁，提高网络传输效率和吞吐量。

4）包同步：网络层要对在通信子网中传输的数据进行控制，如组包、拆包、包的按序重装，包信息的传输同步。

4. 传输层

OSI 参考模型中 1 ~ 3 层面向数据通信，是由通信子网所完成的通信功能的集合，通信子网就是基于低三层通信协议构成的网络；5～7层是由端主机进程所完成的面向应用功能的集合。传输层是OSI参考模型中高层与低层之间的接口层。

对于网络中通信的两个主机，其端到端的可靠通信最后要靠传输层来完成。传输层是OSI参考模型中负责通信的最高层，是唯一总体负责数据传输和控制的层次。传输层还是OSI参考模型中用户功能的最低层。

传输层的功能如下：

1）寻址：网络要正确识别一台主机上的哪个应用进程和另一台主机上的哪个应用进程进行通信，这就需要链路层和网络层之外的一种寻址方式，即传输层的寻址。

2）传输层连接管理：传输连接的建立、维持和拆除。

3）多路复用：传输层支持向上复用和向下复用。向上复用是一个传输层协议可同时支持多个进程连接，即将多个进程连接绑定在一个网络连接（虚电路）上；向下复用是一个传输层使用多个网络连接，即在网络速度很慢时，可在网络层使用多个虚电路来提高传输效率。

4）流量控制：传输层需要解决端到端的流量控制问题，即对发送端传输实体发向接收端传输实体的数据流实施控制，使其不超出接收端的接收能力。

5）差错控制：传输层协议的复杂程度取决于网络提供的服务。对于不可靠的网络服务，传输层协议会很复杂，仅差错控制就要考虑重传策略、重复检测和故障恢复等工作。

5. 会话层

（1）会话层的主要任务

利用传输层提供的端到端服务，向表示层提供它的增值服务。这种服务主要是向表示层实体或用户进程提供建立连接的服务并在连接上有序地传输数据，这就是会话。会话协议在传输连接的基础上，在会话层实体之间提供建立会话连接的服务。

（2）会话层的功能

1）提供会话双方之间的会话连接的建立、数据传送和释放功能。

2）管理会话双方的对话活动，主要是对会话权限管理以及对单工、半双工或全双工数据传送方式的设定。

3）在数据传送流中插入适当的同步点，当发生差错时，会话用户可以从双方同意的同步点重新开始。

4）适当中断一个对话，并经过一段时间后在其已预先定义好的同步点上重新开始对话。

6. 表示层

（1）表示层的主要任务

为应用进程之间传输的信息提供表示服务。表示服务就是处理与数据表示（语法）有关的问题，即语法转换和上、下文控制服务。

（2）表示层的功能

表示层的功能包括表示连接管理，语法转换和表示上、下文控制。

7. 应用层

应用层是OSI参考模型的最高层，是用户与网络的界面。在实际系统环境中，应用进程借助于应用实体、应用协议与表示层交换信息，因此它是应用进程利用OSI参考模型的唯一窗口，它向应用进程提供了OSI参考模型7个层次的综合服务。

（1）应用层的主要任务

为用户的应用进程访问OSI参考模型环境提供服务。因为用户的实际应用多种多样，这就要求应用层采用不同的应用协议来解决不同类型的应用要求，因此应用层是最复杂的一层，使用的协议也最多。

（2）数据多层封装

如图1-16所示，应用进程（Process A，PA）先将用户数据送到应用层；在应用层加上若干首部信息（Application Header，AH）后，作为应用层协议数据单元（Application Layer Protocol data Unit，APDU）传输到表示层；表示层将收到的数据再加上该层头信息（Presentation Header，PH）构成表示层协议数据单元（Presentation Layer Protocol data Unit，PPDU）；再向下层传输，依此类推。

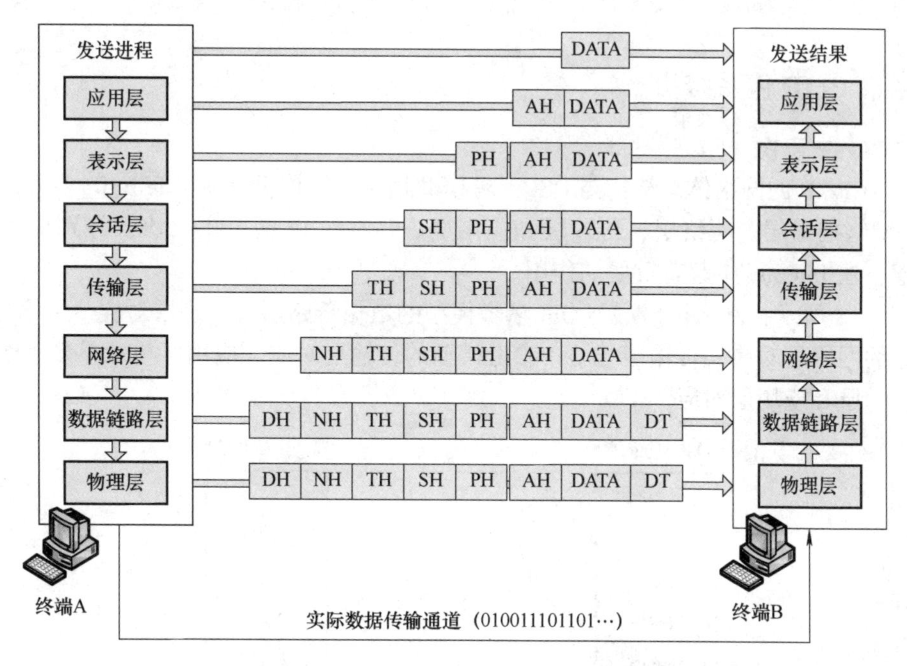

图1-16 通信双方进程间数据传输中多层封装

链路层协议数据单元（Data link Layer Protocol data Unit，DPDU）传输到物理层时即为一串比特流（帧）。当该比特流经物理介质传输到交换节点后，还要经过下三层（物理层、数据链路层、网络层）“拆封”头信息和“封装”头信息等过程依次下传。而在接收端，每层都根据控制信息进行必要的操作后，将头信息“拆封”，把剩下的数据单元送交上一层，最后把应用进程发送的数据交给目的应用进程。通信节点间的数据传输机制，如图1-17所示。

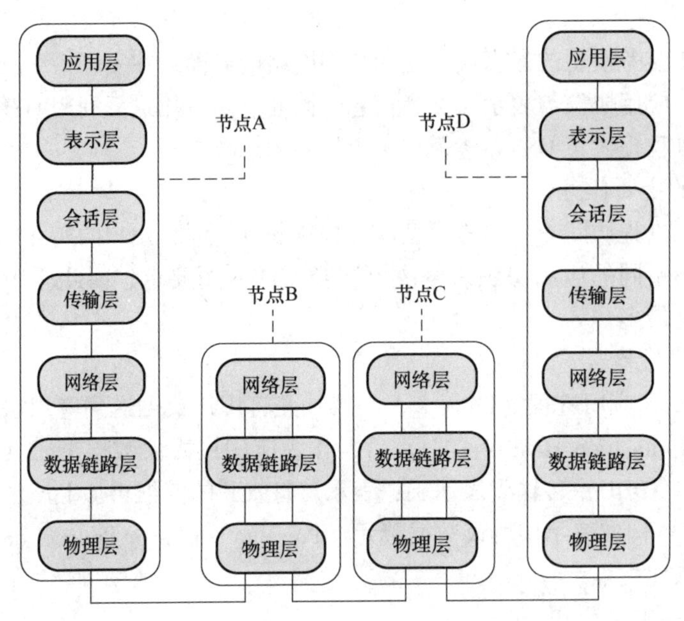

图 1-17　通信节点间的数据传输机制（图中节点 A、B 是发送/接收节点，而节点 C、D 是交换节点）

1.4.8　TCP/IP 体系结构

1. TCP/IP 层次

基于 TCP/IP 的网络体系结构与 OSI 参考模型相比，结构更简单。TCP/IP 参考模型分为 4 层，即网络接口层、网络层、传输层和应用层。TCP 和 IP 两个主要协议分别属于传输层和网络层，在 Internet 中起着重要的作用。

如图 1-18 所示，网络接口层与 OSI 参考模型的数据链路层及物理层对应，网络层与 OSI 参考模型的网络层对应，传输层与 OSI 参考模型的传输层对应，应用层与 OSI 参考模型的会话层、表示层和应用层对应。

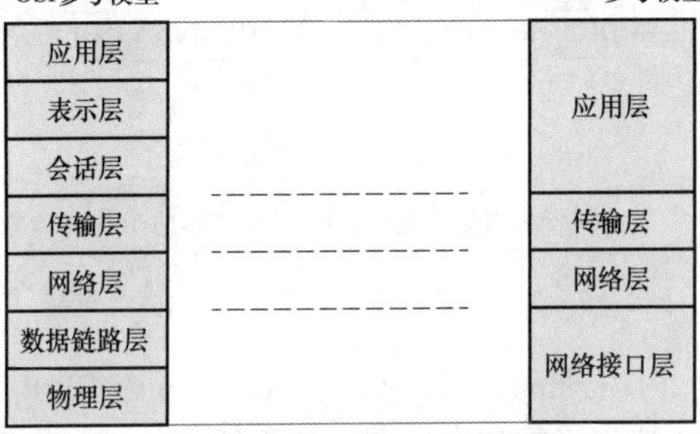

OSI参考模型
应用层
表示层
会话层
传输层
网络层
数据链路层
物理层

TCP/IP参考模型
应用层
传输层
网络层
网络接口层

图 1-18　TCP/IP 参考模型与 OSI 参考模型

1）网络接口层：实际上该层本身并未定义自己的协议，而是将其他通信网的数据链路层和物理层协议应用在 TCP/IP 的主机 - 网络层上，如以太网、令牌环网、X. 25 网、光纤分布式数据接口（FDDI）等。

2）网络层：其作用是将源主机的报文分组发送到目的主机，源主机和目的主机可以在一个网上，也可以在不同的网上。网络层是网络互联的基础，提供无连接的数据报分组交换服务。

网络层的主要功能：

- 接收传输层的发送请求，将分组装入 IP 数据报，选择路径并发送 IP 数据报。
- 接收来自网上的数据报，检查目的地址，据此确定目的站。目的站接收信息后去掉报头，将分组交上层处理。
- 处理互联网络的路径选择、流量控制和阻塞问题。
- 网络层除 IP 协议外，还包括网间控制报文协议（ICMP）、地址解析协议（ARP）和反向地址解析协议（RARP）。

3）传输层：主要功能是提供两台主机之间端—端数据传输，即在源主机和目的主机的对等实体之间建立端—端连接。

- 传输层提供可靠的传输服务，确保数据按序到达。
- 传输层主要有两个协议：传输控制协议（TCP）和用户数据报协议（UDP），两者有不同的传输控制机制。
- TCP 提供可靠的、面向连接的数据传输服务，而 UDP 提供不可靠的、面向无连接的数据传输服务。

4）应用层：主要功能是使应用程序、应用进程与协议相互配合，发送或接收数据。

该层常用应用协议有：文件传送协议（FTP）、远程登录协议（TELNET）、简单邮件传送协议（SMTP）、域名系统（DNS）、超文本传送协议（HTTP）、网络文件系统（NFS）和路由信息协议（RIP）等。

2. OSI 参考模型与 TCP/IP 体系结构的比较

OSI 参考模型和 TCP/IP 两者之间有着共同之处，都采用了层次结构模型，在某些层次上有着相似的功能。

OSI 参考模型是国际标准化组织（ISO）制定的一个国际标准，但它并没有成为事实上的国际标准，而 TCP/IP 不是国际标准，却成为了事实上的工业标准。

正是由于 OSI 参考模型的大而全和层次划分的复杂性，才使得人们只要了解和掌握 OSI 参考模型，就能对网络体系结构的概念、结构、功能以及层间关系有一个明确的概念。而且 OSI 参考模型的层次划分及功能也可方便地套用到其他网络体系结构的层次分析上。

TCP/IP、LAN/RM 都可通过对照 OSI 参考模型的层次划分和功能得以清晰解释。由于计算机网络是一个不断发展的技术，网络体系结构又是一个发展中的概念，OSI 参考模型对计算机网络的发展，尤其是对网络体系结构的发展有着很高的指导意义和学术价值。

因此，可将 OSI 参考模型作为网络理论的研究基础和计算机网络教学的理论模型，对于计算机网络的教学是十分有益的。TCP/IP 简单、实用，被绝大多数厂商支持和用户使用。

本章小结

通过本章学习，应清楚地理解分组交换、电路交换、带宽、时延等基本网络概念，熟练掌握计算机网络分类、OSI 参考模型与 TCP/IP 的体系结构及差异等知识。基本掌握 Internet

的标准化、计算机网络的体系结构及相关知识，理解划分层次的必要性。初步了解计算机网络的作用和发展情况。

习题

1-1 简述计算机网络的发展分为哪几个阶段，各有何特点？

1-2 简述计算机网络的基本要素有哪些？

1-3 系统比较分析 OSI 参考模型与 TCP/IP 体系结构的异同。

1-4 从 TCP/IP 研发历程中，你能得到何种启发？

扩展阅读

2017 年 12 月 12 日，出席第四届世界互联网大会并做开幕演讲的“互联网之父”罗伯特 · 卡恩到访中国人民大学，发表主题演讲“互联网变革与人类文明沟通新形态”，提到数字对象架构的概念，请查阅文献，仔细理解有关技术及其实现接口协议关键科学问题是什么？数字对象架构跟互联网的关系又是什么样的？

第 2 章 应用层核心协议

导读

在之前的讨论中提到，应用层是协议最多、最复杂的一层，同时也是人们最喜欢的一层。因为在生活中，应用层的协议支撑着网上的每一项冲浪活动。

本章中，首先讨论人们熟悉的域名系统（DNS）、文件传送协议（FTP）（包括其简化版 TFTP）以及在第一章中提到的远程登录协议（TELNET）。接着讨论用户最常用的电子邮件以及支撑它的相关协议。在这之后，介绍万维网（WWW）、引导程序协议（BOOTP）以及动态主机配置协议（DHCP）。最后，介绍网络管理方面的问题以及有关网络编程的概念。

每个应用层协议都是为了解决某一类应用问题，而问题的解决又往往是通过位于不同主机中的多个应用进程之间的通信和协同工作来完成的。应用层的具体内容就是规定应用进程之间在通信时所遵循的协议。

应用层的大多数协议都是基于客户服务器方式。客户（Client）和服务器（Server）是指通信中所涉及的两个应用进程。客户服务器方式所描述的是进程之间服务和被服务的关系。客户是服务请求方，服务器是服务提供方。

本章知识点

- 域名系统（DNS）
- 文件传送协议（FTP）
- 网络文件系统（NFS）
- 简单文件传送协议（TFTP）
- 远程登录协议（TELNET）
- 电子邮件（E-mail）
- 万维网（WWW）
- 引导程序协议（BOOTP）与动态主机配置协议（DHCP）
- 简单网络管理协议（SNMP）
- 网络应用进程接口

2.1 域名系统

2.1.1 域名系统的研究历史

域名系统（Domain Name System，DNS）主要是用来解决 Internet 上机器或设备命名的一种系统。

1983 年，域名系统（DNS）的发明者保罗·莫卡派乔斯（Paul Mockapetris）在 Internet 标准草案（RFC 882）和南加州大学资讯科学研究院所提出的 Internet 标准草案（RFC 883）中提出 DNS 的架构。他发现了早期 Internet，包括阿帕网中基于单个主机单一层面上的域名-IP 地址转换的缺陷，并提议将其改进为分布式和动态的数据库域名系统，也就是今天所用的域名系统的雏形。1987 年发布的第 1034 和 1035 号 Internet 标准草案修正了 DNS 技术规范，并废除了之前的第 882 和 883 号草案。在此之后，对 Internet 标准草案的修改基本上不再涉及 DNS 技术规范部分的改动。

2008 年以前，域名的名称只能由 ASCII 字符组成。2008 年以后，Unicode 字符串、汉字、日文等均可在网络浏览器地址栏中直接输入，无须安装相关插件就可进行相应网址的识别与转换。

2.1.2 域名系统概述

每一级域名名称字符串的长度最长不超过 63 个英文字符，而一个网络域名总的长度不能大于 253。域名系统把 IP 地址和域名名称字符串的对应关系存储为方便快速检索的一个分布式数据库表中的一条条记录。

就像我们想拜访朋友，需要先知道朋友家怎么走一样，当 Internet 上一台主机或设备要访问另外一台主机或设备时，必须首先获知其地址。TCP/IP 中的 IP 地址是由四段以“.”分开的数字组成，记起来总是不如名字那么方便，特别是长 128 位的 IPV6 地址就更为难记了，因此采用域名系统来管理名字和 IP 地址的对应关系。

为了区分和定位不同机器以及其上的不同资源文件，在计算机网络中，不允许同一个域名重复出现。域名系统是一种服务器资源，许多应用层软件经常直接使用域名系统（DNS），而计算机的用户只是间接使用域名系统。

Internet 采用层次结构的命名树作为主机的名字，并使用分布式的域名系统（DNS）。域名也是分层次的，可以说是一颗倒立的树。

域名与其 IP 地址有什么关系呢？假如现实生活中人名没有重名的情况，那么我们的名字将会很长，并且在名字后面会有身份证号。同理，在网络世界中，我们将资源服务器主机的名字到它 IP 地址的解析过程叫作域名服务。名字到 IP 地址的解析是由若干个域名服务器程序协作完成的。域名服务器程序在专设的节点上运行，运行该程序的机器称为域名服务器。

2.1.3 Internet 的域名结构

Internet 采用了层次树状结构的命名方法。任何一个连接在 Internet 上的主机或路由器，都有一个唯一的层次结构的名字，即域名。

如图 2-1 所示，域名的结构由若干个分量组成，各分量之间用点隔开，各分量分别代表不同级别的域名。

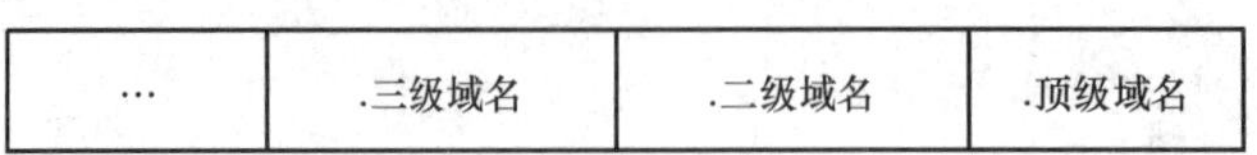

图 2-1　Internet 的域名结构

1. 顶级域名（Top Level Domain，TLD）

1）国际顶级域名 iTLD：采用 . int。国际性的组织可在 . int 下注册。

2）国家顶级域名 nTLD：如 . cn 表示中国、. us 表示美国、. uk 表示英国等。

3）通用顶级域名 gTLD：最早的顶级域名是 com（公司企业）、net（网络服务机构）、org（非赢利性组织）、edu（教育机构，美国专用）、gov（政府部门，美国专用）、mil（军事部门，美国专用）。

4）此外，还有新增加的七个通用顶级域名：aero（航空运输企业）、biz（公司和企业）、coop（合作团体）、info（各种情况）、museum（博物馆）、name（个人）、pro（会计、律师和医师等自由职业者）。

2. Internet 的名字空间

Internet 的名字空间及其层次关系，如图 2-2 所示。

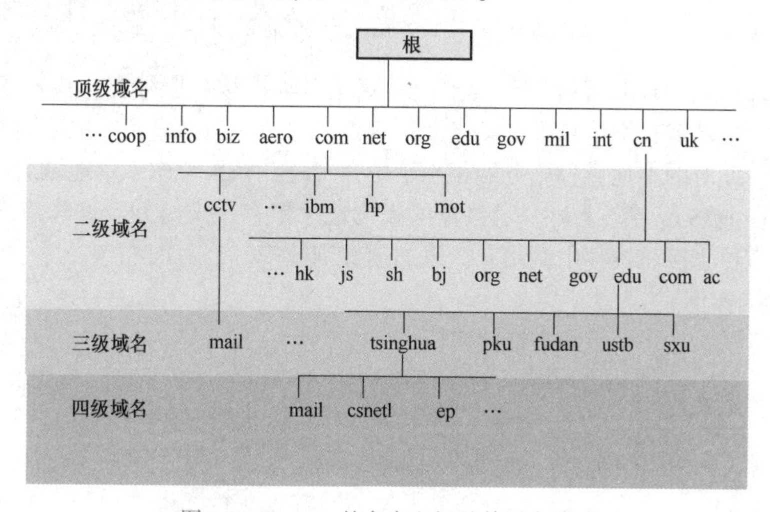

图 2-2　Internet 的名字空间及其层次关系

2. 1. 4　域名服务器与域名解析

在 Internet 世界中，如果只设置一个全局域名服务器，它的负担会很重，因此关键在于我们要如何合理地设置多个域名服务器并使它们高效率地协同工作。

Internet 允许各个单位根据具体情况将本单位的域名划分为若干个域名服务器管辖区（Zone），并在各管辖区中设置相应的授权域名服务器。域名是需要授权的，域名需要预先注册登记，如果没有授权，域名是不允许改动、删除的。在 Internet 中划分多个区域，每个区域中设一个授权区域。授权域名服务器的解析过程，如图 2-3 所示。

DNS 查询有两种方式。DNS 客户端设置使用的 DNS 服务器一般都是递归服务器，它负责全权处理客户端的 DNS 查询请求，直到返回最终结果。而 DNS 服务器之间一般采用迭代查询方式。

1. 递归查询

如果我们想知道一个域名所对应的 IP 地址，但在访问本地域名服务器时，该域名查询不到，此时该本地域名服务器就会请求它的上级支援，直到查到所查询的 IP 地址，这种方法叫作递归查询。

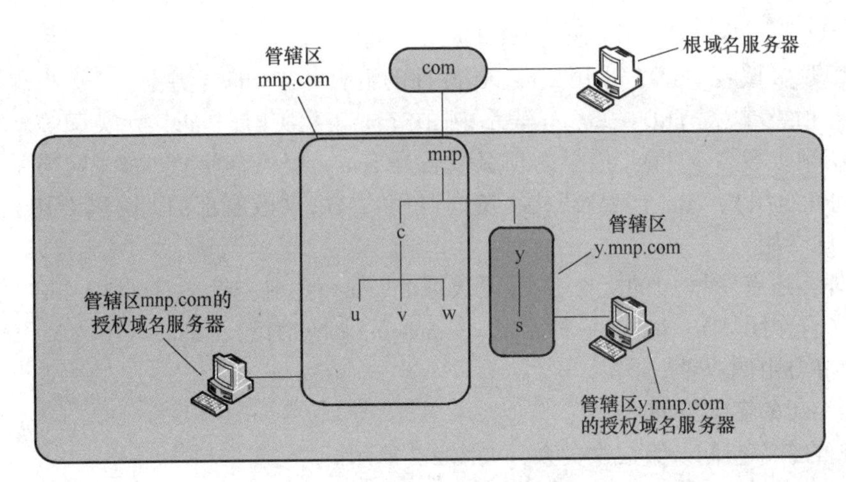

图 2-3　授权域名服务器的解析过程

在递归查询（或叫递归解析）过程中，一直是以本地域名服务器为中心的，DNS 客户端只是发出原始的域名查询请求报文，然后一直处于等待状态，直到本地域名服务器发来最终的查询结果。此时的本地域名服务器相当于中介代理。如果考虑了本地域名服务器的缓存技术，也就是在 DNS 服务器上对一定数量的查询记录保存一定时间，这样后面再查询同样的域名信息时就可直接从缓存中调出来，以加速查询效率。

2. 递归查询实例

如图 2-4 所示，是一个递归查询的实例。

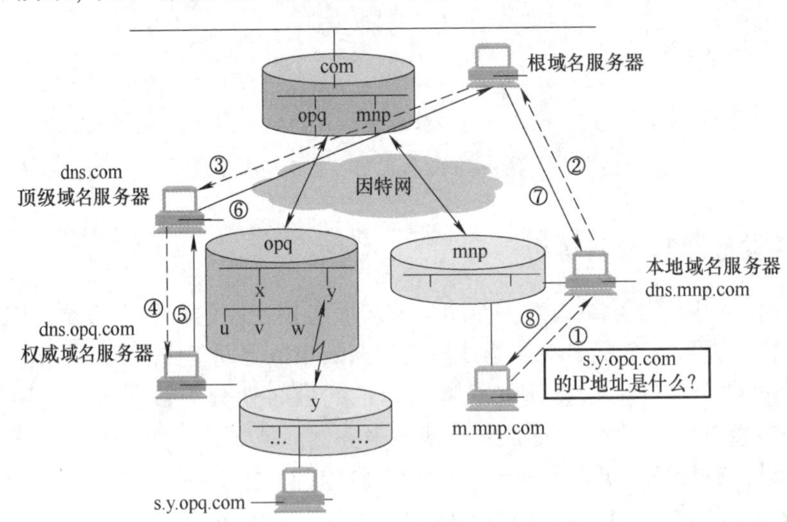

图 2-4　本地域名服务器递归查询实例

下面仅以首选 DNS 服务器为例进行介绍，配置其他备用 DNS 服务器的解析流程完全一样，递归解析的基本流程如下：

1）客户端向本机配置的本地域名服务器发出 DNS 域名查询请求。

2）本地域名服务器收到请求后，先查询本地缓存，如果有该域名的记录项，则本地域名服务器直接把查询的结果返回给客户端；如果本地缓存中没有该域名的记录，则本地域名服务器再以 DNS 客户端的角色发送与前面一样的 DNS 域名查询请求给根域名服务器。

3）根域名服务器收到 DNS 域名查询请求后，把查询得到的该域名中顶级域名所对应的顶级域名服务器地址返回给本地域名服务器。

4）本地域名服务器根据根域名服务器返回的顶级域名服务器地址，向对应的顶级域名服务器发送与前面一样的 DNS 域名查询请求。

5）对应的顶级域名服务器在收到 DNS 域名查询请求后，先查询自己的缓存，如果有所请求的域名的记录项，则把对应的记录项返回给本地域名服务器，然后再由本地域名服务器返回给 DNS 客户端，否则向本地域名服务器返回所请求的 DNS 域名中的二级域名所对应的二级域名服务器地址。

本地域名服务器继续按照前面介绍的方法逐次地向三级、四级域名服务器查询，直到最终的对应域名所在区域的权威域名服务器将最终的记录返回给本地域名服务器。然后再由本地域名服务器返回给 DNS 客户，同时本地域名服务器会缓存本次查询得到的记录项。

3. 递归与迭代相结合的查询

如图 2-5 所示，s. y. opq. com 作为一个域名和 IP 地址 202. 204. 58. 15 相对应。DNS 就像一个自动的电话号码簿，我们可以直接拨打 s. y. opq. com 的名字来代替电话号码（IP 地址）。DNS 会在我们直接调用网站的名字以后，将像 s. y. opq. com 一样便于人们使用的域名转化成像 202. 204. 58. 15 一样便于机器识别的 IP 地址。

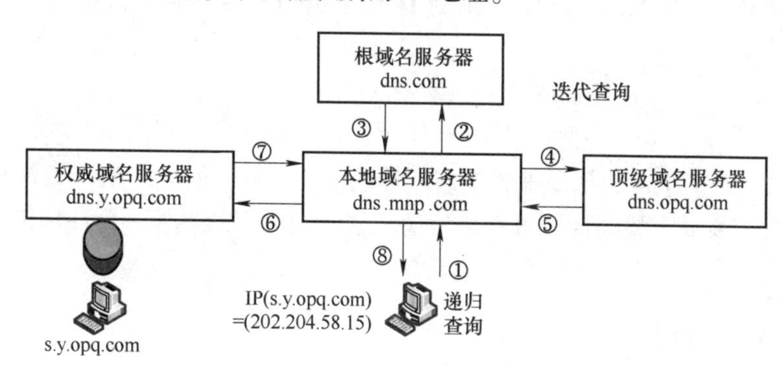

图 2-5　主机递归查询与本地域名服务器迭代查询过程

以查询 s. y. opq. com 为例，具体步骤如下：

1）客户端发送查询报文“query s. y. opq. com”至本地域名服务器 dns. mnp. com，DNS 服务器首先检查自身缓存，如果存在记录则直接返回结果。

2）如果记录老化或不存在，则：DNS 服务器向根域名服务器发送查询报文“query s. y. opq. com”，根域名服务器返回 . opq 域的权威域名服务器地址，这一级首先返回的是顶级域名的权威域名服务器。DNS 服务器向 . opq 域的权威域名服务器发送查询报文“query s. y. opq. com”，得到 . opq. com 域的权威域名服务器地址。DNS 服务器向 . opq. com 域的权威域名服务器发送查询报文“query s. y. opq. com”，得到主机 s. y. opq. com 的“IP（s. y. opq. com）=（202. 204. 58. 15）”的记录，存入自身缓存并返回给客户端。

4. 域名解析的过程优化

域名解析过程是上网必须经历的一个步骤，所以该过程也是决定上网速度快慢的一个组成因素，如果想让网速快一点，那是否可以让域名解析过程快一点呢？

给出一个域名，让域名服务器查的快一点的具体途径有：

1）物理配置上，配一台运行速度高（CPU 主频高、计算机内存大）的域名服务器。

2）数据库域名表中的记录有序存放，可采用效率高的查找算法，如折半查找法等。

3）准备一个高速缓存（Cache）将域名放入其中，即名字高速缓存。使用名字的高速缓存可优化查询的开销。每个域名服务器都维护一个高速缓存，存放最近用过的名字以及从何处获得名字映射信息的记录。当客户请求域名服务器转换名字时，服务器首先按标准过程检查它是否被授权管理该名字。若未被授权，则查看自己的高速缓存，检查该名字是否最近被转换过。

域名服务器向客户报告缓存中有关名字与地址的绑定（binding）信息，并标志为非授权绑定，以及给出获得此绑定的服务器 S 的域名。同时，本地服务器将服务器 S 与 IP 地址的绑定告知客户。

课堂思考：设想有一天整个 Internet 的 DNS 系统都瘫痪了，那么我们还有可能给朋友发送邮件么?

2.2 文件传送协议

文件传送协议（File Transfer Protocol，FTP）是指用于在网络中进行文件传输的一套标准协议。

2.2.1 FTP 概述

文件传送协议（FTP）能把多种类型的文件或文档，从不同厂家生产的计算机、手机等智能终端，通过有线或无线的计算机网络发送、复制到远程的另外一台计算机、手机或智能设备中。FTP 是网络环境中的一项基本应用。

2.2.2 基本工作原理

初看起来，在两个主机之间传送文件似乎是很简单的事情。其实不然，原因是众多的计算机厂商研制出的文件系统多达数百种，且差别非常大。

1. 复制文件的复杂性

人们欣赏 FTP 的原因是它能够很好地解决复制文件的复杂性问题。网络环境下复制文件的复杂性主要由以下四点引起：

1）计算机存储数据的格式不同。

2）文件的目录结构和文件命名的规定不同。

3）对于相同的文件存取功能，操作系统使用的命令不同。

4）访问控制方法不同。

2. FTP 特点

1）FTP 只提供文件传送的一些基本服务，它使用 TCP 可靠地传输服务。

2）FTP 的主要功能是减少或消除在不同操作系统下处理文件的不兼容性。

3）FTP 使用客户服务器方式。一个 FTP 服务器进程可同时为多个客户进程提供服务。

3. FTP 工作中的两类进程

FTP 的服务器进程由两大部分组成：一个是主进程，负责接收新的请求；另外有若干个从属进程，负责处理单个请求。

主进程的工作步骤如下：

1）打开熟知端口（端口号为 21），使客户进程能够连接上。

2）等待客户进程发出连接请求。

3）启动从属进程来处理客户进程发来的请求。从属进程对客户进程的请求处理完毕后即终止，但从属进程在运行期间可能会根据需要创建其他一些子进程。

4）回到等待状态，继续接收其他客户进程发来的请求。主进程与从属进程的处理是并发地进行。

4. FTP 使用的两个 TCP 连接

如图 2-6 所示，控制连接在整个会话期间一直保持打开，FTP 客户发出的传送请求通过控制连接发送给服务器端的控制进程，但控制连接不用来传送文件。实际用于传输文件的是数据连接。服务器端的控制进程在接收到 FTP 客户发送来的文件传输请求后创建数据传送进程和数据连接，用来连接客户端和服务器端的数据传送进程。

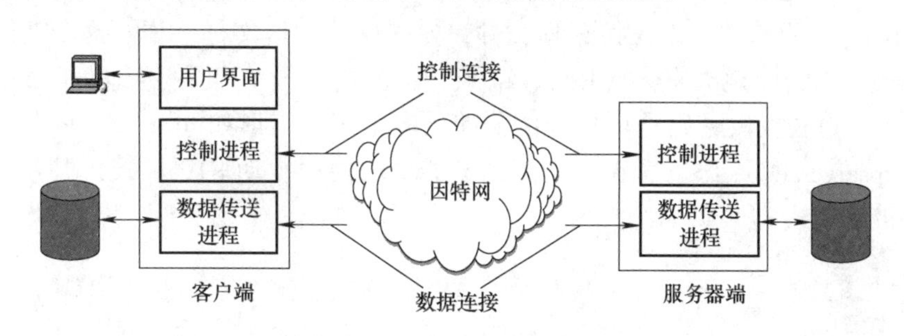

图 2-6 FTP 使用的两个 TCP 连接

数据传送进程实际完成文件的传送，在传送完毕后关闭数据连接并结束运行。

5. FTP 两个不同的端口号

当客户进程向服务器进程发出建立连接请求时，要寻找连接服务器进程的熟知端口（21 号），同时还要告诉服务器进程自己的另一个端口号码，用于建立数据连接。接着，服务器进程用自己传送数据的熟知端口（20 号）与客户进程所提供的端口号码建立数据连接。

由于 FTP 使用了两个不同的端口号，所以数据连接与控制连接不会发生混乱。使用两个独立连接的好处主要有以下两点：

1）使协议更加简单和更容易实现。

2）在传输文件时还可以利用控制连接（如客户发送请求终止传输）。

2.2.3 主动和被动模式

1. FTP 的两种使用模式

1）主动模式要求客户端和服务器端同时打开并且监听一个端口以创建连接。在这种情况下，客户端如果安装了防火墙，文件传输就会产生一些问题。

2）被动模式只要求服务器端产生一个监听相应端口的进程，这样就可以绕过客户端安装了防火墙的问题。

2. 基于主动模式的 FTP 连接创建步骤

1）客户端打开一个随机的端口（端口号大于 1024，在这里称它为 X），同时，一个 FTP 进程连接至服务器的 21 号命令端口。此时，该 TCP 连接的来源地端口为客户端指定的随机端口 X，目的地端口（远程端口）为服务器上的 21 号端口。

2）客户端开始监听端口 X+1，同时向服务器发送一个端口命令（通过服务器的 21 号命令端口），此命令告诉服务器客户端正在监听的端口号并且已准备好从此端口接收数据。这个端口就是数据端口。

3）服务器打开 20 号端口并且创建和客户端数据端口的连接。此时，来源地的端口为 20，远程数据（目的地）端口为 X+1。

4）客户端通过本地的数据端口创建和服务器 20 号端口的连接，然后向服务器发送一个应答，告诉服务器已经创建好了一个连接。

2.2.4 FTP 和网页浏览器

大多数网页浏览器（IE、火狐、谷歌等）和文件管理器都能和 FTP 创建连接。这使得在 FTP 上通过一个端口就可以操控远程文件，如同操控本地文件一样。这个功能通过给定一个 FTP 的统一资源定位符（URL）实现，形如 ftp://<服务器地址>（如 ftp://ftp.bjnsf.org）；是否提供密码是可选择的，如果有密码，则形如 ftp://<login>:<password>@<ftpserveraddress>。大部分网页浏览器要求使用被动 FTP 模式，但并不是所有的 FTP 都支持被动模式。

2.2.5 FTP 的使用

1. FTP 命令集

FTP 常用命令及其含义，如表 2-1 所示。

表 2-1 FTP 常用命令及其含义

命令	操作含义
help [cmd]	显示 FTP 命令的帮助信息，cmd 是命令名
open “IP 地址或域名”	远程登录
close	正常结束远程会话，回到命令方式
ls	显示简易的文件列表
cd	改变工作目录
ascii	设置文件传输方式为 ASCII 模式
binary	设置文件传输方式为二进制模式
type	查看当前的传输方式
get	下载指定文件
put	上传指定文件
pwd	查看 FTP 服务器上的当前工作目录

2. FTP 启动及命令使用

1）在 cmd 命令行，进入 C 盘根目录，输入 ftp 启动 FTP，如图 2-7 所示。

图 2-7　启动 FTP

2）运行 help 命令，显示所有 FTP 命令，如图 2-8 所示。

```
C:\Windows\system32\cmd.exe - ftp
ftp> help
命令可能是缩写的。  命令为:

!               delete          literal         prompt          send
?               debug           ls              put             status
append          dir             mdelete         pwd             trace
ascii           disconnect      mdir            quit            type
bell            get             mget            quote           user
binary          glob            mkdir           recv            verbose
bye             hash            mls             remotehelp
cd              help            mput            rename
close           lcd             open            rmdir
ftp>
```

图 2-8　运行 help 命令，显示所有 FTP 命令

2.3　网络文件系统

网络文件系统（Network File System，NFS）是 FreeBSD 支持的文件系统之一，它允许一个系统在网络上与他人共享目录和文件。通过使用 NFS，用户和程序可以像访问本地文件一样访问远端系统上的文件。

2.3.1　NFS 组成及配置过程

NFS 至少有两个主要部分：一台服务器和一台（或者更多）客户机。客户机远程访问存放在服务器上的数据。为了正常工作，一些进程需要被配置并运行。

Linux 环境下，NFS 的配置重点在于对/etc/rc.conf 文件的修改，过程如下：

1）NFS 服务器端，确认/etc/rc.conf 文件有如下语句：

rpcbind _ enable = “YES”

nfs _ server _ enable = “YES”

mountd _ flags = “ –r”

注意：NFS 服务器被设置为 enable，mountd 就能自动运行。

2）客户端，确认/etc/rc.conf 文件有如下语句：

nfs _ client _ enable = “YES”

注意：/etc/exports 文件指定了哪个 NFS 应该输出（也称为共享）。/etc/exports 里面每行指定一个输出的文件系统和哪些机器可以访问该文件系统。在指定机器访问权限的同时，访问选项开关也可以被指定。

2.3.2 NFS 的技术优势

NFS 具有以下技术优势：

1）本地工作站使用更少的磁盘空间，因为数据通常可以存放在一台机器上，而且可以通过网络访问到。

2）用户不必在每个网络机器上都有一个 Home 目录。Home 目录可以放在 NFS 服务器上，并且在网络中处处可用。

3）如软驱、CDROM 和 Zip（是指一种高储存密度的磁盘驱动器与磁盘）等存储设备可以在网络中被别的机器使用，这样可以减少整个网络中可移动介质设备的数量。

2.4 简单文件传送协议

简单文件传送协议（Trivial File Transfer Protocol，TFTP）是一个很小且易于实现的文件传送协议。TFTP 使用客户服务器方式和 UDP 数据报，得不到可靠的数据传输，因此 TFTP 需要有自己的差错改正措施。TFTP 只支持文件传输而不支持交互。TFTP 没有一个庞大的命令集，没有列目录的功能，也不能对用户进行身份鉴别。

2.4.1 TFTP 的主要特点

1）每次传送的数据 PDU（协议数据单元）中有 512 字节的数据，但最后一次可不足 512 字节。

2）数据 PDU 也称为文件块（Block），每个块按序编号，从 1 开始。

3）支持 ASCII 码（即支持文本文件传输）或二进制（即支持非文本传输，如一段音乐、一幅照片等）传送。

4）可对文件进行读或写。

5）使用很简单的首部。

2.4.2 TFTP 的工作原理

1. TFTP 的工作流程

1）当开始工作时，TFTP 客户进程发送一个读请求 PDU 或写请求 PDU 给 TFTP 服务器进程，其熟知端口号为 69（十六进制）。

2）初始连接时需要发出 WRQ（写请求）或 RRQ（读请求），收到一个确定应答来确定可以写出的包或应该读取的第一块数据。通常确认应答中包括要确认包的包号，每个数据包都与一个块号相对应，块号从 1 开始而且是连续的。对于写请求的确定是一个特殊情况，因为它的包号是 0。如果收到的包是一个错误包，则这个请求被拒绝。

3）创建连接时，通信双方随机选择一个终端标识（Terminal Identification，TID），因为是随机选择的，因此两次选择同一个 ID 的可能性就很小了。每个包包括两个 TID，发送者 ID 和接收者 ID。这些 ID 用于在 UDP 通信时选择端口，请求主机选择 ID 的方法前面已经讲过，在第一次请求时会将请求发到 TID 69，也就是服务器的 69 号端口。应答时，服务器使用一个选择好的 TID 作为源 TID，并用上一个包中的 TID 作为目的 TID 进行发送。这两个被选择的ID在随后的通信中会一直被使用。

4）TFTP服务器进程要选择一个新的端口和TFTP客户进程进行通信。若文件长度恰好为512字节的整数倍，则在文件传送完毕后，还必须在最后发送一个只含首部而无数据的数据PDU。若文件长度不是512字节的整数倍，则最后传送数据PDU的数据字段一定不满512字节，这正好可作为文件结束的标志。

2. TFTP的工作示例

下例是一个写入例子，其中WRQ、ACK和DATA分别代表写请求、确认和数据。

1）主机A向主机B发出WRQ，其中端口号为69。

2）主机B向主机A发出ACK，块号为0，包括B和A的TID。

此时连接建立，第一个数据包以序列号1从主机开始发出。此后两台主机要保证以开始时确定的TID进行通信。如果源ID与原来确定的ID不一样，这个包会被认为发送到了错误的地址而被抛弃。错误包是被发送到正确端口的，但是包本身有错误。设想发送方发出一个请求，这个请求在网络设备中被复制成两个包，接收方先后接收到这两个包，并认为是两个独立的请求，会返回两个应答。当这两个应答其中之一被发送方接收到时，连接已经建立。当第二个应答再到达时，这个包会被抛弃，而不会因为接收到第二个应答包而导致第一个建立的连接失败。

3. TFTP的协议数据单元

在TFTP中，协议数据单元（PDU）有五种，即读请求（RRQ）、写请求（WRQ）、数据（DATA）、确认（ACK）以及差错（ERROR），在实验中读者可以通过进行抓包实验详细分析其结构。具体如图2-9所示。

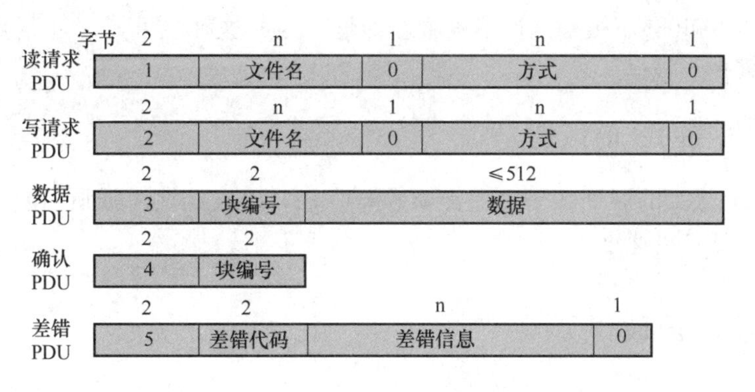

图2-9　TFTP的五种协议数据单元（PDU）

如图2-9所示，读数据（RRQ）包和写数据（WRQ）包操作码分别为1和2，文件名均是NETASCII码字符，以0结束；两者的方式（MODE）域可以是字符串“NETASCII”“OCTET”或“MAIL”，名称不分大小写。接收到NETASCII格式数据的主机必须将数据转换为本地格式；OCTET模式用于传输文件，这种文件在源机上是以8位格式存储的；如果机器收到OCTET格式文件，返回时必须与原来文件完全一样；在使用MAIL模式时，用户可以在文件名（FILE）处使用接收人地址，这个地址可以是用户名或用户名@主机的形式，如果是后一种形式，允许主机使用电子邮件传输此文件。如果使用MAIL模式，包必须以WRQ开始，否则它与NETASCII完全一样。

下面的讨论建立在发送方和接收方使用相同模式的情况下，但是双方可以以不同的模式进行传输。例如，一个机器可以是一台存储服务器，这样一台服务器需要将 NETASCII 格式转换为自己的格式。另外，可以设想 DEC-20 这种机器使用 36 位字长，用户可以使用特殊的机制一次读取 36 位，而服务器却可以仍然使用 8 位格式。

数据（DATA）需要封装成数据包进行传输，操作码为 3。一个数据包由数据块号和数据域构成。数据块号域从 1 开始编码，每个数据块加 1，这样接收方可以确定这个包是新数据还是已经接收过的数据。数据域从 0 字节到 512 字节。如果数据域是 512 字节，则它不是最后一个包，如果小于 512 字节，则表示这个包是最后一个包。除了 ACK 和用于中断的包外，其他的包均得到确认。发出新的数据包等于确认上次的包。WRQ 包和 DATA 包是由 ACK 包或 ERROR 包确认，而 RRQ 包由 DATA 包或 ERROR 包确认。

一个 ERROR 包的操作码是 5，如图 2-9 所示。此包可以被其他任何类型的包确认。错误码指定错误的类型、错误的值和错误的意义，是供程序员分析时使用的。

4. 正常终止编辑

传输的结束由 DATA 标记，其包括 0 ~ 511 个字符。这个包可以被其他数据包确认。接收方在发出对最后数据包的确认后可以断开连接，当然，适当的等待是比较好的，如果最后的确定包丢失可以再次传输。如果发出确认后仍然收到最后数据包，可以确定最后的确认丢失。发送最后一个数据包的主机必须等待对此包的确认或超时。如果响应是 ACK，传输完成。如果发送方超时并不准备重新发送且接收方有问题或网络有问题时，发送也正常结束。当然，实现时也可以是非正常结束，但无论如何连接都将被关闭。

5. 早终结

如果请求不能被满足，或者在传输中发生错误，需要发送 ERROR 包。这仅是一种传输友好的方式，ERROR 包不被确认也不被重新传输，因此这种包可能永远不会被接收到。所以需要用超时来侦测错误。

2.4.3 FTP 与 TFTP 的区别

FTP 和 TFTP 最大的区别在于侧重点不一样，FTP 比较经典，强调可靠性，而 TFTP 做了一些简化，强调传输速度。

2.5 远程登录协议

TELNET 是一个简单的远程登录协议，也是 Internet 的正式标准。用户可以使用 TELNET 在其所在地通过 TCP 连接注册（即登录）到另一个远程主机上（使用主机名或 IP 地址）。

TELNET 能将用户的击键传到远程主机，同时也能将远程主机的输出通过 TCP 连接返回到用户屏幕。这种服务是透明的，因为用户感觉好像键盘和显示器是直接连在远程主机上。

2.5.1 客户服务器工作模式

虽然 PC、智能终端的功能越来越强大，如云存储、大数据服务器等，用户依然经常使用 TELNET。

TELNET 使用客户服务器模式。在本地系统运行 TELNET 客户进程，而在远程主机运行 TELNET 服务器进程。和 FTP 的情况相似，服务器中的主进程等待新的请求，并产生从属进程来处理每一个连接。

2.5.2 TELNET 的使用

1. 网络虚拟终端（Network Virtual Terminal，NVT）格式

如图2-10所示，客户软件把用户的击键和命令转换成NVT格式，并送交服务器。服务器软件把收到的数据和命令从NVT格式转换成远程系统所需的格式。向用户返回数据时，服务器把远程系统的格式转换为NVT格式，本地客户再从NVT格式转换到本地系统所需的格式。

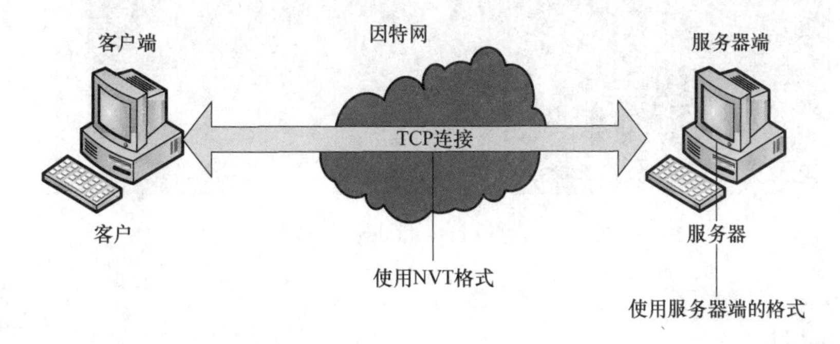

图2-10 TELNET使用网络虚拟终端（NVT）格式

2. TELNET 定义的一些控制命令

1）像FTP提供一些命令集一样，TELNET也提供了一些命令，这些命令在使用的远程桌面的工具中被封装，使我们可以在使用远程维护时更方便，具体包括的常用命令及含义如表2-2所示。

表2-2 TELNET 常用命令及其含义

命　令	操作含义
help	联机求助
open“IP地址或域名”	远程登录
close	正常结束远程会话，回到命令方式
display	显示工作参数
mode	进入行命令或字符方式
send	向远程主机传送特殊字符（键入send？可显示详细字符）
set	设置工作参数（键入set？可显示详细参数）
status	显示状态信息
toggle	改变工作参数（键入toggle？可显示详细参数）
quit	退出telnet，返回本地机

2）TELNET启动及命令使用。

运行help和display命令，如图2-11所示。

```
Telnet www.baidu.com
Microsoft Telnet> GET / HTTP/1.0
无效指令。需要帮助，请键入 ?/help
Microsoft Telnet>
Microsoft Telnet> help

命令可能是缩写。支持的命令为:

c    - close                    关闭当前连接
d    - display                  显示操作参数
o    - open hostname [port]     连接到主机(默认端口 23)。
q    - quit                     退出 telnet
set  - set                      设置选项(键入 'set ?' 获得列表)
sen  - send                     将字符串发送到服务器
st   - status                   打印状态信息
u    - unset                    解除设置选项(键入 'set ?' 获得列表)
?/h  - help                     打印帮助信息
Microsoft Telnet> display
Escape 字符为 'CTRL+]'
进行身份验证(NTLM 身份验证)
本地回显关闭
新行模式 - return 键发送 CR 和 LF(& )
当前模式: 控制台
将选择终端类型
优选的终端类型为 ANSI
Microsoft Telnet>
```

图 2-11　运行 help 和 display 命令

2.6　电子邮件

20 世纪 80 年代末，我国成功实现了接收和发送第一封电子邮件，随后，电子邮件得到了快速的发展。

一开始，电子邮件只能传送文本，邮件正文、附件中不能出现图片、视频、音乐等。究竟是何种技术突破了这个缺陷，使得电子邮件可以传送二进制文件？

让我们带着这些问题学习以下内容。

2.6.1　概述

电子邮件（E-mail）是 Internet 上使用最多和最受用户欢迎的应用之一。电子邮件将邮件发送到 ISP 的邮件服务器，并放在其中的收信人邮箱中，收信人可随时到 ISP 的邮件服务器进行读取。电子邮件不仅使用方便，而且还具有传递迅速和费用低廉的优点。现在的电子邮件不仅可传送文字信息，还可附上声音和图像等多媒体文件。

1. 关于电子邮件的标准

1982 年，简单邮件传送协议（Simple Mail Transfer Protocol，SMTP）和 Internet 文本报文格式成为 Internet 的正式标准，主要是因为 SMTP 能够实现异构环境下计算机的文本文件的传输。

1993 年，通用 Internet 邮件扩充协议（Multipurpose Internet Mail Extensions，MIME）在邮件首部中说明了邮件的数据类型（如文本、声音、图像、视像等），使得在 MIME 邮件中可同时传送多种类型的数据。

最初的网购是从买书发展起来的，为什么网上购书会发展起来？因为网上的书价格便宜，书也不是很厚，因此书在网购里出现得最早。而现在的网购什么都能买到，如鞋帽、食品等。这就是一种扩充。

2. DNS与电子邮件的关系

邮箱位于邮件服务器中，发送邮件时使用的计算机即为客户端（相对于邮件来讲）。一般情况下，打开电脑后，需要在浏览器中输入邮件服务器的域名，即说明了没有DNS服务器不能发送邮件，没有域名服务器无法确定IP地址；当邮件服务器和计算机连接成功时，会让输入邮件名，然后验证，通过后即登录成功。

2.6.2 电子邮件的组成构件

如图2-12所示，电子邮件的主要组成构件有3部分：用户代理（User Agent，UA）、邮件服务器和简单邮件传送协议（Simple Mail Transfer Protocol，SMTP）。

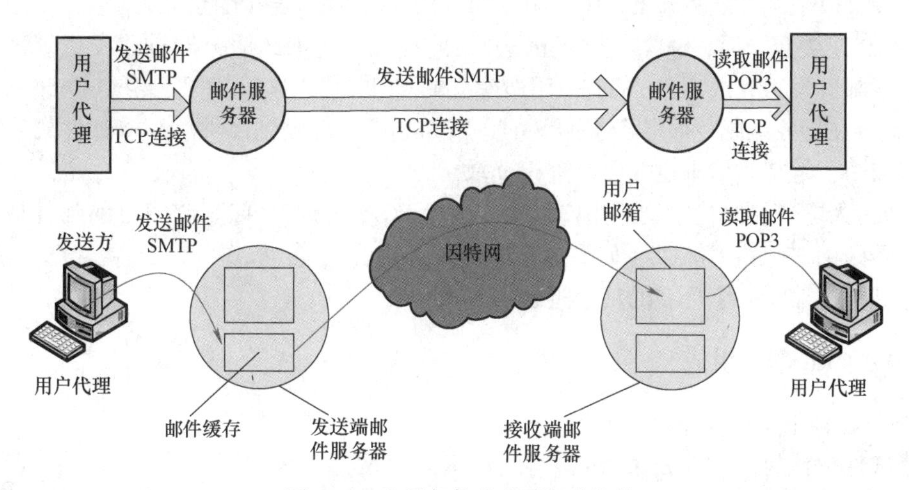

图2-12 电子邮件的主要组成构件

其中，用户代理（UA）是用户与电子邮件系统的接口，其功能是撰写、显示和处理。一般情况下，UA是由邮件服务器提供，也可由第三方提供，如outlook、foxmail等，这些UA都可以同时管理用户的多个邮箱。实际上只要大家有兴趣，完全可以自己写一个属于自己的个性化UA。

邮件服务器的功能是发送和接收邮件，同时还要向发信人报告邮件传送的情况（已交付、被拒绝、丢失等）。邮件服务器按照客户服务器方式工作。

邮件服务器需要使用两个不同的协议：

1）SMTP用于发送邮件。

2）邮局协议（Post Office Protocol，POP）用于接收邮件。

为什么邮件的接收和发送要用两个不同的协议？就好比奥运会开幕式入场，不同的嘉宾要走不同的通道一样，它可以起到安全的作用，这种处理方法也是一种分层的思想。

注意：一个邮件服务器既可以作为客户，也可以作为服务器。

例如，当邮件服务器A向另一个邮件服务器B发送邮件时，邮件服务器A是SMTP客户，而邮件服务器B是SMTP服务器。当邮件服务器A从另一个邮件服务器B接收邮件时，邮件服务器A是SMTP服务器，而邮件服务器B是SMTP客户。

2.6.3 电子邮件的发送和接收过程

如图 2-12 所示，电子邮件的发送和接收过程如下：

1）发信人调用用户代理来编辑要发送的邮件。用户代理用 SMTP 把邮件传送给发送端邮件服务器。

2）发送端邮件服务器将邮件放入邮件缓存队列中，等待发送。因为邮件可能较多，所以需要等待。如果想要避免缓冲溢出导致的邮件丢失，可以避开邮件收发高峰期后再发送邮件。

3）当运行在发送端邮件服务器的 SMTP 客户进程发现邮件缓存中有待发送的邮件，就会向运行在接收端邮件服务器的 SMTP 服务器进程发起 TCP 连接的建立请求。

4）TCP 连接建立后，SMTP 客户进程开始向远程的 SMTP 服务器进程发送邮件。当所有的待发送邮件发送完成后，SMTP 关闭所建立的 TCP 连接。

5）运行在接收端邮件服务器中的 SMTP 服务器进程接收到邮件后，将邮件放入收信人的用户邮箱中，等待收信人在方便时进行读取。

6）收信人在打算收信时调用用户代理，使用 POP3（或 IMAP）将自己的邮件从接收端邮件服务器的用户邮箱中取回（如果邮箱中有来信的话）。

整个邮件传输是一个可靠的传输过程。

2.6.4 电子邮件的组成

1. 电子邮件的构成元素

电子邮件由信封（Envelope）和内容（Content）两部分组成。

电子邮件的传输程序根据邮件信封上的信息来传送邮件。用户在从自己的邮箱中读取邮件时才能见到邮件的内容。

在邮件的信封上，最重要的就是收信人的地址。邮件服务器的域名是唯一的，这样才能保证该邮箱只属于你一个人。

TCP/IP 体系的电子邮件系统规定电子邮件地址的格式如下：

收信人邮箱名@邮箱所在主机的域名

其中，符号“@”读作“at”，表示”在”的意思。例如，电子邮件地址 xiaowang@ustb.edu.cn。

电子邮件的标准格式 RFC 822 只规定了邮件内容中的首部（Header）格式，而邮件的主体（Body）部分则由用户自由撰写。用户写好首部后，邮件系统自动将信封所需的信息提取出来并写在信封上。所以用户不需要填写电子邮件信封上的信息。邮件内容的首部包括一些关键字，其后面需加上冒号。最重要的关键字是 To 和 Subject。

2. 邮件内容的首部

1）“To:”后面填入一个或多个收信人的电子邮件地址。用户只需打开地址簿，单击收信人名字，收信人的电子邮件地址就会自动地填入到合适的位置。

2）“Subject:”是邮件的主题。它反映了邮件的主要内容，便于用户查找邮件。

3）抄送“Cc:”表示应给某人发送一个邮件副本。

4）“From”和”Date”表示发信人的电子邮件地址和发信日期。“Reply-To”是对方回信所用的地址。

邮件的主题应慎重填写，以免被系统认为是垃圾邮件；主题不可以为空白或过于随意。

2.6.5 简单邮件传送协议

简单邮件传送协议（SMTP）规定了两个相互通信的SMTP进程之间应如何交换信息。由于SMTP使用客户服务器方式，因此负责发送邮件的SMTP进程就是SMTP客户，而负责接收邮件的SMTP进程就是SMTP服务器。

SMTP规定了14条命令和21种应答信息。每条命令用4个字母组成，而每一种应答信息一般只有一行信息，由一个3位数字的代码开始，后面可以附上简单的文字说明。

SMTP通信的三个阶段：

1）连接建立：连接是在发送主机的SMTP客户和接收主机的SMTP服务器之间建立的。SMTP不使用中间的邮件服务器。

2）邮件传送。

3）连接释放：邮件发送完毕后，SMTP应释放TCP连接。

2.6.6 邮局协议

邮局协议（POP）使用客户服务器的工作方式，是一个非常简单、但功能有限的邮件读取协议，现在使用的是它的第三个版本POP3。在接收邮件的用户PC中必须运行POP3客户程序，而在用户所连接的ISP的邮件服务器中则运行POP3服务器程序。

互联网信息获取协议（Internet Message Access Protocol，IMAP）也是按客户服务器方式工作，现在较新的版本是IMAP4。用户在自己的PC上可以操作ISP的邮件服务器的邮箱，就像在本地操作一样，因此IMAP是一个联机协议。当用户PC上的IMAP客户程序打开IMAP服务器的邮箱时，用户就可以看到邮件的首部。若用户需要打开某个邮件，则该邮件才传到用户的PC上。

IMAP最大的优点是用户可以在不同的地方使用不同的计算机随时上网阅读和处理自己的邮件。IMAP还允许收信人只读取邮件中的某一部分。例如，收到了一个带有视像附件（此文件可能很大）的邮件，为了节省时间，可以先下载邮件的正文部分，待以后有时间再读取或下载这个很长的附件。

IMAP的缺点是如果用户没有将邮件复制到自己的PC上，则邮件一直存放在IMAP服务器上。因此用户需要经常与IMAP服务器建立连接。

注意：

1）不要将POP或IMAP与SMTP弄混。

2）发信人的用户代理向源邮件服务器发送邮件，以及源邮件服务器向目的邮件服务器发送邮件，都是使用SMTP。

3）POP或IMAP是用户从目的邮件服务器上读取邮件时所使用的协议。

2.6.7 通用Internet邮件扩充协议

通用Internet邮件扩充协议（Multipurpose Internet Mail Extensions，MIME），也称为多用途互联网邮件扩展类型，是指设定某种扩展名的文件用一种应用程序来打开的方式类型，当该扩展名文件被访问时，浏览器会自动使用指定应用程序来打开。MIME 多用于指定一些客户端自定义的文件名以及一些媒体文件的打开方式。

1. SMTP 的缺点

1）SMTP 不能传送可执行文件或其他的二进制对象。

2）SMTP 仅限于传送 7 位的 ASCII 码。许多其他非英语国家的文字（如中文、俄文甚至带重音符号的法文或德文）无法传送。

3）SMTP 服务器会拒绝超过一定长度的邮件。

4）某些 SMTP 的实现并没有完全按照电子邮件的标准格式 RFC 821 的 SMTP 标准。

2. MIME 的特点

1）MIME 并没有改动 SMTP 或取代它。

2）MIME 的意图是继续使用目前的［RFC 822］格式，但增加了邮件主体的结构，并定义了传送非 ASCII 码的编码规则。如图 2-13 所示，MIME 很好地兼容性扩展了 SMTP。

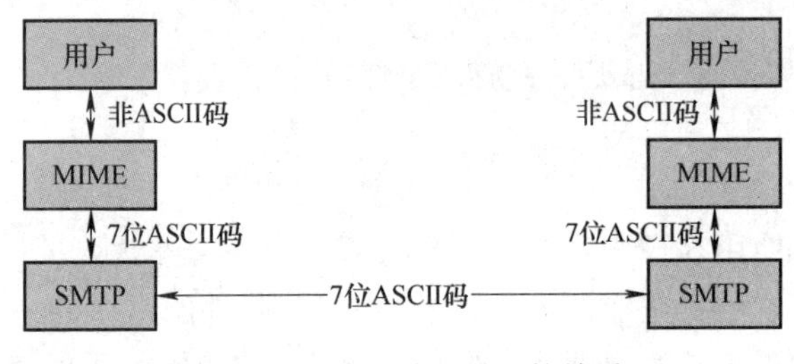

图 2-13　MIME 和 SMTP 的关系

3. MIME 的主要组成部分

1）5 个新的邮件首部字段，包含在 RFC 822 首部中。这些字段提供了有关邮件主体的信息。

2）定义了许多邮件内容的格式，对多媒体电子邮件的表示方法进行了标准化。

3）定义了传送编码，可对任何内容格式进行转换，而不会被邮件系统改变。

4. MIME 增加的 5 个新的邮件首部

1）MIME-Version：标志 MIME 的版本。现在的版本号是 1.0。若无此行，则为英文文本。

2）Content-Description：这是可读字符串，说明此邮件的内容是什么，和邮件的主题差不多。

3）Content-Id：邮件的唯一标识符。

4）Content-Transfer-Encoding：说明传送时邮件的主体是如何编码的。

5）Content-Type：说明邮件的性质。

5. 内容传送编码（Content-Transfer-Encoding）

1）最简单的编码是 7 位 ASCII 码，而每行不能超过 1000 个字符。对于由 ASCII 码构成的邮件主体，MIME 不进行任何转换。

2）另一种编码称为 quoted-printable，这种编码方法适用于所传送的数据中只有少量的非 ASCII 码的情况。

3）对于任意的二进制文件，可用 base64 编码。

6. 内容类型

MIME 中规定 Content-Type 说明中必须含有两个标识符，即内容类型（type）和子类型（subtype），中间用“/”分开。MIME 中定义了 7 个基本内容类型和 15 种子类型。

2.7 万维网

环球信息网（World Wide Web，WWW），又称为万维网，其创建者是蒂姆·伯纳斯·李（Tim Berners-Lee）爵士。

2.7.1 伯纳斯·李与万维网的创建

1. 万维网的设想原型

1980 年伯纳斯·李在欧洲核子物理实验室工作时建议建立一个以超文本系统为基础的项目，使科学家之间能够分享和更新他们的研究结果。他与罗勃·卡力奥一起建立了一个叫作 ENQUIRE 的原型系统。

1984 年，伯纳斯·李重返欧洲核子物理实验室，这次作为正式成员。他恢复了过去的工作并创造了万维网。为此他写了世界上第一个网页浏览器（World Wide Web）和第一个网页服务器（httpd）。

2. 第一个网站

蒂姆·伯纳斯·李建立的第一个网站（也是世界上第一个网站）是 http://info.cern.ch/，于 1991 年 8 月 6 日上网，它解释了万维网是什么，如何使用网页浏览器和如何建立一个网页服务器等。后来，蒂姆·伯纳斯·李在这个网站里列举了其他网站，因此也是世界上第一个万维网目录，如图 2-14 所示。

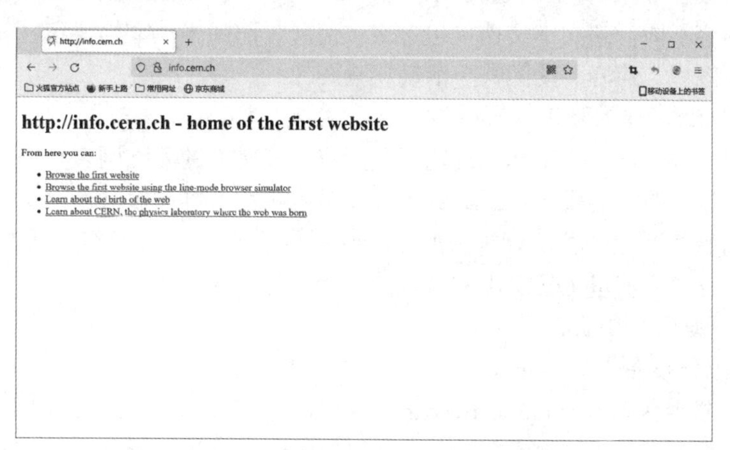

图 2-14　蒂姆·伯纳斯·李（Tim Berners-Lee）建立的第一个网站

2.7.2 万维网的工作原理

万维网是当前 Internet 上最受欢迎、最为流行、最新的信息检索服务系统之一，也是一个大规模、联机式的信息储藏所。

万维网能通过链接的方法非常方便地从 Internet 的一个站点访问另一个站点，从而主动地按需获取丰富的信息。这种访问方式称为“链接”。

1. 万维网提供分布式服务

WWW（World Wide Web）是一张附着在Internet上、覆盖全球的信息“蜘蛛网”，镶嵌着无数以超文本形式存在的信息。它把Internet上现有的资源全部连接起来，使用户能在Internet上已经建立的WWW服务器的所有站点提供超文本、超媒体资源文档，因为WWW能把各种类型的信息（静止图像、文本声音和音像）无缝地集成起来。WWW不仅提供了图形界面的快速信息查找功能，还可以通过同样的图形界面（GUI）与Internet的其他服务器对接，如图2-15所示。

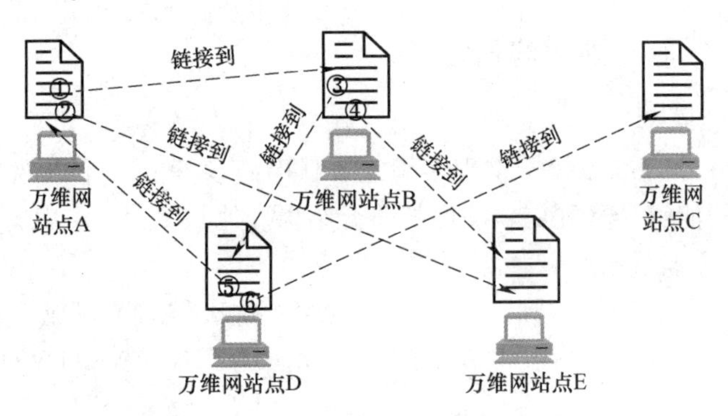

图2-15　万维网提供分布式“链接”服务

2. 超媒体与超文本

万维网是分布式超媒体（Hypermedia）系统，是超文本（Hypertext）系统的扩充。一个超文本由多个信息源链接成。利用一个链接可使用户找到另一个文档，这些文档可以位于世界上任何一个链接在Internet上的超文本系统中。超文本是万维网的基础。超媒体与超文本的区别是文档内容不同。超文本文档仅包含文本信息，而超媒体文档还包含其他表示方式的信息，如图形、图像、声音、动画甚至活动视频图像。

3. 万维网的工作方式

万维网以客户服务器方式工作。浏览器是用户计算机上的万维网客户程序；存储万维网文档的计算机则运行服务器程序，因此这个计算机也称为万维网服务器。

客户程序向服务器程序发出请求，服务器程序向客户程序送回客户所需要的万维网文档。在一个客户程序主窗口上显示出的万维网文档称为页面（Page）。

4. 万维网必须解决的问题

1）如何标志分布在整个Internet上的万维网文档。

使用统一资源定位符（Uniform Resource Locator，URL）来标志万维网上的各种文档，使每一个文档在整个Internet的范围内具有唯一的标识符URL。

2）用何种协议实现万维网上各种超链的链接。

在万维网客户程序与万维网服务器程序之间进行交互所使用的协议是超文本传送协议（HyperText Transfer Protocol，HTTP）。HTTP是一个应用层协议，它使用TCP连接进行可靠的传送。

3）如何使各种万维网文档都能在Internet上的各种计算机上显示出来，同时使用户清楚地知道在什么地方存在着超链。

超文本标记语言（HyperText Markup Language，HTML）使得万维网页面的设计者可以很方便地用一个超链从本页面的某处链接到 Internet 上的任何一个万维网页面，并且能够在自己的计算机屏幕上显示这些页面。

4）如何使用户能够方便地找到所需的信息。

为了在万维网上方便地查找信息，用户可使用各种搜索工具（即搜索引擎）。

2.7.3 统一资源定位符

统一资源定位符（URL）是对可以在 Internet 上得到的资源的位置和访问方法的一种简洁表示。

URL 为资源的位置提供一种抽象的识别方法，并用这种方法为资源定位。只要能够对资源定位，系统就可以对资源进行各种操作，如存取、更新、替换和查找其属性。

URL 相当于一个文件名在网络范围的扩展。因此 URL 是与 Internet 相连的机器上的任何可访问对象的一个指针。

URL 的一般形式由以冒号隔开的两大部分组成，且字符不区分大小写。

（1）URL 的访问格式

<URL 的访问方式>：//<主机名>：<端口号>/<文件名>/<文件路径>。

其中，<URL 的访问方式>主要有以下三种：

1）ftp——文件传送协议（FTP）。

2）http——超文本传送协议（HTTP）。

3）News——USENET 新闻。

<主机名>是存放资源的主机在 Internet 中的域名。<端口号>与<文件路径>有时可以省略。

（2）使用 FTP 的 URL 举例

例如：ftp：//rtfm. mit. edu/pub/abc. txt。

其中：

1）ftp：表示使用 FTP 协议。

2）冒号和两个斜线是规定的格式。

3）rtfm. mit. edu：主机的域名。

4）pub/abc. txt：文件名和文件路径。

（3）使用 HTTP 的 URL

使用 HTTP 的 URL 的一般形式：http：//<主机名>：<端口号>/<文件路径>。

1）http 表示使用 HTTP 协议。

2）冒号和两个斜线是规定的格式。

3）<主机名>：主机的域名。

4）<端口号>：HTTP 的默认端口号是 80，通常可省略。

5）<文件路径>：若省略文件的<文件路径>项，则 URL 指到 Internet 中的默认主页（Home Page）。

2.7.4 超文本传送协议

1. HTTP 的操作过程

为了使超文本的链接能够高效率的完成，需要用 HTTP 来传送一切必须的信息。从层次的角度看，HTTP 面向事务（transaction-oriented）的特点使得其能够可靠地实现服务器与客户端交换（包括文本、声音、图像等各种多媒体格式的）文件。

如图 2-16 所示，用户单击鼠标后，万维网服务器、客户端相关协议程序运行过程如下：

1）浏览器分析超链指向页面的 URL。

2）浏览器向 DNS 请求解析 www. ustb. edu. cn 的 IP 地址。

3）DNS 解析出北京科技大学服务器的 IP 地址。

4）浏览器与北京科技大学服务器建立 TCP 连接。

① 浏览器发出取文件命令：GET /chn/yxsz/index. htm。

② 服务器给出响应，把文件 index. htm 发给浏览器。

③ TCP 连接释放。

5）浏览器显示“北京科技大学主页”文件 index. htm 中的所有文本。

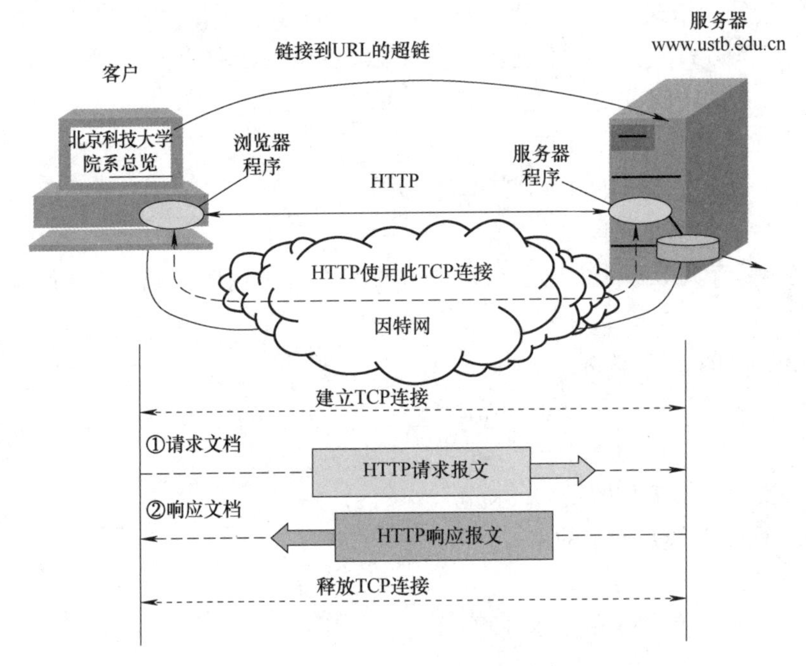

图 2-16　万维网的工作过程实例

2. HTTP 的主要特点

1）HTTP 是面向事务的客户服务器协议。

2）HTTP 1. 0 是无状态的（stateless）。

3）HTTP 本身也是无连接的，虽然它使用了面向连接的 TCP 向上提供服务。

4）万维网浏览器就是一个 HTTP 客户，而在万维网服务器等待 HTTP 请求的进程常称为 HTTP daemon，有时缩写为 HTTPD。

5）HTTP daemon 在收到 HTTP 客户的请求后，把所需的文件返回给 HTTP 客户。

3. 万维网高速缓存（Web Cache）

万维网高速缓存代表浏览器发出的 HTTP 请求，因此又称为代理服务器（Proxy Server）。万维网高速缓存将最近的一些请求和响应暂存在本地磁盘中。当与暂时存放的请求相同的新请求到达时，万维网高速缓存就把暂存的响应发送出去，而不再需要按照 URL 的地址去 Internet中访问该资源。因此，使用高速缓存可减少访问 Internet 服务器的时延。

如图 2-17 所示为没有使用高速缓存的情况。

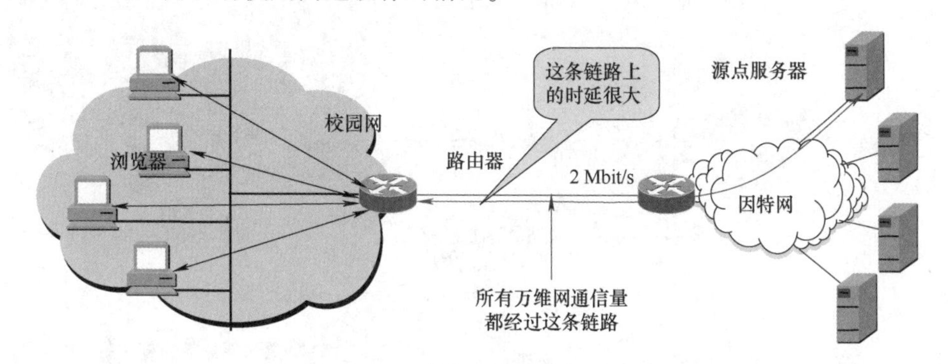

图 2-17　没有使用高速缓存的情况

如图 2-18 所示为使用了高速缓存的具体情况及工作流程。

1）当浏览器访问 Internet 服务器时，要先与校园网的高速缓存建立 TCP 连接，并向高速缓存发出 HTTP 请求报文，如图 2-18a 所示。

2）若高速缓存已经存放了所请求的对象，则将此对象放入 HTTP 响应报文中返回给浏览器，如图 2-18b 所示。

3）否则，高速缓存代表发出请求的浏览器与 Internet 上的源点服务器建立 TCP 连接，并发送 HTTP 请求报文，如图 2-18c 所示。

4）源点服务器将所请求的对象放在 HTTP 响应报文中返回给校园网的高速缓存，如图 2-18d 所示。

5）高速缓存收到此对象后，先复制在其本地存储器中（为今后使用），然后再将该对象放在 HTTP 响应报文中，通过已建立的 TCP 连接返回给请求该对象的浏览器，如图 2-18e 所示。

4. HTTP 的两类报文结构

由于 HTTP 是面向正文的（text-oriented），因此在报文中的每一个字段都是一些 ASCII 码串，因而每个字段的长度都是不确定的。

（1）请求报文

请求报文是从客户发送到服务器的请求。如图 2-19 所示，请求报文由三部分组成，即开始行、首部行和实体主体。在请求报文中，开始行就是请求行。“方法”是面向对象技术中使用的专门名词。所谓“方法”就是对所请求的对象进行的操作，因此这些方法实际上就是一些命令。因此，请求报文的类型是由它所采用的方法决定的。“URL”是所请求的资源的 URL。“版本”是 HTTP 的版本。

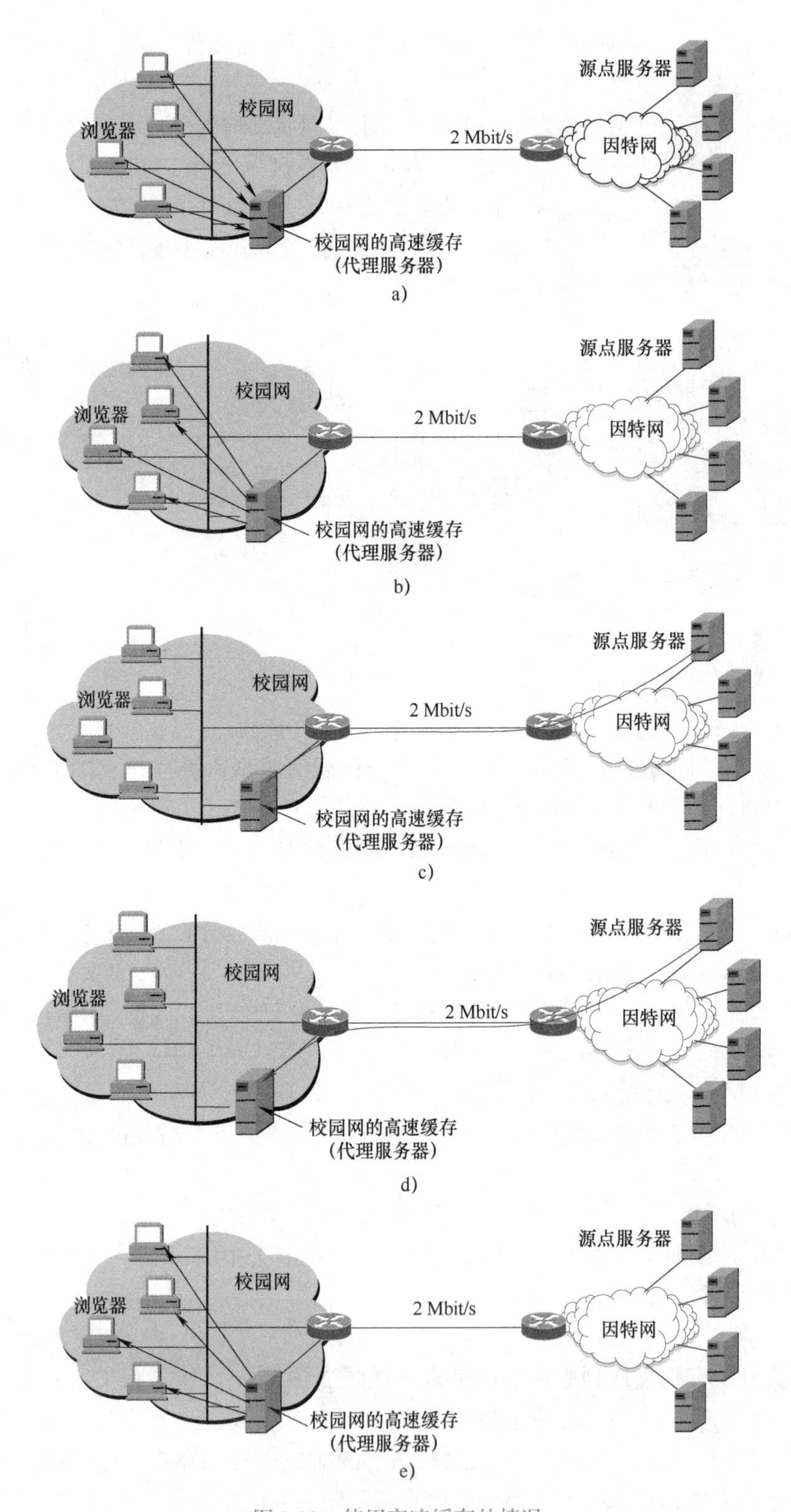

图 2-18　使用高速缓存的情况

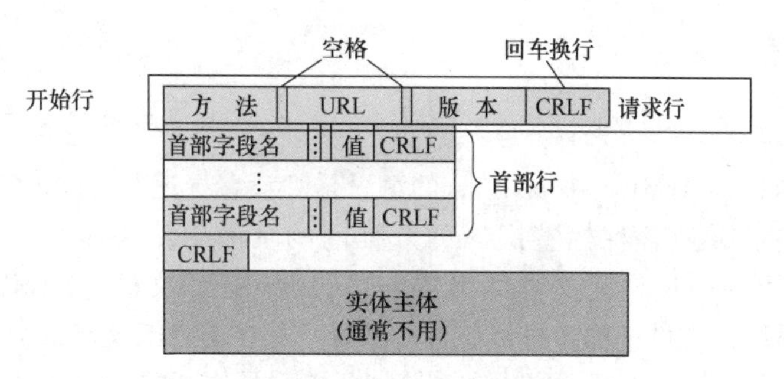

图2-19 请求报文结构

HTTP请求报文的方法及操作意义如表2-3所示。

表2-3 HTTP请求报文的方法及操作意义

方法（操作）	意 义
OPTION	请求一些选项的信息
GET	请求读取由URL所标志的信息
HEAD	请求读取由URL所标志的信息的首部
POST	给服务器添加信息（如注释）
PUT	在指明的URL下存储一个文档
DELETE	删除指明的URL所标志的资源
TRACE	用来进行环回测试的请求报文
CONNECT	用于代理服务器

（2）响应报文

响应报文是从服务器返回到客户的回答。如图2-20所示为响应报文结构，其开始行是状态行。状态行包括三项内容，即HTTP的版本、状态码以及解释状态码的简单短语。状态码都是三位数字：①1××表示通知信息，如请求收到了或正在进行处理；②2××表示成功，如接收或知道了；③3××表示重定向，表示要完成请求还必须采取进一步的行动；④4××表示客户的差错，如请求中有错误的语法或不能完成；⑤5××表示服务器的差错，如服务器失效无法完成请求。

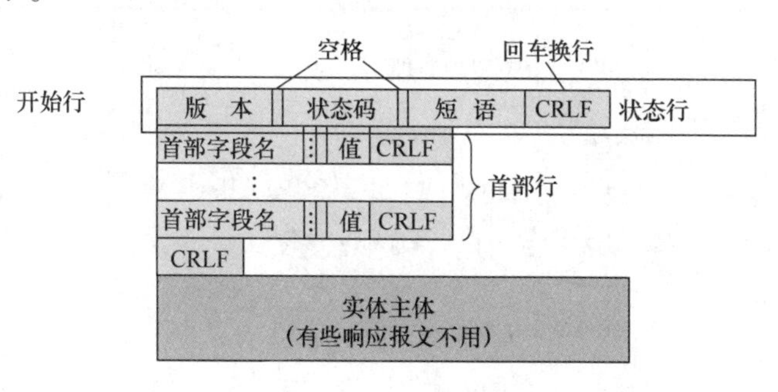

图2-20 响应报文结构

2.7.5 超文本标记语言

1. HTML 概述

超文本标记语言（HTML）中 Markup 的意思是“设置标记”。HTML 定义了很多用于排版的命令（标签），并把各种标签嵌入到万维网的页面中，这样就构成了 HTML 文档。HTML文档是一种可以使用任何文本编辑器创建的 ASCII 码文件。HTML 解释程序只对以 . html 或 . htm 为后缀的文件中的各种标签进行解释。如果 HTML 文档改成以 . txt 为后缀，则 HTML 解释程序不会对标签进行解释，在浏览器只能看见原来的文本文件。当浏览器从服务器读取 HTML 文档后，会按照 HTML 文档中的各种标签，根据浏览器所使用的显示器的尺寸和分辨率大小，重新对文档进行排版并恢复所读取的页面。

2. HTML 的格式与标签

元素（Element）是 HTML 文档结构的基本组成部分。一个 HTML 文档本身就是一个元素。每个 HTML 文档又由两个主要元素组成：首部（Head）和主体（Body）。首部包含文档的标题（Title）以及系统用来标识文档的一些其他信息，标题相当于文件名。文档的主体是 HTML 文档的最主要的部分。主体部分往往又由若干个更小的元素组成，如段落（Paragraph）、表格（Table）和列表（List）等。

HTML 用一对标签（即一个开始标签和一个结束标签）或几对标签来标识一个元素。开始标签由一个小于字符“ < ”、一个标签名和一个大于字符“ > ”组成。结束标签和开始标签的区别只是在小于字符的后面加上一个斜线字符”/”。标签名不区分大小写。有一些标签中可以省略结束标签。HTML 文档实例如表 2-4 所示。

表 2-4　HTML 文档实例

<HTML>	{HTML 文档的开始}
<HEAD>	{首部开始}
<TITLE>一个 HTML 的例子</TITLE>	{“一个 HTML 的例子”是文档标题}
</HEAD>	{首部结束}
<BODY>	{主体开始}
<H1>HTML 很容易掌握</H1>	{“HTML 很容易掌握”是主体的 1 级题头}
<P>这是第一个段落。</P>	{<P>和</P>之间的文字是一个段落}
<P>这是第二个段落。</P>	{<P>和</P>之间的文字是一个段落}
</BODY>	{主体结束}
</HTML>	{HTML 文档结束}

插入图像标签<IMG>的实例如图 2-21 所示。

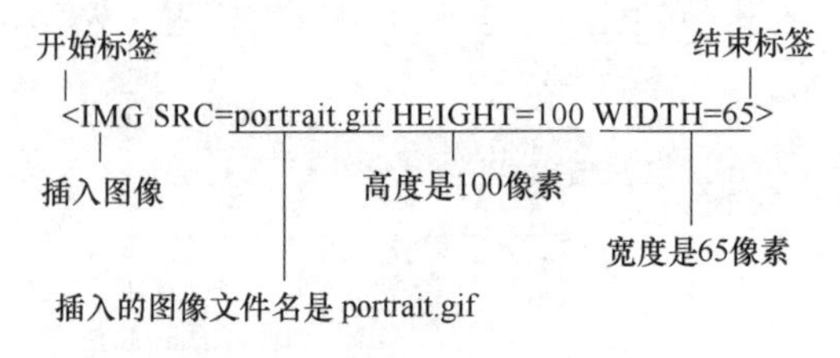

图 2-21　插入图像标签<IMG>的实例

2.7.6　万维网页面中的超链

（1）超链的标签及语法格式

定义一个超链的标签 < A >。字符 A 表示锚（Anchor）。

在 HTML 文档中，定义一个超链的语句格式：

< A HREF = "URL" > X < /A >

其中，URL 是填写目标资源的统一资源定位符，即拟访问资源的访问网址；X 表示链接所驻锚点，可以是一字符串文本、图片、视频等。

（2）远程链接

远程链接的终点是其他网点上的页面。

远程文件链接的 HTML 语法格式：

< A HREF = "远程资源的 URL" > X < /A >

远程链接的标签使用实例，如图 2-22 所示。

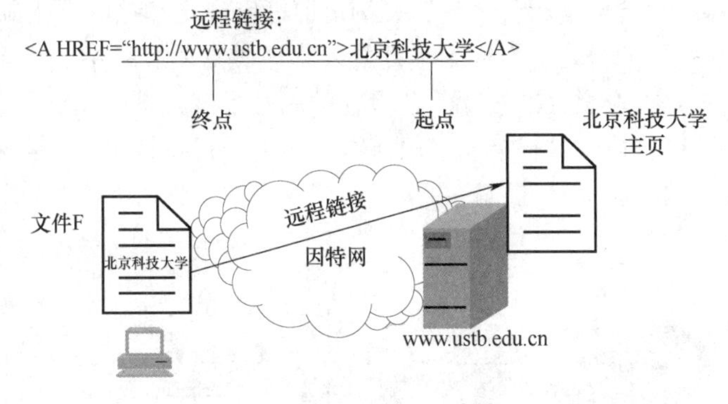

图 2-22　远程链接的标签使用实例

（3）本地链接

本地链接：超链指向本计算机中的某个文件。

本地文件链接的 HTML 语句格式：

< A HREF = ” #Destination” > X < /A >

本地链接实例，如图 2-23 所示。

本地链接可进行许多简化：

1）协议（http：//）被省略，表明与当前页面的协议相同。

2）主机域名被省略，表明是当前的主机域名。

3）目录路径被省略，表明是当前目录（对于远程链接，表明是主机的默认根目录）。

4）文件名被省略，表明是当前文件（对于远程链接，表明是对方服务器上默认的文件名，通常是一个名为 index. html 的文件）。

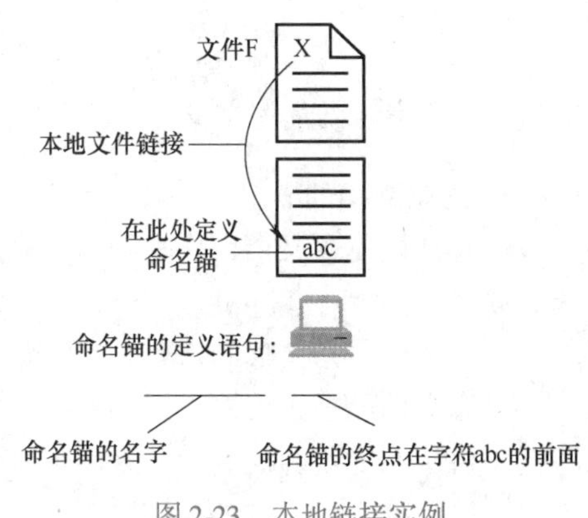

图 2-23　本地链接实例

（4）相对路径名与绝对路径名

1）使用简化的 URL，在 HREF = 的后面使用的是相对路径名。

2）使用完整的 URL，则使用的是绝对路径名。

3）使用相对路径名不仅可以减少键入的字符，而且也便于目录的改动。

（5）浏览器的结构

如图 2-24 所示为浏览器的主要功能模块组成，具体包括：

1）浏览器有一组客户、一组解释程序以及管理这些客户和解释程序的控制程序。

2）控制程序是其中的核心部件，它解释鼠标的单击和键盘的输入，并调用有关的组件来执行用户指定的操作。例如，当用户用鼠标单击一个超链的起点时，控制程序就调用一个客户从所需文档所在的远程服务器上取回该文档，并调用解释程序向用户显示该文档。

3）解释程序。HTML 解释程序是必不可少的，而其他的解释程序则是可选的。解释程序把 HTML 规格转换为适合用户显示硬件的命令来处理版面的细节。

4）许多浏览器还包含 FTP 客户，用来获取文件传送服务。

5）一些浏览器也包含电子邮件客户，使浏览器能够发送和接收电子邮件。

6）浏览器将它取回的每一个页面副本都放入本地磁盘的缓存中。当用户用鼠标单击某个选项时，浏览器首先检查磁盘的缓存。若缓存中保存了该项，则浏览器直接从缓存中得到该项副本而不必从网络获取，这样能明显改善浏览器的运行特性。但缓存要占用磁盘大量的空间，而浏览器性能的改善只有在用户再次查看缓存中的页面时才有帮助。许多浏览器允许用户调整缓存策略。

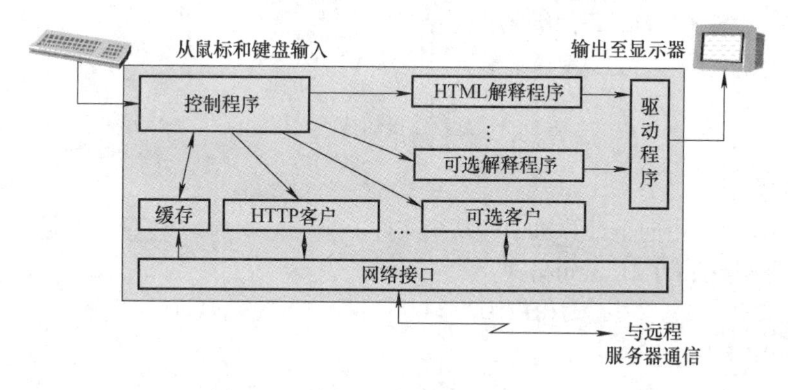

图 2-24　浏览器的主要功能模块组成

2.7.7　万维网动态文档

1. 动态文档的概念

静态文档是指文档创作完毕后就存放在万维网服务器中，在被用户浏览的过程中，内容不会改变。

动态文档是指文档的内容是在浏览器访问万维网服务器时才由应用程序动态创建。

动态文档和静态文档之间的主要差别体现在服务器端，主要原因是文档内容的生成方法不同。而从浏览器的角度看，这两种文档并没有区别。

2. 万维网服务器功能的扩充

1）应增加另一个应用程序，用来处理浏览器发来的数据，并创建动态文档。

2）应增加一个机制，用来使万维网服务器把浏览器发来的数据传送给这个应用程序，然后万维网服务器能够解释这个应用程序的输出，并向浏览器返回 HTML 文档。

图 2-25 所示为扩充了功能的万维网服务器的示意图。这里增加了一个机制，叫作通用网关接口（Common Gateway Interface，CGI）。CGI 是一种标准，它定义了动态文档应如何创建，输入数据应如何提供给应用程序，以及输出结果应如何使用。万维网服务器与 CGI 的通信遵循 CGI 标准。CGI 程序的正式名字是 CGI 脚本（Script）。

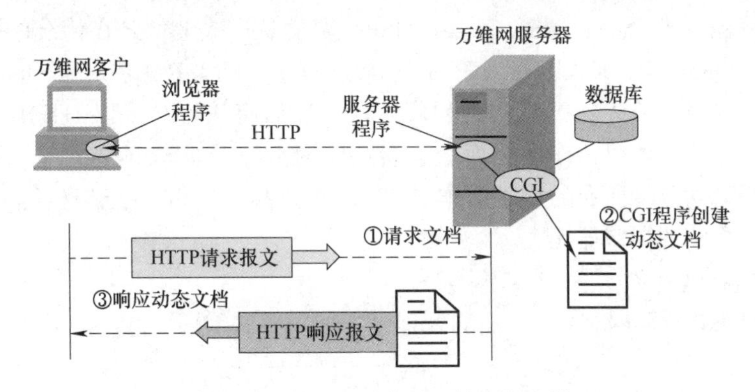

图 2-25　扩充了功能的万维网服务器

“通用”：CGI 标准所定义的规则对其他任何语言都是通用的。

“网关”：CGI 程序的作用像网关。

“接口”：有一些已定义好的变量和调用等可供其他 CGI 程序使用。

“脚本”指的是一个程序，它是被另一个程序（解释程序）而不是计算机的处理机来解释或执行。脚本的运行要比一般的编译程序慢，因为它的每一条指令首先要被另一个程序来处理（这就要一些附加的指令），而不是直接由指令处理器来处理。

3. 表单

从 HTML 2.0 开始增加了“表单”项目。“表单”（Form）用来把用户数据从浏览器传递给万维网服务器。在创建动态文档时，表单和 CGI 程序经常配合使用。表单在浏览器的屏幕出现时，会有一些方框和按钮供用户选择和单击，有的方框可让用户输入数据。

表单由以下几部分构成：

1）HTML 定义表单是在 HTML 文档的主体中插入表单的标签 <FORM> 和 </FORM>。

2）在 <FORM> 标签中，首先要指明 ACTION 参数，然后在其后面的引号中指出 CGI 程序在万维网服务器的位置。一般就是指明 URL。

3）参数 METHOD 说明对表单所采用的方法，即数据是如何在浏览器和服务器之间传送的。

4）在 HTML 文档中，用标签 <INPUT> 表示需要用户输入数据的项目。

5）SUBMIT（提交）按钮的功能是填完按此按钮。当用户单击此按钮时，浏览器即向服务器发送填写的数据。

6）RESET（复位）按钮的功能是清除所填信息。若用户认为所填写的数据不合适，在按复位按钮后，表单即恢复到刚开始时的样子。

7）使用 <SELECT> 标签可在表单中加入下拉式菜单。

4. CGI 标准

当 CGI 程序被调用时，服务器将一些参数传递给 CGI 程序，参数的值可由浏览器提供。服务器将这些参数传递给 CGI 程序时，不是使用一般的命令行方式，而是把这些参数信息置于 UNIX 的环境变量中，然后调用 CGI 程序，CGI 程序从环境变量中把值提取出来。

2.7.8 动态网页编程技术

动态网页编程技术（Java Server Pages，JSP）页面从形式上就是在传统的网页 HTML 文件（*.htm，*.html）中加入 Java 程序片段（Scriptlet）和 JSP 标签。Servlet/JSP 容器收到客户端发出的请求时，首先执行其中的程序片段，然后将执行结果以 HTML 格式响应给客户端。其中，程序片段可以操作数据库、重新定向网页以及发送 E-Mail 等，这些都是建立动态网站所需要的功能。所有的程序操作都在服务器端执行，网络上传送给客户端的仅是得到的结果，与客户端的浏览器无关。

1. JSP 的执行过程

当用户访问 JSP 页面时，JSP 页面的处理过程如图 2-26 所示。

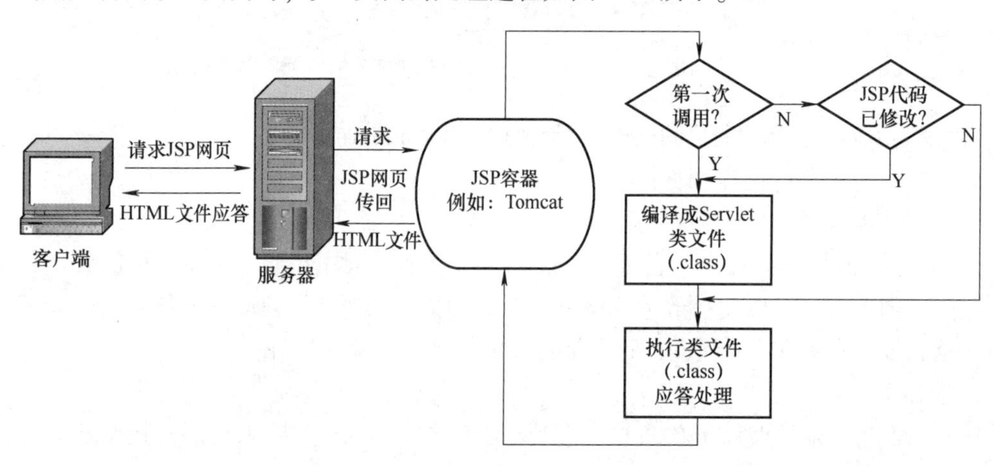

图 2-26　JSP 页面的处理过程

当客户第一次请求 JSP 页面时，JSP 引擎会通过预处理把 JSP 文件中的静态数据（HTML文本）和动态数据（Java 脚本）全部转换为 java 代码，这个转换工作实际上是非常直观的，对于 HTML 文本，只是简单地用 out. println（）方法包裹起来，对于 Java 脚本，只是保留或做简单的处理。

随即，JSP 引擎把生成的 . java 文件编译成 Servlet 类文件（. class）。对于 Tomcat 服务器而言，生成的 class 文件在默认的情况下存放在 <Tomcat> \ work 目录下 。

编译后的 class 对象被加载到 JSP 容器中，并根据用户的请求生成 HTML 格式的响应页面。

2. JSP 与 Servlet 的关系

Servlet 是一种在服务器端运行的 Java 程序，从某种意义上说，它就是服务器端的 Applet。所以 Servlet 可以像 Applet 一样作为一种插件（Plugin）嵌入到 Web 服务器中，提供诸如 HTTP、FTP 等协议服务甚至用户自已定制的协议服务。而 JSP 是继 Servlet 后 Sun 公司推出的新技术，它是以 Servlet 为基础开发的。

2.7.9 万维网上的搜索引擎

搜索引擎是指自动从因特网中搜集信息，经过一定整理以后提供给用户进行查询的系统。因特网中的信息浩瀚万千，而且毫无秩序，所有的信息像汪洋上的一个个小岛，网页链接是这些小岛之间纵横交错的桥梁，而搜索引擎，则为用户绘制一幅一目了然的信息导航地图，供用户随时查阅。

1. 搜索引擎的工作原理

在万维网中用来进行搜索的程序叫作搜索引擎。

如图 2-27 所示为简单搜索引擎中使用的数据结构，要在万维网中进行检索，就要将所有万维网页面标题中的关键词作成索引。搜索引擎工作的具体步骤有：

1）搜集信息：首先通过一个称为网络蜘蛛的机器人程序来追踪互联网上每一个网页的超链接，因为互联网上每一个网页都不是单独存在的（必存在到其他网页的链接），然后这个机器人程序便由原始网页链接到其他网页，一链十，十链百，至此，网络蜘蛛便爬满了绝大多数网页。

2）整理信息：搜索引擎整理信息的过程称为“创建索引”。搜索引擎不仅要保存搜集到的信息，还要将它们按照一定的规则进行编排。因此，搜索引擎无须重新翻查它保存的所有信息就可以迅速找到所要的资料。

3）接收查询：用户向搜索引擎发出查询，搜索引擎接收查询并向用户返回资料。搜索引擎每时每刻都要接到来自大量用户且几乎同时发出的查询，并按照每个用户的要求检查自己的索引，在极短的时间内找到用户需要的资料并返回给用户。

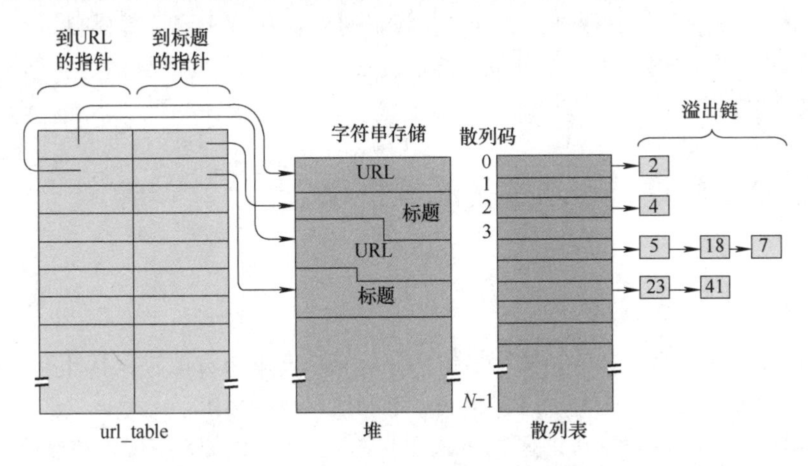

图 2-27 简单搜索引擎中使用的数据结构

2. 典型的搜索引擎关键技术

（1）Google（http：//www. google. com）的 PageRank 技术

PageRank（网页级别）的原理类似于科技论文中的引用机制：谁的论文被引用次数多，权重就大。在互联网中，链接相当于“引用”，在 B 网页中链接了 A，相当于 B 在谈话时提到了 A，如果在 C、D、E、F 中都链接了 A，那么说明 A 网页是最重要的，A 网页的 PageRank 值也就最高。

计算 PageRank 的公式：

$$\text{网页 A 级别} = (1-\text{系数}) + \text{系数} \times \left(\frac{\text{网页 1 级别}}{\text{网页 1 链出个数}} + \frac{\text{网页 2 级别}}{\text{网页 2 链出个数}} + \cdots + \frac{\text{网页 }N\text{ 级别}}{\text{网页 }N\text{ 链出个数}}\right)$$

其中，系数为一个大于 0、小于 1 的数，一般设置为 0.85；网页 1、网页 2 至网页 N 表示所有链接指向 A 的网页。

由以上公式可以看出三点：①链接指向 A 的网页越多，A 的级别越高。即 A 的级别和指向 A 的网页个数成正比，N 越大，A 的级别越高；②链接指向 A 的网页，其网页级别越高，A 的级别也越高。即 A 的级别和指向 A 的网页的级别成正比，网页 N 级别越高，A 的级别也越高；③链接指向 A 的网页，其链出的个数越多，A 的级别越低。即 A 的级别和指向 A 的网页的链出个数成反比，网页 N 链出个数越多，A 的级别越低。

每个网页有一个 PageRank 值，这样形成一个巨大的方程组，对这个方程组求解，就能得到每个网页的 PageRank 值。互联网有上百亿个网页，那么这个方程组就有上百亿个未知数，这个方程组虽然有解，但计算太复杂，不可能把所有的网页放在一起去求解。对具体计算方法有兴趣的读者可以去参考一些数值计算方面的书。

（2）Yahoo（http：//www. yahoo. com）的分类目录

雅虎是全球第一家提供因特网导航服务的网站，总部设在美国加州圣克拉克市，在欧洲、亚太区、拉丁美洲、加拿大及美国均设有办事处。

雅虎是最老的“分类目录”搜索数据库，也是最重要的搜索服务网站之一，在全部互联网搜索应用中所占份额达 36% 左右。其所收录的全部网站由人工编辑并按照类目分类；无论是在形式上还是内容上，数据库中的注册网站质量都非常高；有英、中 、日、韩、法、德、意、西班牙、丹麦等 12 种语言版本，各版本的内容互不相同；提供目录、网站及全文检索功能；目录分类比较合理，层次深，类目设置好，网站提要严格清楚，网站收录丰富，检索结果精确度较高。

2.8 引导程序协议与动态主机配置协议

2.8.1 引导程序协议

为了将软件协议做成通用的，便于移植，协议软件的编写者把协议软件参数化。这就使得在很多台计算机上使用同一个经过编译的二进制代码成为可能。

一台计算机和另一台计算机的区别可通过一些不同的参数来体现。在软件协议运行之前，必须给每一个参数赋值，给这些参数赋值的动作叫作协议配置。一个软件协议在使用之前必须是已正确配置的，具体的配置信息则取决于协议栈。连接到 Internet 的计算机的软件协议需要配置的项目有：IP 地址、子网掩码、默认路由器的 IP 地址、域名服务器的 IP 地址。这些信息通常存储在一个配置文件中，计算机在引导过程中可以对这个文件进行存取。

引导程序协议（BOOTstrap Protocol，BOOTP）也称为自举协议。BOOTP 使用客户服务器工作方式。

协议软件广播 BOOTP 请求报文，此报文作为 UDP 用户数据报的数据，UDP 用户数据报再作为 IP 数据报的数据。

收到请求报文的 BOOTP 服务器查找发出请求的计算机的各项配置信息，把配置信息放入 BOOTP 回答报文中，并把回答报文返回给提出请求的计算机。

由于计算机发送 BOOTP 请求报文时还没有 IP 地址，因此它使用全 1 广播地址（只在本网络上广播）作为目的地址，而用全 0 地址作为源地址。

BOOTP 服务器可使用广播方式将回答报文返回给该计算机，或使用收到广播帧上的硬件地址进行单播，只需发送一个 BOOTP 广播报文就可获取所需的全部配置信息。

2.8.2 动态主机配置协议

动态主机配置协议（Dynamic Host Configuration Protocol，DHCP）提供了即插即用连网（plug-and-play networking）的机制。这种机制允许一台计算机加入新的网络和获取 IP 地址而不用手工参与。DHCP 是扩展了的 BOOTP。DHCP 与 BOOTP 是向后兼容的，并且它们所使用的报文格式都很相似。

DHCP 使用客户服务器方式。如图 2-28 所示，需要 IP 地址的主机在启动时向 DHCP 服务器广播发送发现报文（DHCPDISCOVER），这时该主机为 DHCP 客户。本地网络上所有主机都能收到此广播报文，但只有 DHCP 服务器回答此广播报文。DHCP 服务器先在其数据库中查找该计算机的配置信息，若找到，则返回找到的信息；若找不到，则从服务器的 IP 地址池（address pool）中取一个地址分配给该计算机。DHCP 服务器的回答报文叫作提供报文（DHCPOFFER）。

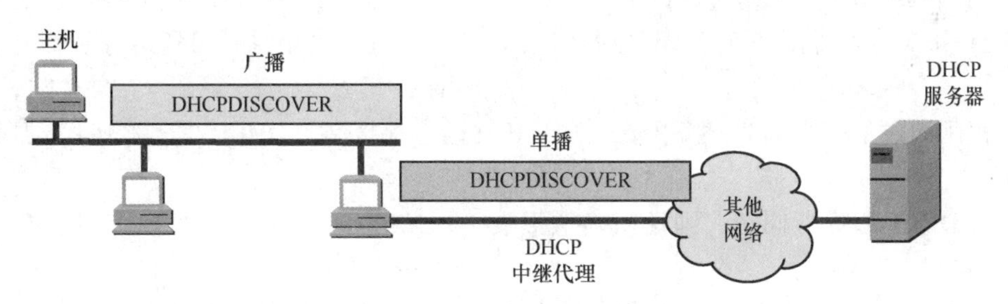

图 2-28　DHCP 中继代理以单播方式转发发现报文

并不是每个网络上都有 DHCP 服务器，这样会使 DHCP 服务器的数量太多。而每一个网络至少有一个 DHCP 中继代理（relay agent），它配置了 DHCP 服务器的 IP 地址信息。当 DHCP 中继代理收到主机发送的发现报文后，就以单播方式向 DHCP 服务器转发此报文，并等待其回答。收到 DHCP 服务器回答的提供报文后，DHCP 中继代理再将此提供报文发回给主机。

DHCP 服务器分配给 DHCP 客户的 IP 地址是临时的，因此 DHCP 客户只能在一段有限的时间内使用这个 IP 地址。DHCP 称这段时间为租用期。租用期的数值应由 DHCP 服务器自己决定。DHCP 客户也可在自己发送的报文中（如发现报文）提出对租用期的要求。

如图 2-29 所示，DHCP 工作过程的具体步骤按照图中的注释编号进行。

① DHCP 服务器被动打开 UDP 端口 67，等待客户端发来的报文。

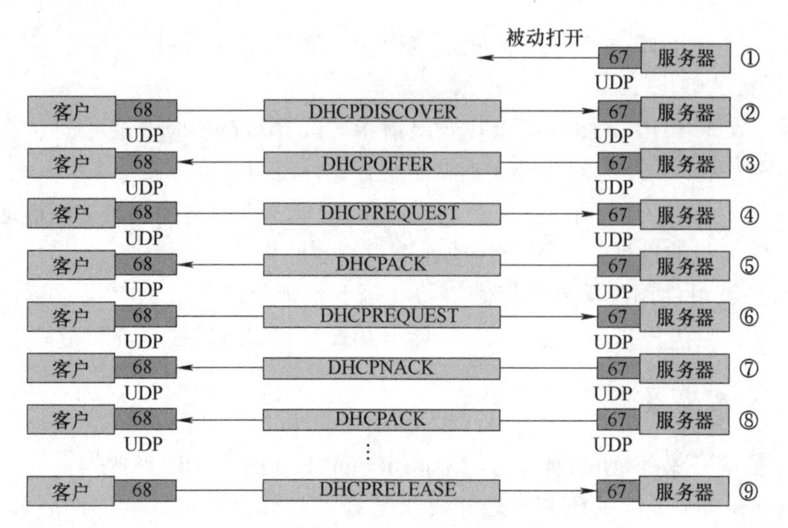

图 2-29　DHCP 的工作过程

② DHCP 客户从 UDP 端口 68 发送 DHCP 发现报文。

③ 收到 DHCP 发现报文的 DHCP 服务器都会发出 DHCP 提供报文，因此 DHCP 客户可能收到多个 DHCP 提供报文。

④ DHCP 客户从几个 DHCP 服务器中选择其中一个，并向所选择的 DHCP 服务器发送 DHCP 请求报文。

⑤ 被选择的 DHCP 服务器发送确认报文（DHCPACK），进入已绑定状态，DHCP 客户可开始使用得到的临时 IP 地址。同时，DHCP 客户要根据服务器提供的租用期 T 设置两个计时器 T1 和 T2，它们的超时时间分别是 0.5T 和 0.875T。当超时时间到达时就要请求更新租用期。

⑥ 租用期过了一半（T1 时间到），DHCP 发送请求报文（DHCPREQUEST），要求更新租用期。

⑦ 若 DHCP 服务器同意，则发回确认报文（DHCPACK）。DHCP 客户得到了新的租用期，重新设置计时器。

⑧ 若 DHCP 服务器不同意，则发回否认报文（DHCPNACK）。这时 DHCP 客户必须立即停止使用原来的 IP 地址，重新申请 IP 地址（回到步骤②）。若 DHCP 服务器不响应步骤⑥的请求报文（DHCPREQUEST），则在租用期过了 87.5% 时，DHCP 客户必须重新发送请求报文（DHCPREQUEST）（重复步骤⑥），然后又继续后面的步骤。

⑨ DHCP 客户可随时提前终止服务器所提供的租用期，这时只需向 DHCP 服务器发送释放报文（DHCPRELEASE）即可。

2.9　简单网络管理

2.9.1　网络管理的基本概念

网络管理包括对硬件、软件和人力的使用、综合与协调，以便对网络资源进行监视、测试、配置、分析、评价和控制，这样就能以合理的价格满足网络的一些需求，如实时运行性能、服务质量等。网络管理常简称为网管。可以看到，网络管理并不是指对网络进行行政上的管理。

管理站也常称为网络运行中心（Network Operations Center，NOC），是网络管理系统的核心。管理程序在运行时称为管理进程。管理站（硬件）或管理程序（软件）都可称为管理者（Manager）。管理者不是指人，而是指机器或软件。网络管理员（Administrator）指的是人。大型网络往往实行多级管理，因而有多个管理者，而一个管理者一般只管理本地网络的设备。

网络的每一个被管设备中可能有多个被管对象（Managed Object）。被管设备有时可称为网络元素或网元。在被管设备中也会有一些不能被管的对象。

被管对象必须维持可供管理程序读写的若干控制和状态信息，这些信息总称为管理信息库（Management Information Base，MIB）。管理程序使用 MIB 中这些信息的值对网络进行管理（如读取或重新设置这些值）。

在每一个被管设备中都要运行一个程序，以便和管理站中的管理程序进行通信。这些运行着的程序叫作网络管理代理程序，或简称为代理（agent）。在管理程序的命令和控制下，代理程序在被管设备上采取本地的行动。

网络管理协议简称为网管协议。需要注意的是，并不是网管协议本身来管理网络，网管协议只是管理程序和代理程序之间进行通信的规则。网络管理员利用网管协议并通过管理站对网络中的被管设备进行管理。管理程序和代理程序按客户服务器方式工作。管理程序运行 SNMP（简单网络管理协议）客户程序，向某个代理程序发出请求（或命令），代理程序运行 SNMP 服务器程序，返回响应（或执行某个动作）。在网管系统中，往往是一个（或少数几个）客户程序与很多的服务器程序进行交互。

OSI 的五个管理功能域：

1）故障管理——对网络中被管对象故障的检测、定位和排除。

2）配置管理——用来定义、识别、初始化、监控网络中的被管对象，改变被管对象的操作特性，报告被管对象状态的变化。

3）计费管理——记录用户使用网络资源的情况并核收费用，同时也统计网络的利用率。

4）性能管理——在使用最少网络资源和最小时延的前提下，网络能提供可靠、连续的通信能力。

5）安全管理——保证网络不被非法使用。

2.9.2 简单网络管理协议

网络管理的基本原理：若要管理某个对象，必然会给该对象添加一些软件或硬件，但这种“添加”对原有对象的影响必须尽量小些。

简单网络管理协议（Simple Network Management Protocol，SNMP）首次发布于 1988 年。IETF（互联网工程任务组）在 1990 年修订后的 SNMP 成为 Internet 的正式标准。因为以后有了新版本 SNMPv2 和 SNMPv3，因此该 SNMP 又称为 SNMPv1。SNMP 最重要的指导思想是要尽可能简单。SNMP 的基本功能包括监视网络性能、检测分析网络差错和配置网络设备等。在网络正常工作时，SNMP 可实现统计、配置和测试等功能；当网络出故障时，可实现各种差错检测和恢复功能。

虽然 SNMP 是在 TCP/IP 基础上的网络管理协议，但也可扩展到其他类型的网络设备上。

SNMP 的管理站和代理进程如图 2-30 所示。整个系统必须有一个管理站。管理进程和代理进程利用 SNMP 报文进行通信，而 SNMP 报文又使用 UDP 来传送。

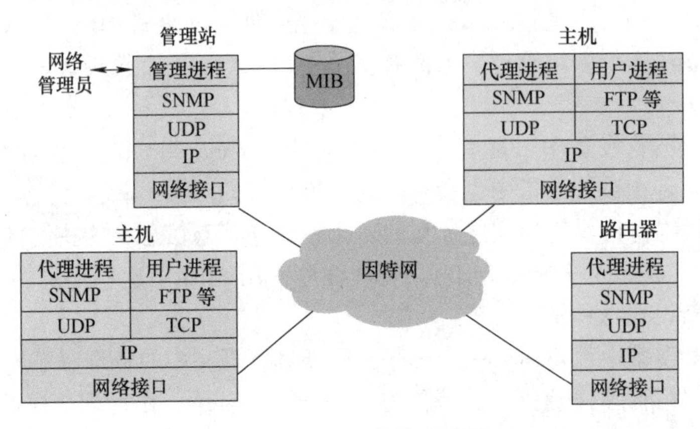

图 2-30　SNMP 的典型配置

若网络元素使用的不是 SNMP 而是另一种网络管理协议，则 SNMP 无法控制该网络元素。这时可使用委托代理（Proxy Agent）。委托代理能提供如协议转换和过滤操作等功能对被管对象进行管理。

2.9.3　管理信息库

管理信息库（MIB）是一个网络中所有可能被管对象的集合。只有在 MIB 中的对象才是 SNMP 所能够管理的。如图 2-31 所示，SNMP 的管理信息库采用和域名系统（DNS）相似的树形结构，它的根在最上面，根没有名字。

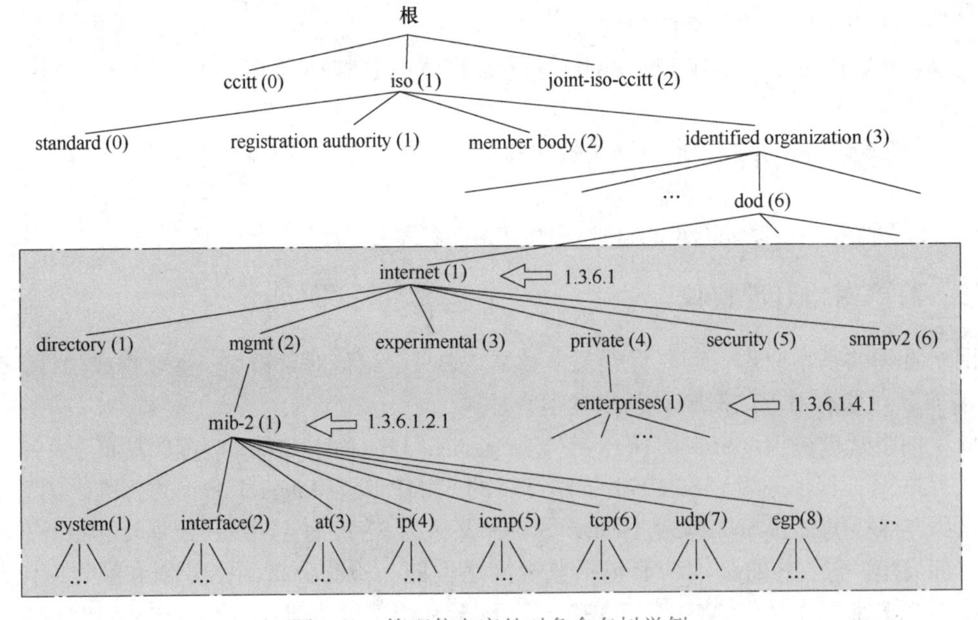

图 2-31　管理信息库的对象命名树举例

2.9.4 SNMPv1 的五种协议数据单元

如图 2-32 所示，SNMPv1 规定了五种协议数据单元（PDU），即 SNMP 报文，用来在管理进程和代理进程之间的通信。

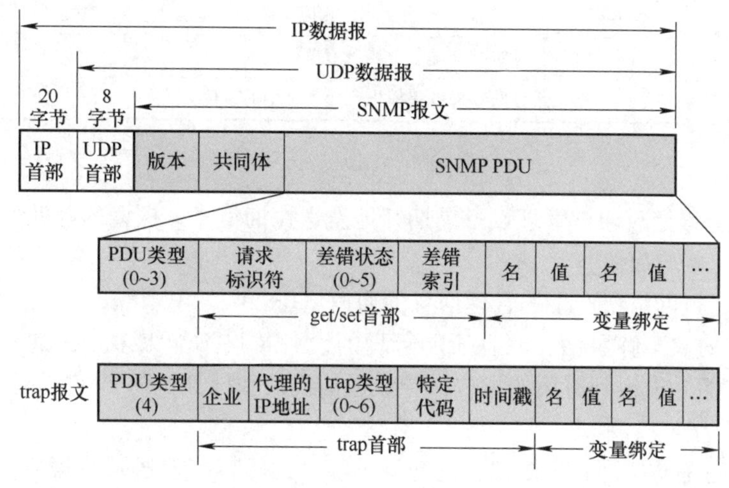

图 2-32　SNMPv1 的报文格式

1. SNMP v1 报文的组成

SNMP v1 报文由三个部分组成。

1）版本。

2）共同体（community）。

3）SNMP PDU。

PDU 类型是指 get/set 首部或 trap 首部变量绑定（variable-bindings）（变量绑定指明一个或多个变量的名和对应的值）。

2. get/set 首部的字段

1）请求标识符（request ID）。

2）差错状态（error status）。

3）差错索引（error index）。

3. trap 首部的字段

1）企业（enterprise）。

2）陷阱（trap）类型。

3）特定代码（specific-code）。

4）时间戳（timestamp）。

4. SNMP 操作的两种基本管理功能

1）读操作——用 get 报文来检测各被管对象的状况。

2）写操作——用 set 报文来改变各被管对象的状况。

SNMPv1 定义的协议数据单元类型及其功能如表 2-5 所示。

表 2-5　SNMPv1 定义的协议数据单元类型及其功能

PDU 编号	PDU 名称	用　　途
0	get-request	用来查询一个或多个变量的值
1	get-next-request	允许在 MIB 树上检索下一个变量，此操作可反复进行
2	get-reponse	对 get/set 报文作出响应，并提供差错码、差错状态等信息
3	set-request	对一个或多个变量值进行设置
4	Trap	向管理进程报告代理中发生的事件

5. 探询操作

SNMP 管理进程定时向被管理设备周期性地发送探询信息。探询的好处是：

1）可使系统相对简单。

2）能限制通过网络所产生的管理信息的通信量。

但探询管理协议不够灵活，而且所能管理的设备数目不能太多。探询系统的开销也较大，如探询频繁而并未得到有用的报告，导致通信线路和计算机的 CPU 周期被浪费。

6. 陷阱

SNMP 不是完全的探询管理协议，它允许不经过询问就能发送某些信息。这种信息称为陷阱（trap），表示它能够捕捉“事件”。这种陷阱信息的参数是受限制的。当被管对象的代理检测到有事件发生时，就会检查其门限值。代理只向管理进程报告达到某些门限值的事件（即过滤）。过滤的好处是：

1）仅在严重事件发生时才发送陷阱。

2）陷阱信息很简单且所需字节数很少。

使用探询（至少是周期性地）以维持对网络资源的实时监视，同时也采用陷阱机制报告特殊事件，使得 SNMP 成为一种有效的网络管理协议。

SNMP 使用无连接的 UDP，因此在网络上传送 SNMP 报文的开销较小。但 UDP 不保证可靠交付。在运行代理程序的服务器端使用熟知端口 161 来接收 get/set 报文和发送响应报文（与熟知端口通信的客户端使用临时端口）。运行管理程序的客户端则使用熟知端口 162 来接收来自各代理的 trap 报文。

2.9.5　SNMPv2 和 SNMPv3

SNMPv1 的主要缺点是：①不能有效地传送大块的数据；②不能将网络管理的功能分散化；③安全性不够好。

1996 年，IETF 发布了 8 个 SNMPv2 文档［RFC 1901 ~1908］。但 SNMPv2 在安全方面的设计过于复杂，使得有些人不愿意接受它。SNMPv2 增加了 get-bulk-request 命令，可一次从路由器的路由表中读取许多行的信息。SNMPv2 的 get 命令允许返回部分的变量值，提高了效率，减少了网络上的通信量。SNMPv2 采用了分散化的管理方法，在一个网络中可以有多个顶级管理站，叫作管理服务器。SNMPv2 增加了一个 inform 命令和一个管理进程到管理进程的 MIB（manager-to-manager MIB）。使用这种 inform 命令可以使管理进程之间互相传送有关的事件信息而不需要经过请求，这样的信息则定义在管理进程到管理进程的 MIB 中。

1998 年 1 月，IETF 发表了 SNMPv3 的有关文档［RFC 2271-2275］，仅隔 15 个月后就更

新为［RFC 2571-2575］。SNMPv3 最大的改进就是安全特性。也就是说，只有被授权的人员才有资格执行网络管理的功能（如关闭某一条链路）和读取有关网络管理的信息（如读取一个配置文件的内容）。

2.10 网络应用进程接口

2.10.1 应用编程接口与套接字

大多数操作系统使用系统调用（system call）的机制在应用程序和操作系统之间传递控制权。对程序员来说，每一个系统调用和一般程序设计中的函数调用非常相似，只是系统调用是将控制权传递给了操作系统。

如图 2-33 所示，当某个应用进程启动系统调用时，控制权就从应用进程传递给了系统调用接口。此接口再将控制权传递给计算机的操作系统。操作系统将此调用转给某个内部进程，并执行所请求的操作。内部进程一旦执行完毕，控制权就又通过系统调用接口返回给应用进程。系统调用接口实际上就是应用进程的控制权和操作系统的控制权进行转换的一个接口，即应用编程接口（API）。

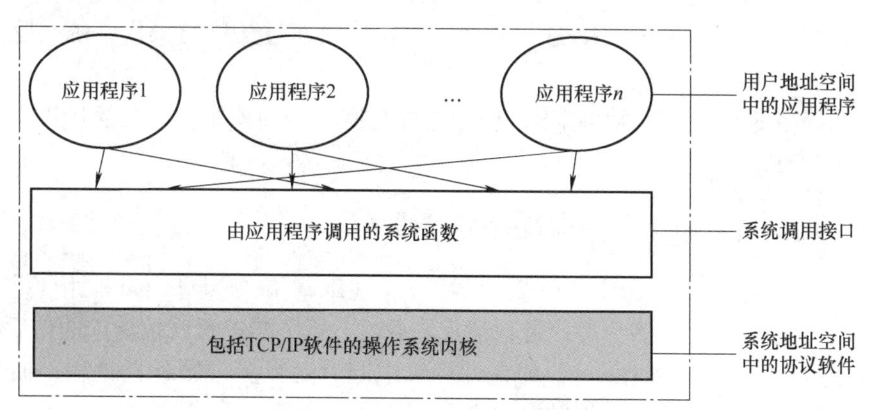

图 2-33 多个应用进程使用系统调用的机制

如图 2-34 所示，Berkeley UNIX 操作系统定义了一种应用编程接口，称为套接字接口（Socket interface）。微软公司在其操作系统中引入套接字思想，实现了一个实用的应用编程接口（API）函数库，并称之为插口（Windows Socket）。AT&T 为其 UNIX 系统 V 定义了一种传输层接口，简写为 TLI（Transport Layer Interface）。

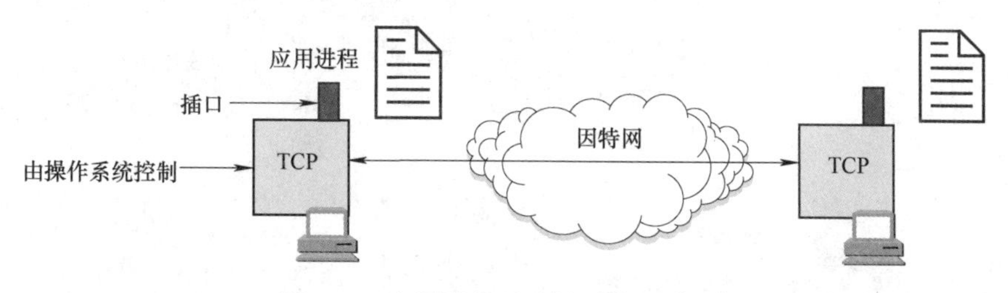

图 2-34 应用进程通过插口接入到网络

1. 插口的作用

1）当应用进程需要使用网络进行通信时就发出系统调用，请求操作系统为其创建插口，以便把网络通信所需要的系统资源分配给该应用进程。

2）操作系统将这些资源的总和用一个号码来表示，并把此号码返回给应用进程。应用进程所进行的网络操作都必须使用这个号码。

3）通信完毕后，应用进程通过一个关闭插口的系统调用通知操作系统回收与该号码相关的所有资源。

2. 插口和 API 的不同

1）插口是应用进程和网络之间的接口，因为插口既包含传输层与应用层之间的端口号，又包含机器的 IP 地址。

2）插口和应用编程接口（API）是性质不同的接口。

3）API 从程序设计的角度定义了许多标准的系统调用函数。应用进程只要使用标准的系统调用函数就可得到操作系统的服务。在这个意义上讲，API 是应用程序和操作系统之间的接口。

4）在插口以上的进程是受应用程序控制的，而在插口以下的 TCP 软件以及 TCP 使用的缓存和一些必要的变量等，则是受计算机操作系统的控制。

5）只要应用程序使用 TCP/IP 进行通信，它就必须通过插口与操作系统交互并请求其服务。

6）应用程序的开发者对插口以上的应用进程具有完全的控制，但对插口以下的传输层却只有少量的控制。

2.10.2 无连接循环服务与面向连接并发服务

服务器都可工作在两种不同的方式：循环方式（Iterative Mode），即在计算机中一次只运行一个服务器进程，当有多个客户进程请求服务时，服务器进程就按请求的先后顺序依次做出响应；并发方式（Concurrent），即在计算机中同时运行多个服务器进程，而每一个服务器进程都对某个特定的客户进程做出响应。

1. 无连接循环服务器

如图 2-35 所示，使用无连接 UDP 的服务器进程通常都工作在循环方式，一个服务器进程在同一时间只能向一个客户进程提供服务。服务器进程只使用一个服务器插口。每一个客户则使用自己创建的客户插口（端口号自己设定）。

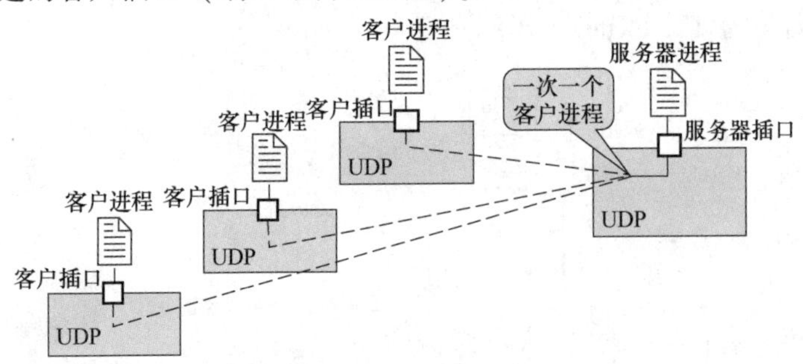

图 2-35　无连接循环服务器工作原理

服务器进程收到客户进程的请求后，发送 UDP 用户数据报响应该客户。但对其他客户进程发来的请求则暂时不予理睬，这些请求都在服务器端的队列中排队等候服务器进程的处理。当服务器进程处理完一个请求时，就从队列中读取来自下一个客户进程的请求，然后继续处理。

如图 2-36 所示为无连接循环服务器客户机进程编程通信框架。

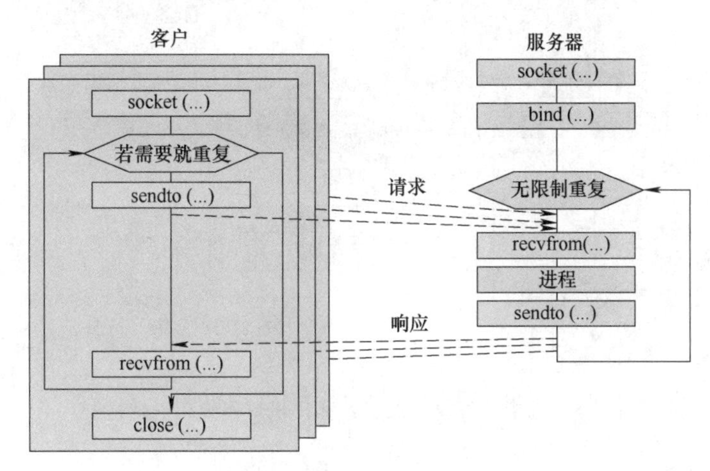

图 2-36　无连接循环服务器客户机进程编程通信框架

2. 面向连接并发服务器

如图 2-37 所示，服务器进程在同一时间可向多个客户进程提供服务。主服务器进程有时又称为父服务器进程，而从属服务器进程又称为子服务器进程。

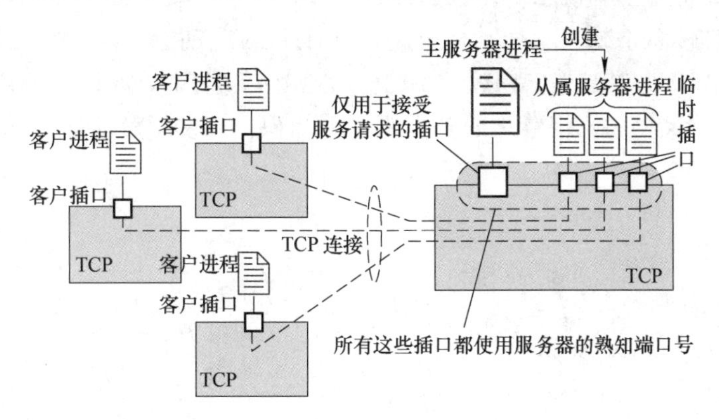

图 2-37　面向连接并发服务器工作原理

TCP 是面向连接的，因此在服务器进程和多个客户进程之间必须建立多条 TCP 连接，而每条 TCP 连接在其数据传送完毕后释放。

使用 TCP 的服务器只能有一个熟知端口，因此主服务器进程在熟知端口等待客户进程发出的请求。一旦收到客户的请求，主服务器进程会创建一个从属服务器进程，并指明从属服务器进程使用临时插口和该客户建立 TCP 连接，然后主服务器进程继续在原来的熟知端口等待向其他客户提供服务。

面向连接并发服务器客户机进程编程通信框架如图 2-38 所示。

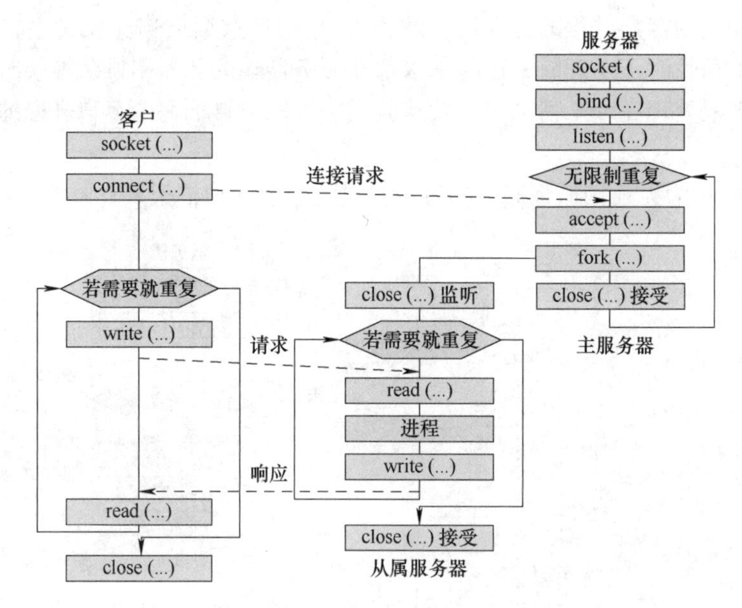

图 2-38　面向连接并发服务器客户机进程编程通信框架

本章小结

通过本章学习，应清楚地理解域名系统、域名结构、FTP、电子邮件、万维网、URL、万维网页面中的超链等基本概念，熟练掌握域名服务器进行域名解析的机理、FTP 的基本工作原理、电子邮件信息格式、超文本标记语言（HTML）、动态万维网文档与 CGI 技术，熟练掌握 HTTP、SMTP、POP3、IMAP、DHCP、SNMP 等应用层协议；基本掌握 TELNET、MIME、动态万维网文档、网络管理的基本概念等知识；初步了解 TFTP、BOOTP、SNMP 概述等内容。

习题

2-1　请说明应用层协议的特点。

2-2　名词解释

（1）域名系统

（2）FTP：文件传送协议（File Transfer Protocol）

（3）TFTP：简单文件传送协议（Trivial File Transfer Protocol）

（4）SMTP：简单邮件传送协议（Simple Mail Transfer Protocol）

（5）MIME：通用因特网邮件扩充（Multipurpose Internet Mail Extensions）

（6）WWW：万维网（World Wide Web）

（7）TELNET

（8）URL：统一资源定位符（Uniform Resource Locator）

（9）HTTP：超文本传送协议（HyperText Transfer Protocol）

（10）BOOTP：引导程序协议（BOOTstrap Protocol）

（11）DHCP：动态主机配置协议（Dynamic Host Configuration Protocol）

（12）MIB：管理信息库（Management Information Base）

2-3　简述计算机网络管理的工作原理。

2-4　试用 MIME 的 BASE64 编码规则，对下述二进制串进行编码：01001101，01001000，11000110。

2-5　简述 DNS 的迭代解析及递归查询的全过程。

扩展阅读

查阅文献，请结合实例说明从 HTML 发展到可扩展标记语言（Extensible Markup Language）的必要性。

第 3 章

传输层核心协议

导读

传输层（Transport Layer）是 OSI 参考模型中最重要、最关键的一层，是唯一负责总体的数据传输和数据控制的一层。传输层提供端到端的交换数据机制。传输层为会话层等高三层提供可靠的传输服务，为网络层提供可靠的目的地站点信息。

本章知识点

- 传输层与应用进程通信
- TCP/IP 体系中的传输层
- 用户数据报协议（UDP）
- 传输控制协议（TCP）
- 流量控制与拥塞控制
- TCP 的传输连接管理
- 管理信息库（MIB）

3.1　传输层协议概述

3.1.1　传输层协议的地位

如图 3-1 所示，从通信和信息处理的角度看，传输层向它上面的应用层提供通信服务，属于面向通信部分的最高层，同时也是用户功能中的最低层。

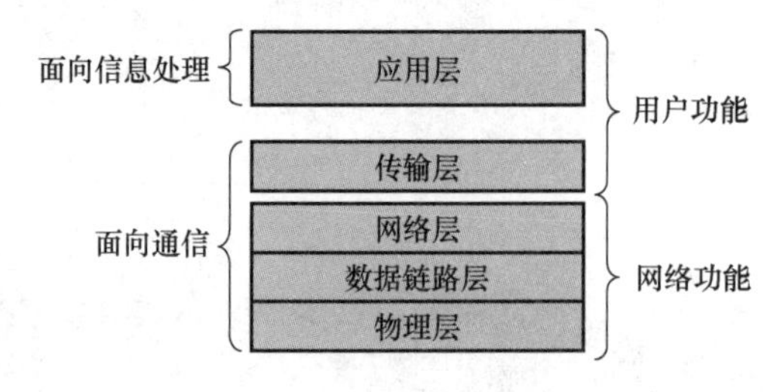

图 3-1　传输层协议的地位

3.1.2　传输层与应用进程的通信

传输层与应用进程之间的通信有以下特点：

1）两个主机进行通信实际上就是两个主机中的应用进程互相通信。

2）应用进程之间的通信又称为端到端的通信。

3）传输层一个很重要的功能是复用和分用。应用层不同进程的报文通过不同的端口向下交到传输层，再往下是共用网络层提供服务。

4）传输层提供应用进程间的逻辑通信。“逻辑通信”是指：传输层之间的通信好像是沿水平方向传送数据。但事实上，这两个传输层之间并没有一条水平方向的物理连接。

如图 3-2 所示，传输层为相互通信的应用进程提供逻辑通信。

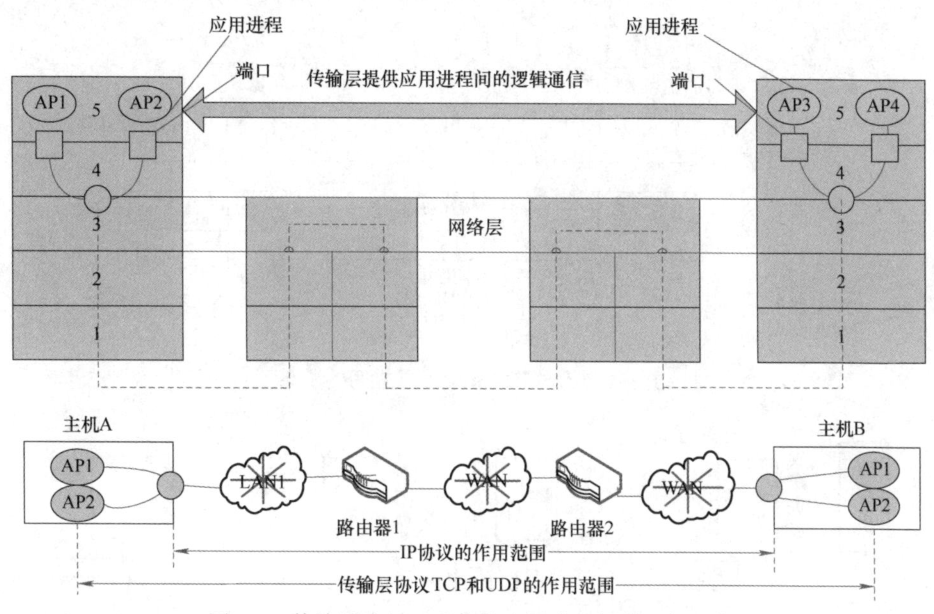

图 3-2　传输层为相互通信的应用进程提供逻辑通信

3.1.3　传输层协议和网络层协议

如图 3-3 所示，传输层协议和网络层协议的主要区别在于各自的作用范围不同。

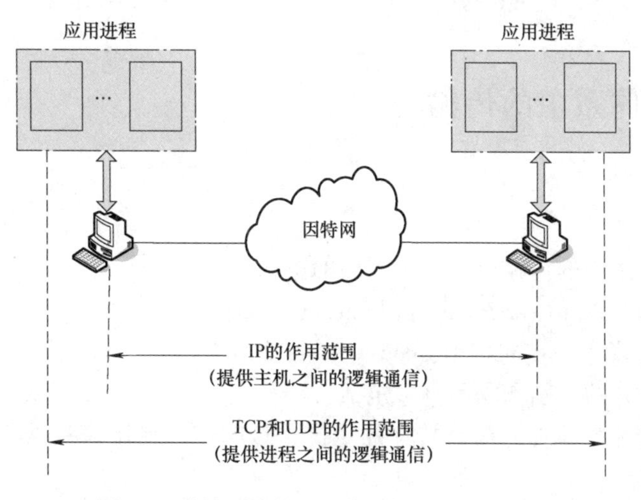

图 3-3　传输层协议和网络层协议的主要区别

传输层的主要功能：

1）传输层为应用进程之间提供端到端的逻辑通信（但网络层是为主机之间提供逻辑通信）。

2）传输层还要对收到的报文进行差错检测。

3）传输层需要有两种不同的传输协议，即面向连接的 TCP 和无连接的 UDP。

如图 3-4、图 3-5 所示，分别给出传输层与其上下层之间的关系以及传输层向上提供可靠的和不可靠的逻辑通信信道。

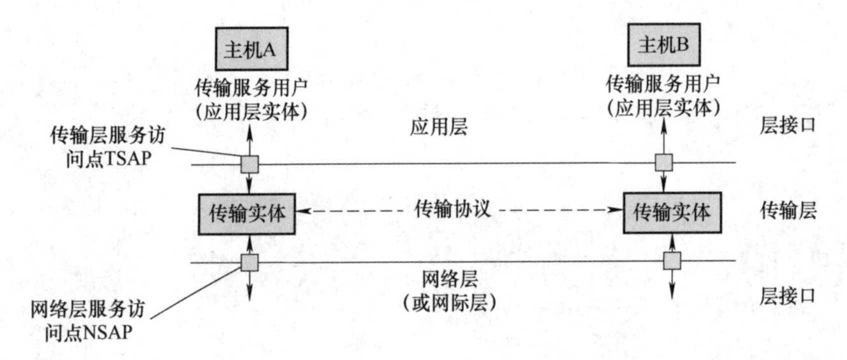

图 3-4　传输层与其上下层之间的关系

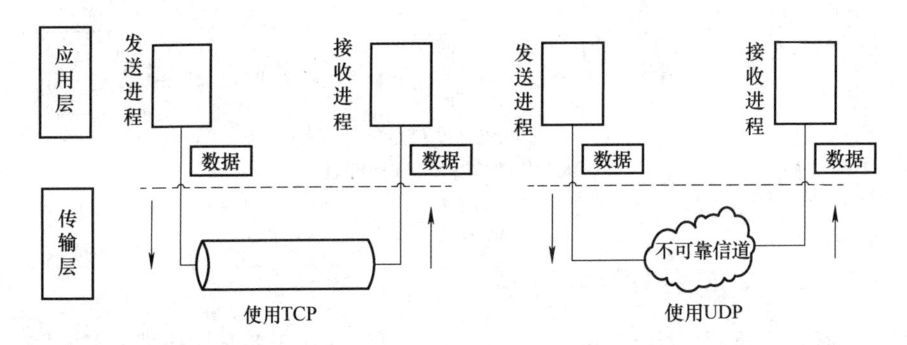

图 3-5　传输层向上提供可靠的和不可靠的逻辑通信信道

3.2　TCP/IP 体系中的传输层

3.2.1　TCP 与 UDP

（1）TCP/IP 体系中的传输层有两个不同的协议：

1）用户数据报协议（User Datagram Protocol，UDP）。

2）传输控制协议（Transmission Control Protocol，TCP）。

（2）TCP 与 UDP 的区别和联系具体包括：

1）两个对等传输实体在通信时传送的数据单位叫作传输协议数据单元（Transport Protocol Data Unit，TPDU）。

2）TCP 传送的协议数据单元是 TCP 报文段（segment）。

3）UDP 传送的协议数据单元是 UDP 报文或用户数据报。

4）UDP 在传送数据之前不需要先建立连接。对方的传输层在收到 UDP 报文后，不需要给出任何确认。虽然 UDP 不提供可靠交付，但在某些情况下，UDP 是一种最有效的工作方式。

5）TCP 则提供面向连接的服务。TCP 不提供广播或多播服务。由于 TCP 要提供可靠的、面向连接的传输服务，因此不可避免地增加了很多开销。这不仅使协议数据单元的首部增大很多，还要占用很多的处理机资源。

6）传输层的 UDP 用户数据报与网络层的 IP 数据报有很大区别。IP 数据报要经过互联网中很多路由器的存储转发，但 UDP 用户数据报是在传输层的端到端抽象的逻辑信道中传送的。

7）TCP 报文段是在传输层抽象的端到端逻辑信道中传送，这种信道是可靠的全双工信道。但这样的信道却不知道究竟经过了哪些路由器，而这些路由器也不知道上面的传输层是否建立了 TCP 连接。

3.2.2 传输层网络端口

传输层网络端口就是传输层服务访问点（TSAP）。

1. 端口的作用

端口的作用是让应用层的各种应用进程都能将其数据通过端口向下交付给传输层，以及让传输层将其报文段中的数据向上通过端口交付给应用层相应的进程。从这个意义上讲，端口是用来标志应用层的进程，如图 3-6 所示。

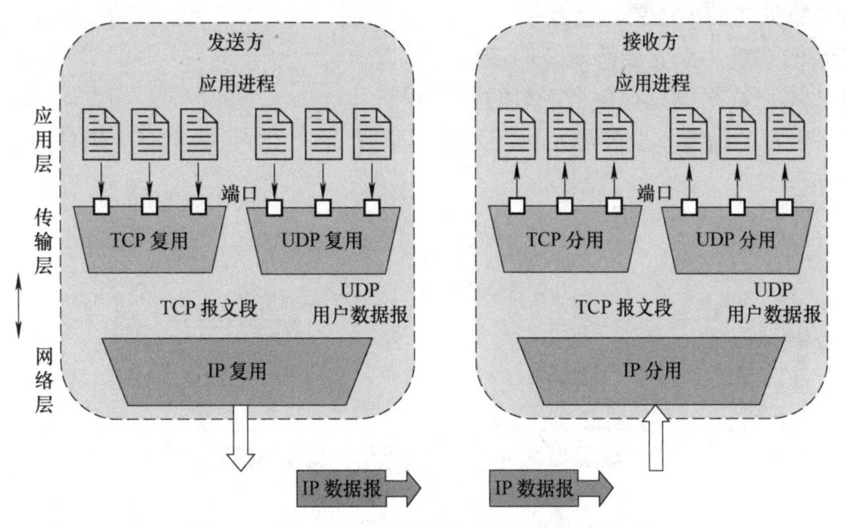

图 3-6 端口在进程之间的通信中所起的作用

传输层网络端口用一个 16 位的端口号进行标志。端口号只具有本地意义，即端口号只是为了标志本计算机应用层中的各进程。在 Internet 中，不同计算机的相同端口号是没有联系的。

2. 两类端口

1）熟知端口，其端口号一般为 0 ~ 1023。当一种新的应用程序出现时，必须为它指派一个熟知端口。

2）一般端口，用来随时分配给请求通信的客户进程。

TCP 使用连接（不仅是端口）作为最基本的抽象，同时将 TCP 连接的端点称为插口（socket），或套接字、套接口。

插口和端口、IP 地址的关系，如图 3-7 所示。

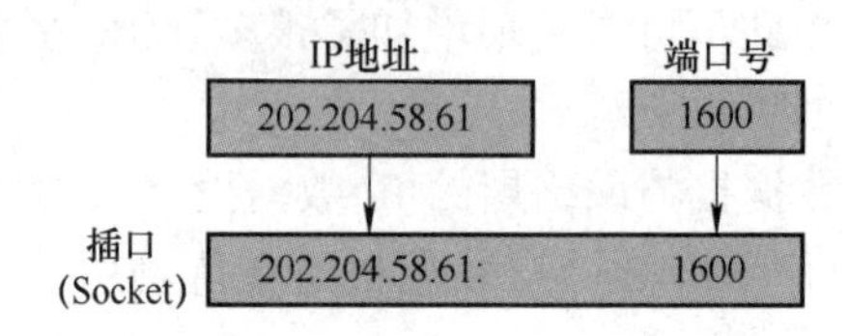

图 3-7　插口和端口、IP 地址的关系

3.3　用户数据报协议

用户数据报协议（UDP）只在 IP 的数据报服务上增加了很少一点的功能，即端口的功能和差错检测的功能。

3.3.1　UDP 概述

如图 3-8 所示为基于报文队列的端口实现，虽然 UDP 用户数据报只能提供不可靠的交付，但 UDP 在某些方面有其特殊的优点：

1）发送数据之前不需要建立连接。

2）UDP 的主机不需要维持复杂的连接状态表。

3）UDP 用户数据报只有 8 个字节的首部开销。

4）网络出现的拥塞不会使源主机的发送速率降低。这对某些实时应用是很重要的。

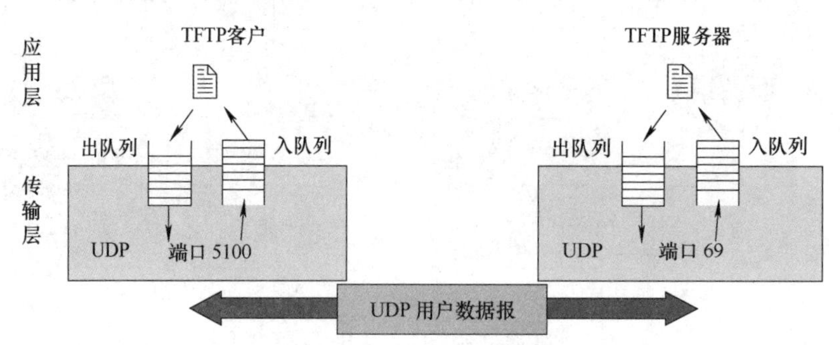

图 3-8　基于报文队列的端口实现

3.3.2　用户数据报首部格式

如图 3-9 所示，UDP 用户数据报有两个字段：数据字段和首部字段。首部字段有 8 个字节，由 4 个字段组成，每个字段都是两个字节。在计算检验和时，临时把“伪首部”和 UDP 用户数据报连接在一起。伪首部仅仅是为了计算检验和。

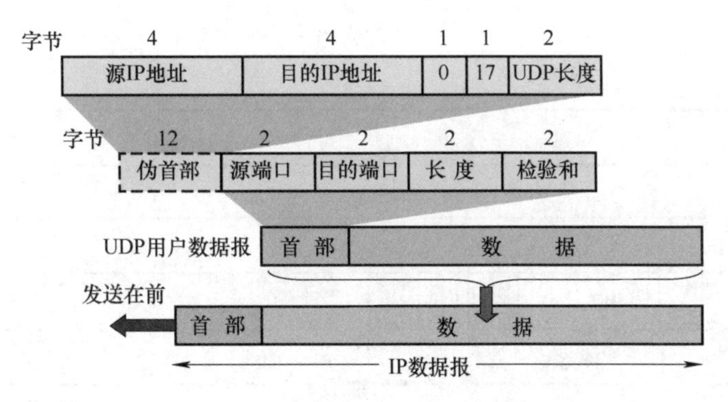

图 3-9 UDP 用户数据报首部格式

3.4 传输控制协议

3.4.1 TCP 服务器与客户机通信机制

如图 3-10 所示，是基于报文段的 TCP 服务器与客户机通信机制。

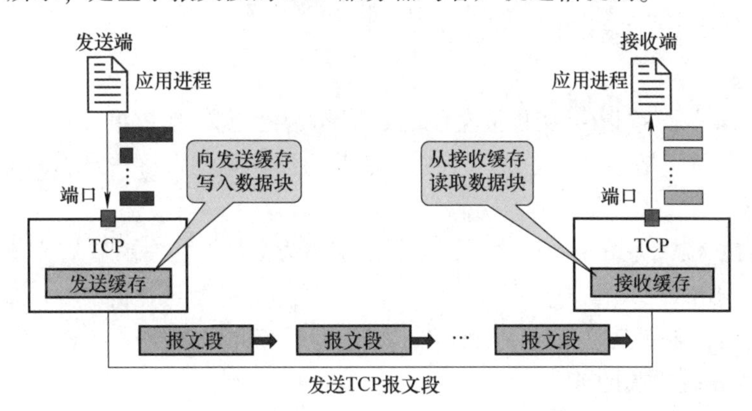

图 3-10 基于报文段的 TCP 服务器与客户机通信机制

3.4.2 传输控制协议报文段的首部

如图 3-11 所示，TCP 报文段首部的数据具体格式如下。

1. 源端口和目的端口字段

源端口和目的端口字段各占 2 字节。端口是传输层与应用层的服务接口。传输层的复用和分用功能都要通过端口才能实现。

2. 序号字段

序号字段占 4 字节。TCP 连接中传送的数据流中的每一个字节都编上一个序号。序号字段的值则指的是本报文段所发送数据的第一个字节的序号。

3. 确认号字段

确认号字段占 4 字节，是期望收到对方的下一个报文段数据的第一个字节的序号。

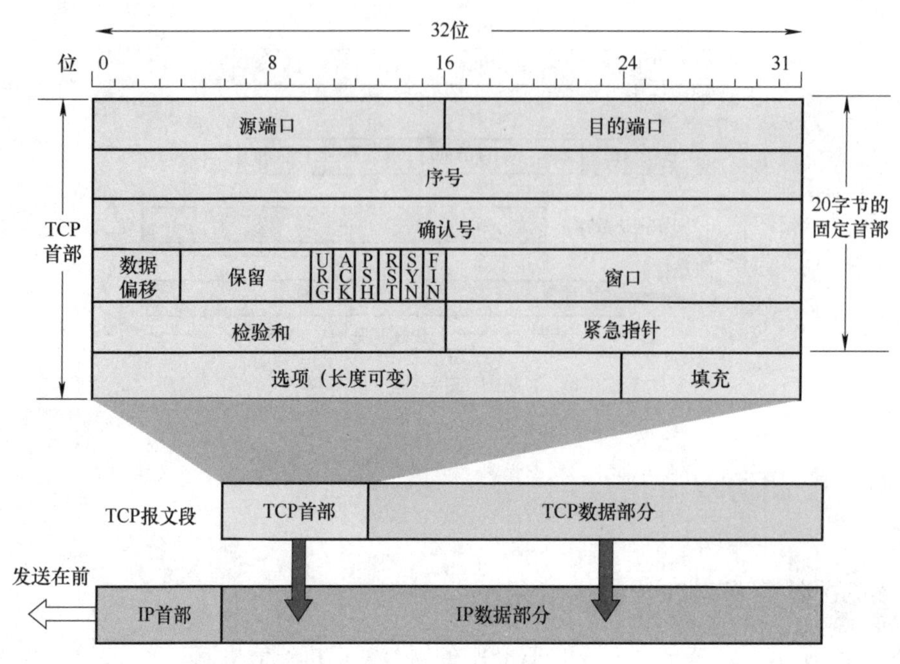

图 3-11 TCP 报文段的首部

4. 数据偏移

数据偏移占 4 位，它指出 TCP 报文段的数据起始处距离 TCP 报文段的起始处有多远。“数据偏移”的单位不是字节而是 32 位字（4 字节为计算单位）。

5. 保留字段

保留字段占 6 位，保留为今后使用，但目前应置为 0。

6. 紧急位（URG）

当 URG =1 时，表明紧急指针字段有效。它告诉系统此报文段中有紧急数据，应尽快传送（相当于高优先级的数据）。

7. 确认位（ACK）

只有当 ACK =1 时确认号字段才有效。当 ACK =0 时，确认号无效。

8. 推送位（PSH 或写作 PuSH）

当 TCP 收到推送位置 1 的报文段时，会尽快交付给接收应用进程，而不再等到整个缓存都填满后再向上交付。

9. 复位位（RST 或写作 ReSeT）

当 RST =1 时，表明 TCP 连接中出现严重差错（如由于主机崩溃或其他原因），必须释放连接，然后再重新建立传输连接。

10. 同步位（SYN）

当 SYN 置为 1，表示这是一个连接请求或连接接收报文。

11. 终止位（FIN 或写作 FINal）

终止位用来释放一个连接。当 FIN =1 时，表明此报文段的发送端的数据已发送完毕，并要求释放传输连接。

12. 窗口字段

窗口字段占2字节。窗口字段用来控制对方发送的数据量，单位为字节。TCP连接的一端根据设置的缓存空间大小确定自己的接收窗口大小，然后通知对方以确定对方的发送窗口的上限。

13. 检验和字段

检验和字段占2字节。检验和字段检验的范围包括首部和数据两部分。在计算检验和时，要在TCP报文段的前面加上12字节的伪首部。

14. 紧急指针字段

紧急指针字段占16位。紧急指针指出在本报文段中紧急数据共有多少个字节（紧急数据放在本报文段数据的最前面）。

15. 选项字段

选项字段长度可变。TCP只规定了一种选项，即最大报文段长度（Maximum Segment Size，MSS）。MSS告诉对方TCP："我的缓存所能接收的报文段数据字段的最大长度是MSS个字节"。MSS是TCP报文段中的数据字段的最大长度。数据字段加上TCP首部才等于整个TCP报文段。

16. 填充字段

填充字段的目的是为了使整个首部长度为4字节的整数倍。

3.4.3 面向字节的数据编号与确认机制

TCP是面向字节的。TCP将所要传送的报文段看成是字节组成的数据流，并使每一个字节对应一个序号。

在连接建立时，双方要商定初始序号。TCP每次发送的报文段的首部中的序号字段数值表示该报文段中的数据部分的第一个字节的序号。

TCP的确认是对接收到的数据的最高序号进行确认。接收端返回的确认号是已收到的数据的最高序号加1。因此确认号表示接收端期望下次收到的数据中的第一个数据字节的序号。

3.4.4 流量控制与拥塞控制

1. 滑动窗口的概念

TCP采用大小可变的滑动窗口进行流量控制。窗口大小的单位是字节。在TCP报文段首部的窗口字段写入的数值，就是当前给对方设置的发送窗口数值的上限。发送窗口在连接建立时由双方商定。但在通信的过程中，接收端可根据自己的资源情况，随时动态地调整对方的发送窗口上限值（可增大或减小）。

如图3-12a所示，TCP采用大小可变的滑动窗口进行流量控制实例，步骤如下：

1）发送端要发送900字节长的数据，划分为9个100字节长的报文段，而发送窗口确定为500字节。

2）发送端只要收到了对方的确认，发送窗口就可前移。

3）发送TCP要维护一个指针。每发送一个报文段，指针就向前移动一个报文段的距离，如图3-12b所示。

4）发送端已发送了400字节的数据，但只收到对前200字节数据的确认，同时窗口大小不变。

现在，发送端还可发送300字节，如图3-12c所示。

5）发送端收到对方对前400字节数据的确认，但对方通知发送端必须把窗口减小到400字节。

现在发送端最多还可发送400字节的数据。如图3-12d所示，设主机A向主机B发送数据，主机B在连接建立时的接收窗口值为400字节；每一个报文段长度定为100字节，初始值序号为1，即SEQ = 1，其余类推；ACK = 501表示前面第401至500字节的报文段已经无差错收到，请发送第501至600字节的报文段；WIN = 300表示此时接收方的接收窗口值为300，发送方的发送窗口不能超过300字节，其余类推。从图3-12 d中看出，WIN值先后有三次变化（300、200、0），每一次变化都对应一次流量控制。

6）利用可变窗口大小进行流量控制双方确定的窗口值是400。

2. 慢开始和拥塞避免

发送端的主机在确定发送报文段的速率时，既要根据接收端的接收能力，又要从全局考虑，不要使网络发生拥塞。因此，每一个TCP连接需要有以下两个状态变量：①接收端窗口（receiver window，rwnd），又称为通知窗口（advertised window）；②拥塞窗口（congestion window，cwnd）。

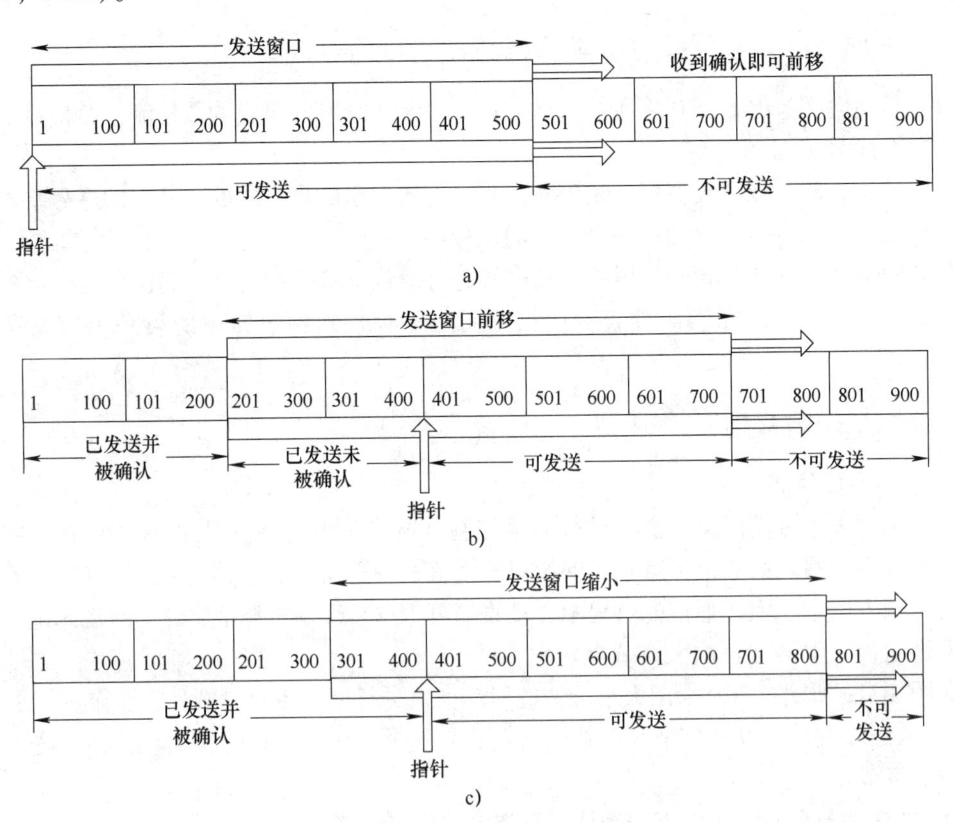

图3-12 TCP采用大小可变的滑动窗口进行流量控制实例

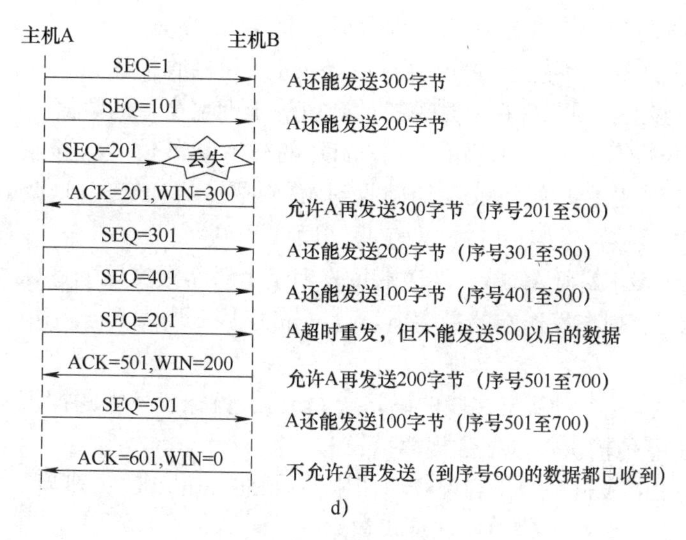

图 3-12　TCP 采用大小可变的滑动窗口进行流量控制实例（续）

1）接收端窗口（rwnd）是接收端根据其目前的接收缓存大小所许诺的最新的窗口值，是来自接收端的流量控制。接收端将此窗口值放在 TCP 报文段的首部中的窗口字段，传送给发送端。

2）拥塞窗口（cwnd）是发送端根据自己估计的网络拥塞程度而设置的窗口值，是来自发送端的流量控制。

3）发送端的发送窗口的上限值应当取接收端窗口（rwnd）和拥塞窗口（cwnd）这两个变量中较小的一个，即应按以下公式确定：

$$\text{发送窗口的上限值} = \text{Min}\,[\text{rwnd},\ \text{cwnd}] \tag{3-1}$$

当 rwnd < cwnd 时，接收端的接收能力限制发送窗口的最大值。

当 cwnd < rwnd 时，网络的拥塞限制发送窗口的最大值。

3. 慢开始算法的原理

在主机刚开始发送报文段时，可先将拥塞窗口（cwnd）设置为一个最大报文段长度（MSS）的数值。当发送端每收到一个对新报文段的确认后，拥塞窗口将增加一个 MSS 的数值。用这样的方法逐步增大发送端的拥塞窗口（cwnd），可以使分组注入到网络的速率更加合理。

如图 3-13 所示，慢开始和拥塞避免算法的实现举例如下。

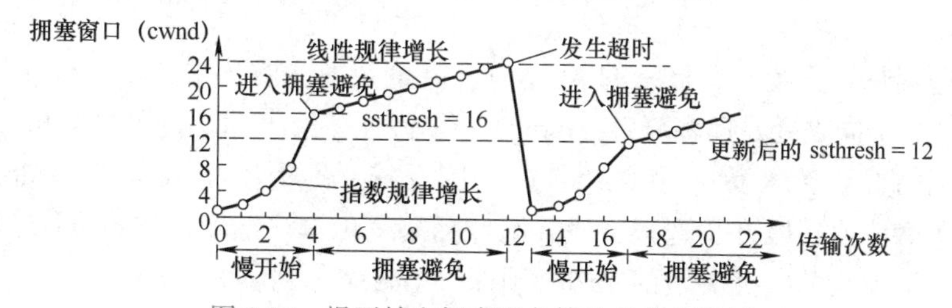

图 3-13　慢开始和拥塞避免算法的实现举例

当 TCP 连接进行初始化时，将拥塞窗口设置为 1。图中的窗口单位不使用字节而使用报文段。

1）慢开始门限的初始值设置为16个报文段，即ssthresh = 16。

2）发送端的发送窗口不能超过拥塞窗口（cwnd）和接收端窗口（rwnd）中的最小值。假定接收端窗口足够大，因此现在发送窗口的数值等于拥塞窗口的数值。

3）在执行慢开始算法时，拥塞窗口（cwnd）的初始值为1，发送第一个报文段M0。

4）发送端收到ACK1（确认M0，期望收到M1）后，将拥塞窗口（cwnd）从1增大到2，于是发送端可以接着发送M1和M2两个报文段。

5）接收端发回ACK2和ACK3。发送端每收到一个对新报文段的确认（ACK），就把发送端的拥塞窗口加1。现在发送端的拥塞窗口（cwnd）从2增大到4，并可发送M3～M6共4个报文段。

6）发送端每收到一个对新报文段的确认（ACK），就把发送端的拥塞窗口加1，因此拥塞窗口（cwnd）随着传输次数按指数规律增长。

7）当拥塞窗口（cwnd）增长到慢开始门限值（ssthresh）时（即当cwnd = 16时），就改为执行拥塞避免算法，拥塞窗口按线性规律增长。

8）假定拥塞窗口的数值增长到24时，网络出现超时（表明网络拥塞了）。

9）更新后的ssthresh值变为12（即发送窗口数值24的一半），拥塞窗口再重新设置为1，并执行慢开始算法。

10）当cwnd = 12时改为执行拥塞避免算法，拥塞窗口按线性规律增长，每经过一个往返时延就增加一个MSS的数值。

“乘法减小”是指不论在慢开始阶段还是拥塞避免阶段，只要出现一次超时（即出现一次网络拥塞），就把慢开始门限值（ssthresh）设置为当前的拥塞窗口值乘以0.5。当网络频繁出现拥塞时，ssthresh值会下降得很快，以减少注入到网络中的分组数。

“加法增大”是指执行拥塞避免算法后，当收到对所有报文段的确认后将拥塞窗口（cwnd）增加一个MSS数值，使拥塞窗口缓慢增大，以防止网络过早出现拥塞。

“拥塞避免”并非指完全能够避免拥塞。利用以上措施要完全避免网络拥塞是不可能的。“拥塞避免”是指在拥塞避免阶段控制拥塞窗口按线性规律增长，使网络不容易出现拥塞。

4. 快重传和快恢复

快重传算法规定，只要发送端连续收到三个重复的ACK，即可断定有分组丢失了，应立即重传丢失的报文段而不必继续等待为该报文段设置的重传计时器的超时。

不难看出，快重传并非取消重传计时器，而是在某些情况下可更早地重传丢失的报文段。

1）当发送端收到连续三个重复的ACK时，就重新设置慢开始门限（ssthresh）。

2）与慢开始不同之处是拥塞窗口（cwnd）不是设置为1，而是设置为ssthresh + 3 × MSS。

3）若收到的重复ACK为 n 个（$n > 3$），则将cwnd设置为ssthresh + n × MSS。

4）若发送窗口值还容许发送报文段，则按拥塞避免算法继续发送报文段。

5）若收到了确认的新报文段的ACK，则将cwnd缩小到ssthresh。

3.4.5 重传机制

重传机制是TCP中最重要和最复杂的实现技术之一。TCP每发送一个报文段，就对这个报文段设置一次计时器。只要计时器设置的重传时间到，但还没有收到确认，就要重传这一报文段。由于 TCP 的下层是一个互联网环境，IP 数据报所选择的路由变化很大，因此传输层的往返时延的方差也很大。

往返时延的自适应算法：记录每一个报文段发出的时间，以及收到相应的确认报文段的时间，这两个时间之差就是报文段的往返时延。将各个报文段的往返时延样本加权平均，就得出报文段的平均往返时延 RTT。每测量到一个新的往返时延样本，就按下式重新计算一次平均往返时延 RTT：

$$\text{平均往返时延 RTT} = \alpha(\text{旧的 RTT}) + (1-\alpha)(\text{新的往返时延样本}) \qquad (3\text{-}2)$$

式中，$0 \leqslant \alpha < 1$。

若 α 很接近于 1，表示新算出的平均往返时延 RTT 和原来的值相比变化不大，而新的往返时延样本的影响不大（RTT 值更新较慢）。

若选择 α 接近于零，则表示加权计算的平均往返时延 RTT 受新的往返时延样本的影响较大（RTT 值更新较快）。

典型的 α 值为 7/8。

超时重传时间（RetransmissionTime-Out，RTO）：计时器的 RTO 应略大于上面得出的 RTT，即：

$$\text{RTO} = \beta\text{RTT} \qquad (3\text{-}3)$$

式中，β 是个大于 1 的系数。若取 β 很接近于 1，发送端就可及时地重传丢失的报文段，因此效率得到提高。但若报文段并未丢失而仅仅是增加了一点时延，那么过早地重传反而会加重网络的负担。因此，TCP 的标准推荐将 β 值取为 2。

3.4.6 采用随机早期丢弃策略进行拥塞控制

如图 3-14 所示，路由器的队列维持两个参数：队列长度最小门限（THmin）和最大门限（THmax）。随机早期丢弃（RED）对每一个到达的数据报都要先计算平均队列长度（LAV）。若平均队列长度小于最小门限（THmin），则将新到达的数据报放入队列进行排队。若平均队列长度超过最大门限（THmax），则将新到达的数据报丢弃。若平均队列长度在最小门限（THmin）和最大门限（THmax）之间，则按照某一概率 p 将新到达的数据报丢弃。

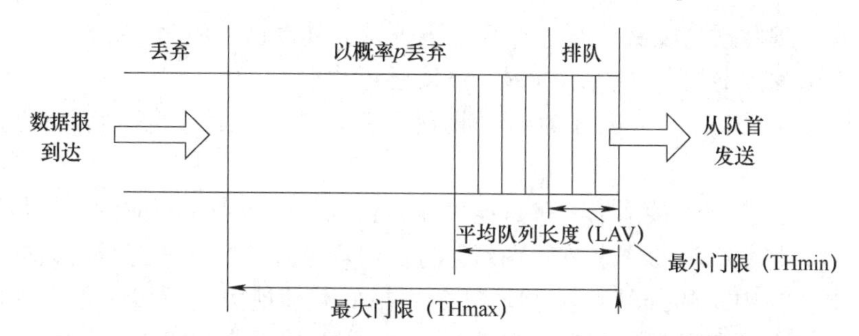

图 3-14 RED 将路由器的到达队列划分为三个区域

丢弃概率 p 与 THmin 和 Thmax 的关系：

当 LAV≤Thmin 时，丢弃概率 $p=0$。

当 LAV≥Thmax 时，丢弃概率 $p=1$。

当 THmin < LAV < THmax 时，$0<p<1$。

3.4.7 TCP 的传输连接管理

TCP 的传输连接有三个阶段，即：连接建立、数据传送和连接释放。传输连接的管理就是使传输连接的建立和释放都能正常地进行。

连接建立过程中要解决以下三个问题：

1）使每一方能够确知对方的存在。

2）允许双方协商一些参数（如最大报文段长度、最大窗口大小、服务质量等）。

3）能够对传输实体资源（如缓存大小、连接表中的项目等）进行分配。

TCP 连接的建立都是采用客户服务器方式。主动发起连接建立的应用进程叫作客户（client），被动等待连接建立的应用进程叫作服务器（Server）。如图 3-15 所示为三次握手建立 TCP 连接。

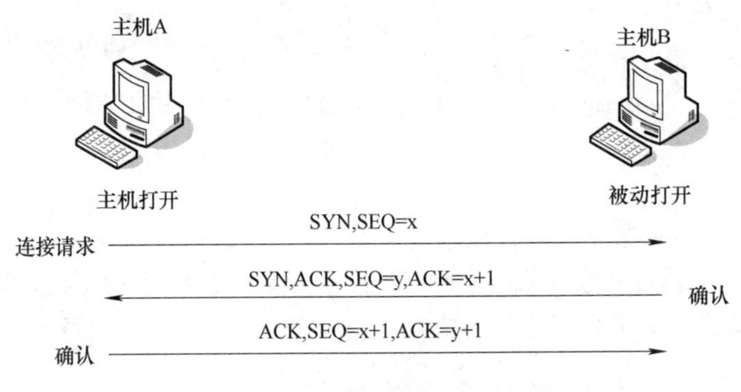

图 3-15　用三次握手建立 TCP 连接

1）主机 A 的 TCP 向主机 B 发出连接请求报文段，其首部中的同步位（SYN）应置为 1，并选择序号 x，表明传送数据时的第一个数据字节的序号是 x。

2）主机 B 的 TCP 收到连接请求报文段后，如同意，则发回确认。

3）主机 B 在确认报文段中应将 SYN 置为 1，其确认号应为 x + 1，同时也为自己选择序号 y。

4）主机 A 收到此报文段后，向主机 B 给出确认，其确认号应为 y + 1。

5）主机 A 的 TCP 通知上层应用进程，连接已经建立。

6）当运行服务器进程的主机 B 的 TCP 收到主机 A 的确认后，也通知其上层应用进程，连接已经建立。

不管是哪一方先发起连接请求，一旦连接建立，就可以实现全双向的数据传输，而不存在主从关系。TCP 将数据流看作字节的序列，将从用户进程接收的任意长的数据分成不超过 64K（包括 TCP 头在内）的分段，以适应 IP 数据报的载荷能力。所以对于一次传输要交换大量报文的应用（如文件传输、远程登录等），往往需要以多个分段进行传输。

如图 3-16 所示为一个典型的用四次挥手释放 TCP 连接。数据传输完成后，还要进行 TCP 连接的拆除或关闭。TCP 同样使用四次挥手来关闭连接，以结束会话。

TCP 连接是全双工的，可以看作两个不同方向的单工数据流传输。所以一个完整连接的拆除涉及两个单向连接的拆除，如图 3-16 所示，当主机 A 的 TCP 数据已发送完毕时，在等待确认的同时可发送一个将编码字段的 FIN 位置 1 的分段给主机 B，若主机 B 已正确接收主机 A 的所有分段，则会发送一个数据分段正确接收的确认分段，同时通知本地相应的应用程序，要求关闭连接，接着再发送一个对主机 A 所发送的 FIN 分段进行确认的分段。否则，主机 A 就要重传那些主机 B 未能正确接收的分段。收到主机 B 关于 FIN 确认后的主机 A 需要再次发送一个确认拆除连接的分段，主机 B 收到该确认分段意味着从主机 A 到主机 B 的单向连接已经结束。但是，此时在相反方向上，主机 B 仍然可以向主机 A 发送数据，直到主机 B 数据发送完结并要求关闭连接。一旦两个单向连接都被关闭，则两个端点上的 TCP 软件就要删除与这个连接有关的记录，于是原来所建立的 TCP 连接被完全释放。

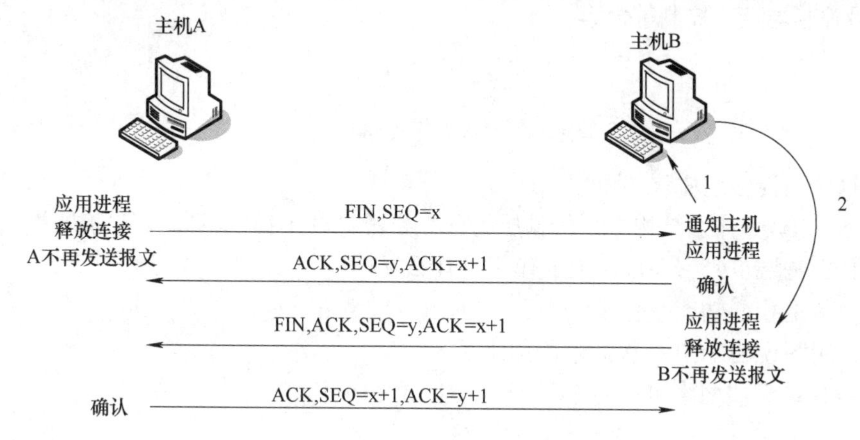

图 3-16　用四次挥手释放 TCP 连接

如图 3-17 所示，TCP 正常的连接建立和关闭通信过程如下。

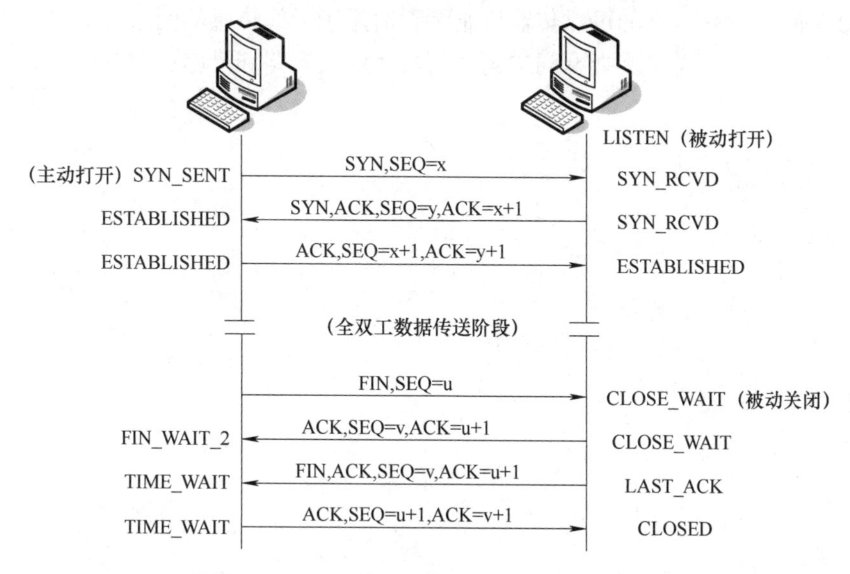

图 3-17　TCP 正常的连接建立和关闭通信过程

3.4.8　管理信息库

为了有效管理 Internet，在网络管理中心设有管理信息库（Management Information Base，

MIB）。管理信息库存放着各主机的 TCP 连接表。TCP 连接表对每个连接都登记了其连接信息，除本地和远地的 IP 地址和端口号外，还要记录每一个连接所处的状态。

本章小结

通过本章学习，应清楚地理解传输层协议的基本概念，熟练掌握 TCP 和 UDP 的一般知识、端口的概念、TCP 报文段的首部、TCP 的数据编号与确认机制；熟练掌握 TCP 的重传机制、TCP 的传输连接管理等内容。基本掌握 UDP 的原理、UDP 用户数据报的首部格式、TCP 的流量控制与拥塞控制等内容。

习题

3-1　请说明传输层协议的作用。

3-2　在 TCP/IP 体系结构中，传输层为什么要设计两个提供不同服务的协议？

3-3　什么是端口？它在传输层的作用是什么？

3-4　TCP 的核心功能是什么？

3-5　请用图说明 TCP 三次握手的原理。

3-6　请列举哪些网络服务使用了 TCP 端口或 UDP 端口？

扩展阅读

请查阅文献，思考 TCP 的可靠传输机制是否适用于无线传感器网络（WSN）？在无线传感器网络（WSN）中，有网络拥塞问题吗？其具体解决策略和措施有哪些？

第 4 章

网络层核心协议

导读

本章学习理解网络层与网络互联的基本概念；掌握 IP 地址的基本概念与分类方法、IP 分组的交付与路由选择的概念、Internet 路由选择协议的概念、IP 协议的基本内容、地址解析的基本概念与方法、路由器与第三层交换的基本概念。熟悉 Internet 控制报文协议（ICMP）与 Internet 组管理协议（IGMP）的工作原理。

本章知识点

- 路由选择、拥塞控制
- 内部网关协议（IGP）
- 外部网关协议（EGP）
- IPv6 协议

4.1 网络层与网络互联

4.1.1 网络层的主要任务

网络层的主要任务：

1）通过路由选择算法，为分组通过通信子网选择最合适的路径。

2）网络层使用数据链路层的服务，实现路由选择、拥塞控制与网络互联等基本功能，向传输层的端到端传输连接提供服务。

4.1.2 网络互联的基本概念

互联网络：利用网桥、路由器、网关等互联设备将两个及两个以上的网络相互连接起来构成的系统。其演变进程如图 4-1 所示。

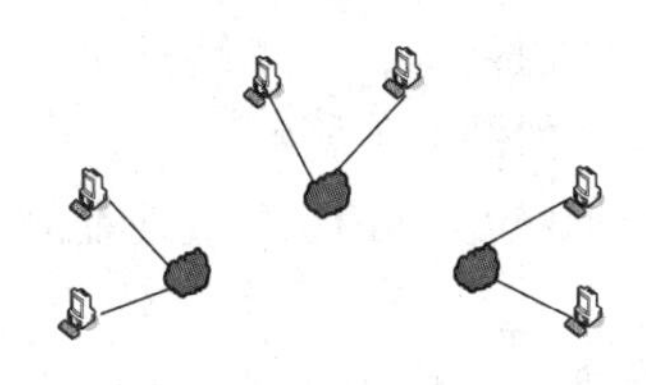

a）没有互联的网络

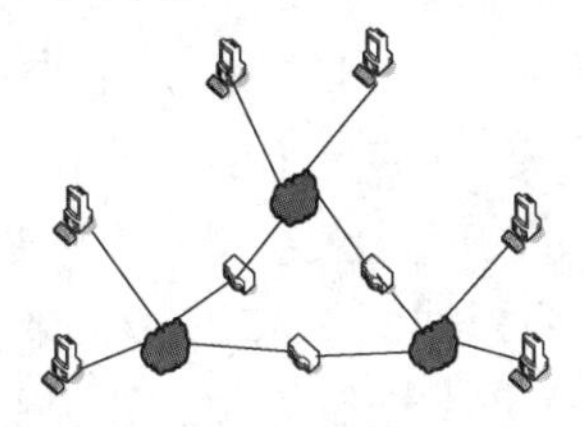

b）互联网络

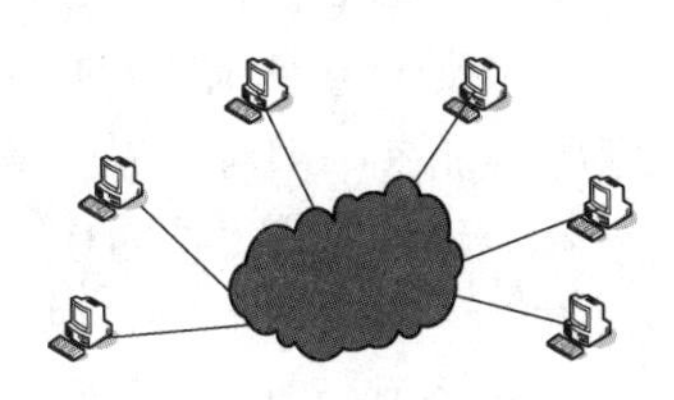

c）虚拟互联网络

图 4-1　互联网络的演进

4.2　IPv4 地址

4.2.1　IPv4 地址概述

大型的互联网络中需要有一个全局的地址系统，它能够给每一台主机或路由器的网络连接分配一个全局唯一的地址。TCP/IP 网络层使用的地址标识符叫作 IP 地址；IPv4（IP 版本 4）中 IP 地址是一个 32 位的二进制地址。IPv4 地址处理方法演变的过程如图 4-2 所示。

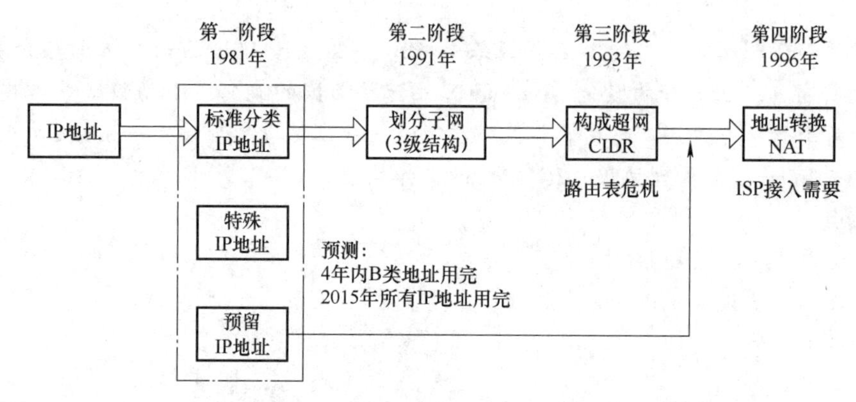

图 4-2　IPv4 地址处理方法演变的过程

IP 地址可以采用分层结构。如图 4-3 所示，IP 地址是由网络号（net ID）与主机号（host ID）两部分组成的。

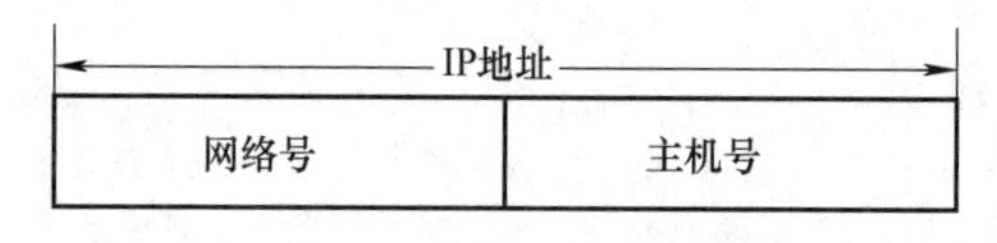

图 4-3　IP 地址采用分层（两层）结构

发送分组的主机称为源主机，源主机分配所得的 IP 称为源 IP 地址；接收分组的主机称为目的主机，目的主机分配所得的 IP 称为目的 IP 地址。

4.2.2　IPv4 地址分类

IPv4 地址长度为 32 位，点分十进制（Dotted Decimal）地址，采用 x. x. x. x 的格式来表示，每个 x 为 8 位，每个 x 的值为 0 ~ 255（如 202. 204. 58. 10）。

IPv4 地址中的前 5 位用于标识 IPv4 地址的类别；根据不同的取值范围，IPv4 地址可以分为以下五类，具体 A 类、B 类、C 类、D 类、E 类各自的地址范围如图 4-4 所示。

A 类地址的第 1 位为 0；B 类地址的前 2 位为 10；C 类地址的前 3 位为 110；D 类地址的前 4 位为 1110；E 类地址的前 5 位为 11110。

在讨论 IPv4 地址时经常要进行点分十进制数和二进制数的转换，记住表 4-1 所示的内容对快速计算 IP 地址是有益的。

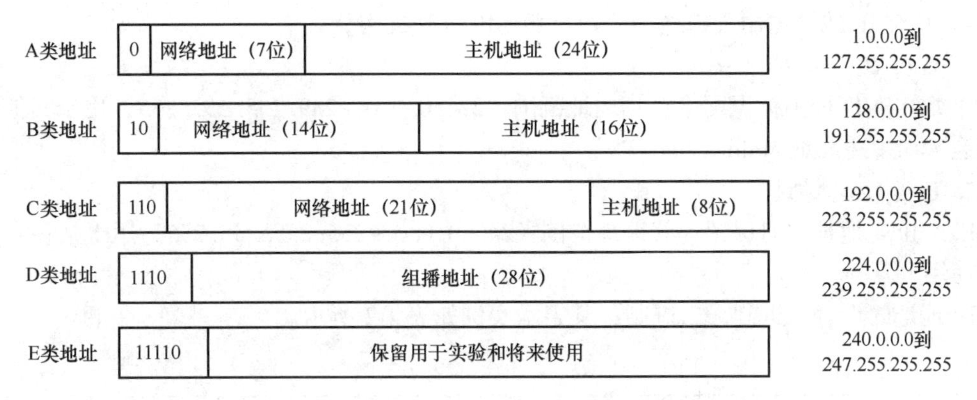

图4-4　IPv4地址的分类及范围

表4-1　2的幂次函数值与十进制数的对应关系表

2^7	2^6	2^5	2^4	2^3	2^2	2^1	2^0
128	64	32	16	8	4	2	1

1. A类IPv4地址

1）A类IPv4地址（简称A类IP地址）的网络号长度为7位，主机号长度为24位。

2）A类IP地址范围：1.0.0.0～127.255.255.255。

3）由于网络号长度为7位，从理论上可以有 $2^7=128$ 个不同的A类网络；网络号为全0和全1（用十进制表示为0与127）的两个地址保留用于特殊目的，实际允许有126个网络。

4）由于主机号长度为24位，因此每个A类网络的主机IP地址数理论上为 $2^{24}=$ 16 777 216；主机IP地址为全0和全1的两个地址保留用于特殊目的，实际允许连接16 777 214个主机。

5）A类IP地址结构适用于有大量主机的大型网络。

2. B类IPv4地址

1）B类IPv4地址（简称B类地址）的网络号长度为14位，主机号长度为16位。

2）B类IP地址范围：128.0.0.0～191.255.255.255。

3）由于网络号长度为14位，因此允许有 $2^{14}=16384$ 个不同的B类网络，实际允许连接16382个网络。

4）由于主机号长度为16位，因此每个B类网络可以有 $2^{16}=65536$ 个主机或路由器，实际允许连接65534个主机或路由器。

5）B类IP地址适用于一些国际性大公司与政府机构等中等大小的组织使用。

3. C类IPv4地址

1）C类IPv4地址（简称C类地址）的网络号长度为21位，主机号长度为8位。

2）C类IP地址范围：192.0.0.0～223.255.255.255；网络号长度为21位，因此允许有 $2^{21}=2097152$ 个不同的C类网络。

3）主机号长度为8位，每个C类网络的主机IP地址数最多为 $2^8=256$ 个，实际允许连接254个主机或路由器。

4）C 类 IP 地址适用于一些小公司与普通的研究机构。

4. D 类 IPv4 地址

D 类 IPv4 地址不标识网络，其地址范围：224. 0. 0. 0 ~ 239. 255. 255. 255，用于其他特殊的用途，如多播地址 Multicasting。

5. E 类 IPv4 地址

E 类 IPv4 地址暂时保留，其地址范围：240. 0. 0. 0 ~ 255. 255. 255. 255，用于某些实验和将来使用。

IP 地址的点分十进制、二进制，其表示实例如表 4-2 所示。

表 4-2　IP 地址的表示实例

用点分十进制表示	用二进制表示
133.　8.　16.　25	10000101 00001000 00010000 00011001
10.　2.　0. 54	00001010 00000010 00000000 00110110
127.　0.　0. 0	01111111 00000000 00000000 00000000
196. 255. 255. 255	11000100 11111111 11111111 1111111

4. 2. 3　几种特殊 IP 地址形式

1. 直接广播地址

A 类、B 类与 C 类 IP 地址中主机号全为 1 的地址为直接广播地址。直接广播地址用来使路由器将一个分组以广播方式发送给特定网络上的所有主机，只能作为分组中的目的地址。直接广播地址所在物理网络采用的是点对点传输方式，分组广播需要通过软件来实现。

2. 受限广播地址

网络号与主机号的 32 位全为 1 的地址为受限广播地址。受限广播地址用来将一个分组以广播方式发送给本网的所有主机，分组将被本网的所有主机接收，路由器则阻挡该分组通过。

3. “这个网络上的特定主机”地址

主机或路由器向本网络上的某个特定的主机发送分组；网络号部分为全 0，主机号为确定的值；这样的分组被限制在本网络内部。

4. 回送地址

回送地址用于网络软件测试和本地进程间通信；TCP/IP 规定：含网络号为 127 的分组不能出现在任何网络上；主机和路由器不能为该地址广播任何寻址信息。

如图 4-5 所示，连接到 Internet 的每一台主机或路由器至少有一个 IP 地址；连接到 Internet的任何两台主机或路由器不能使用相同的 IP 地址；IP 地址是与网络接口相关联的，如果一台主机或路由器分别连接到两个或更多的网络上，那么它必须有两个或更多的 IP 地址。

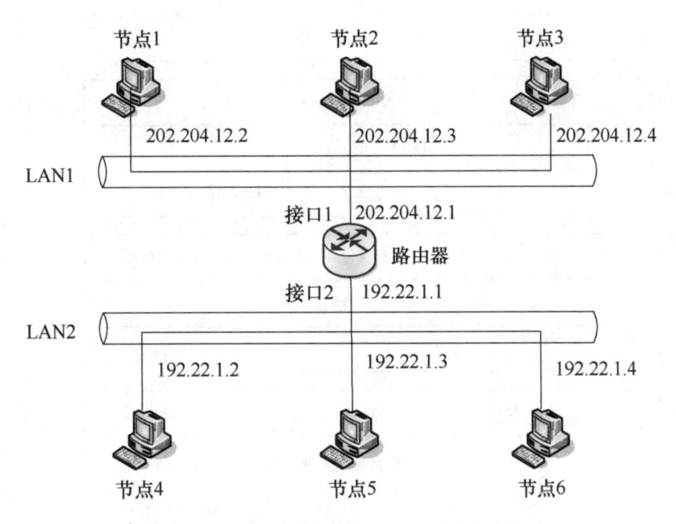

图4-5 网络接口与IP地址的关系

4.2.4 子网

为了提高IP地址的有效利用率和路由器的工作效率，相关研究者和网络工程师提出了子网和超网的概念。

子网（Subnet）：将一个大的网络划分成几个较小的网络，而每一个网络都有其自己的子网地址。

（1）划分子网技术的要点

1）标准的A类、B类与C类IP地址是两层结构：网络号–主机号（net ID-host ID）。

2）子网IP地址是三层结构：网络号–子网号–主机号（net ID-subnet ID-host ID）。

3）同一个子网中所有的主机必须使用相同的网络号–子网号（net ID-subnet ID）。

4）子网的概念可以应用于A类、B类或C类中任意一类IP地址中。

5）分配子网是一个组织和单位内部的事，它既不需要向Internet地址管理部门申请，也不需要改变任何外部的数据库。

6）在Internet中，一个子网也称为一个IP网络或一个网络。

（2）子网掩码

子网掩码表示方法：网络号与子网号置1，主机号置0。标准A类、B类、C类的地址掩码分别如图4-6a、b、c所示。

如图4-7所示为一个B类地址划分子网后，子网号为8位的地址结构及子网掩码。

如图4-8所示是一个B类地址划分为64个子网的示例，其中未划分子网的结构和划分为三个子网的结构分别如图4-9和图4-10所示。

如图4-11a所示是B类地址的两层结构，而图4-11b所示是B类地址引入子网概念后的三层结构。

（3）掩码运算

如图4-12所示，二进制的IP地址与掩码按位进行“与”运算，可以得到对应的子网地址。图4-13为子网掩码的运算示意图。

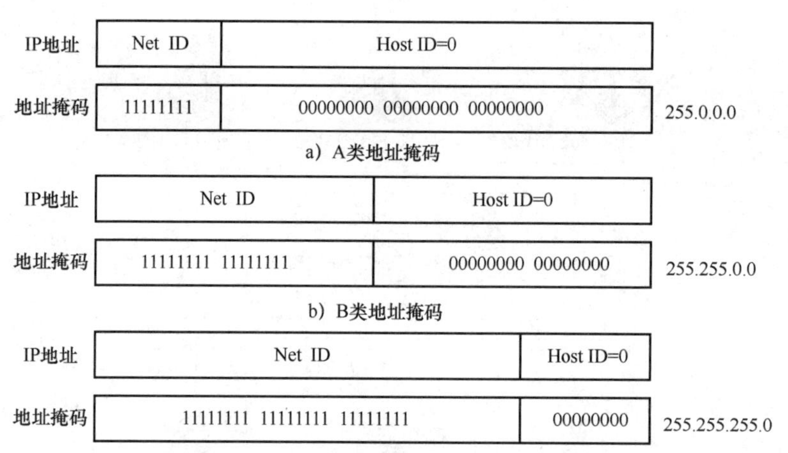

IP地址
Net ID
Host ID=0
地址掩码
11111111
00000000 00000000 00000000
255.0.0.0
a）A类地址掩码
IP地址
Net ID
Host ID=0
地址掩码
11111111 11111111
00000000 00000000
255.255.0.0
b）B类地址掩码
IP地址
Net ID
Host ID=0
地址掩码
11111111 11111111 11111111
00000000
255.255.255.0
c）C类地址掩码

图 4-6　标准 A 类、B 类、C 类的地址掩码

网络号
主机号
a）B类地址
网络号
子网号
主机号
b）划分子网后的地址结构
11111111 11111111 11111111
00000000
c）子网掩码（255.255.255.0）

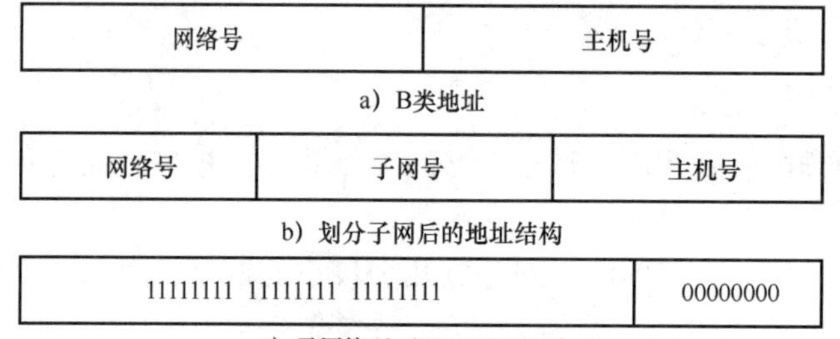

图 4-7　B 类地址及划分子网后的地址结构及子网掩码

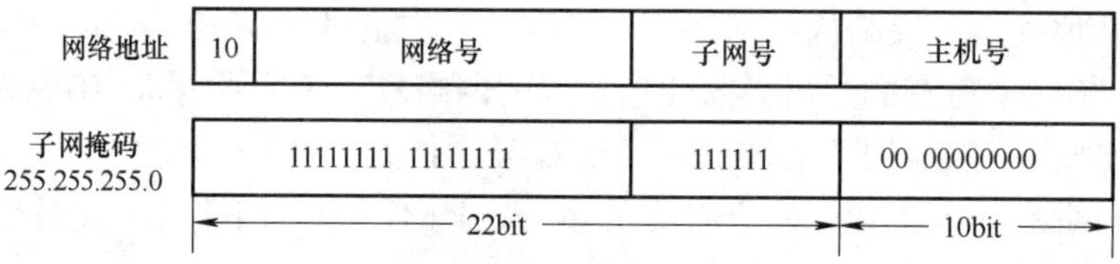

网络地址
10
网络号
子网号
主机号
子网掩码
255.255.255.0
11111111 11111111
111111
00 00000000
22bit
10bit

图 4-8　B 类地址划分为 64 个子网的示例

132.204.1.22
132.204.1.18
132.204.1.8
132.204.10.2
132.204.12.15
132.204.0.1
Internet
路由器
校园网
132.204.0.0
132.204.7.8
132.204.11.82
132.204.6.28
132.204.6.58
132.204.6.8

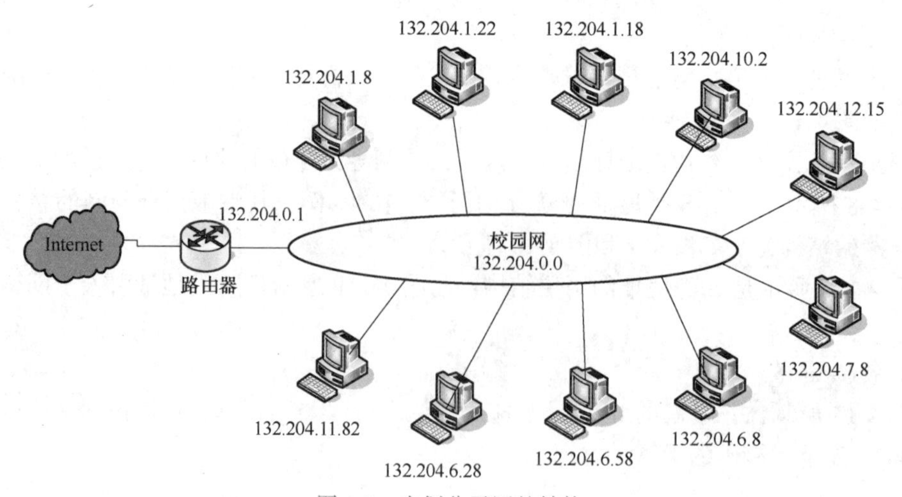

图 4-9　未划分子网的结构

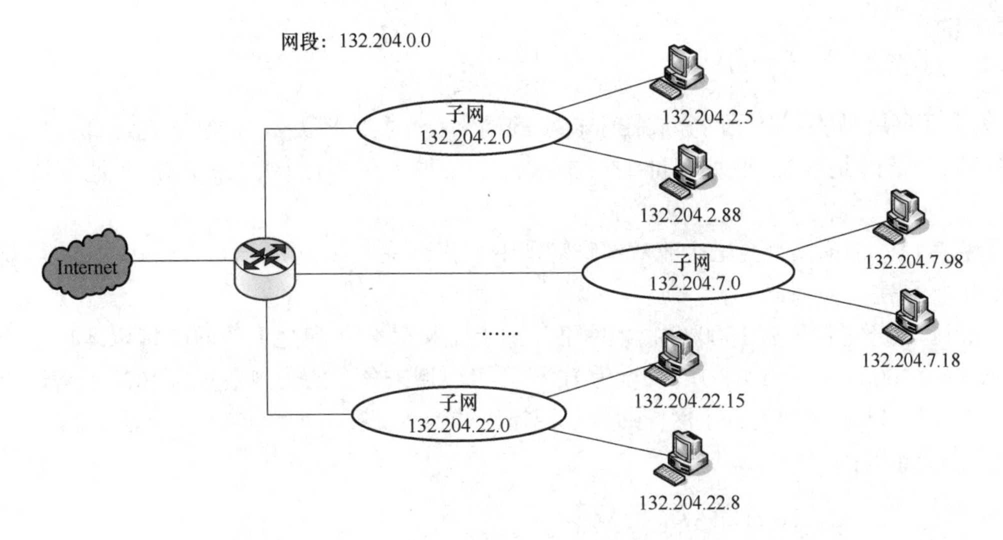

图 4-10　划分为三个子网的结构

a）两层结构

b）三层结构

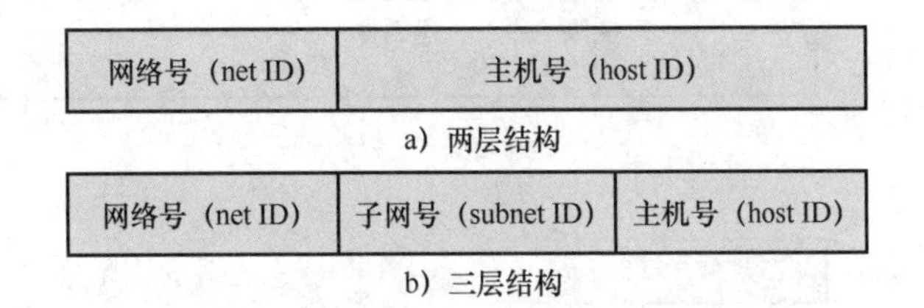

图 4-11　B 类地址的两层结构与三层结构

IP地址：132.16.2.21	10000100 00010000 00000010 00010101
掩码：255.255.0.0	11111111 11111111 00000000 00000000
网络地址：132.16.0.0	10000100 00010000 00000000 00000000

a）未划分子网

IP地址：132.16.2.21	10000100 00010000 00000010 00010101
掩码：255.255.255.0	11111111 11111111 11111111 00000000
子网地址：132.16.2.0	10000100 00010000 00000010 00000000

b）已划分子网

图 4-12　“与”运算的过程

a）未划分子网

b）已划分子网

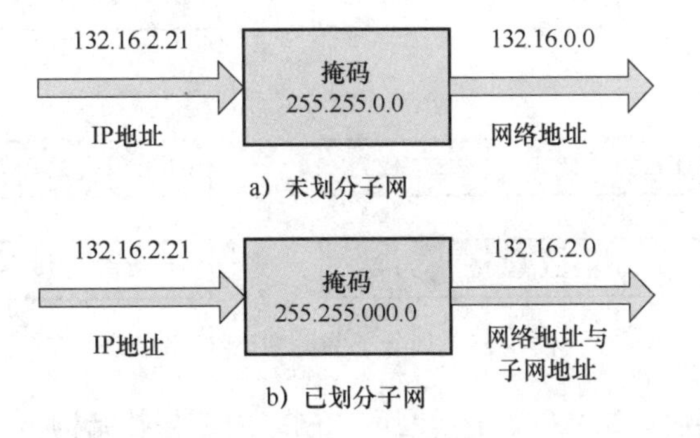

图 4-13　子网掩码运算示意图

4.2.5 子网地址空间的划分

划分子网就是将一个大网分成几个较小的网络；A 类、B 类与 C 类 IP 地址都可以划分子网；划分子网是在 IP 地址编址的层次结构中增加一个中间层次，使 IP 地址变成三层结构。

【例 4-1】 一家大型金融企业从网络管理中心获得一个 A 类 IP 地址 102.0.0.0，需要划分 1000 个子网。

分析：该公司需要有 1000 个物理网络，加上主机号全 0 和全 1 的两种特殊地址，子网数量至少为 1002；选择子网号的长度为 10 位，可以用来分配的子网最多为 1024，满足用户要求。如图 4-14 所示为划分子网前后的子网掩码的构成情况。如图 4-15 所示是 1024 个子网 IP 地址的分布范围。

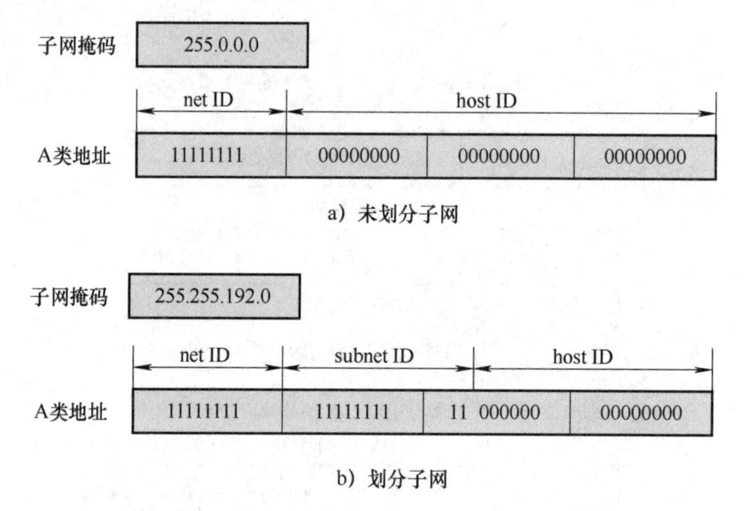

图 4-14 A 类地址子网划分前后的子网掩码构成

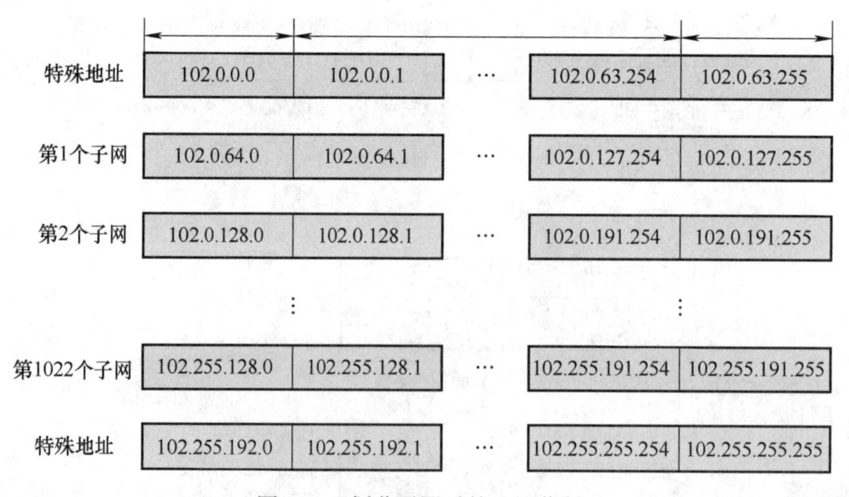

图 4-15 划分子网后的地址范围

如图 4-16 所示是第 1、2、1022 个子网后的网络内部拓扑结构。

如何根据主机的IP地址判断是否属于同一个子网？在划分子网的情况下，判断两台主机是不是在同一个子网中，看它们的网络号与子网地址是不是相同即可。

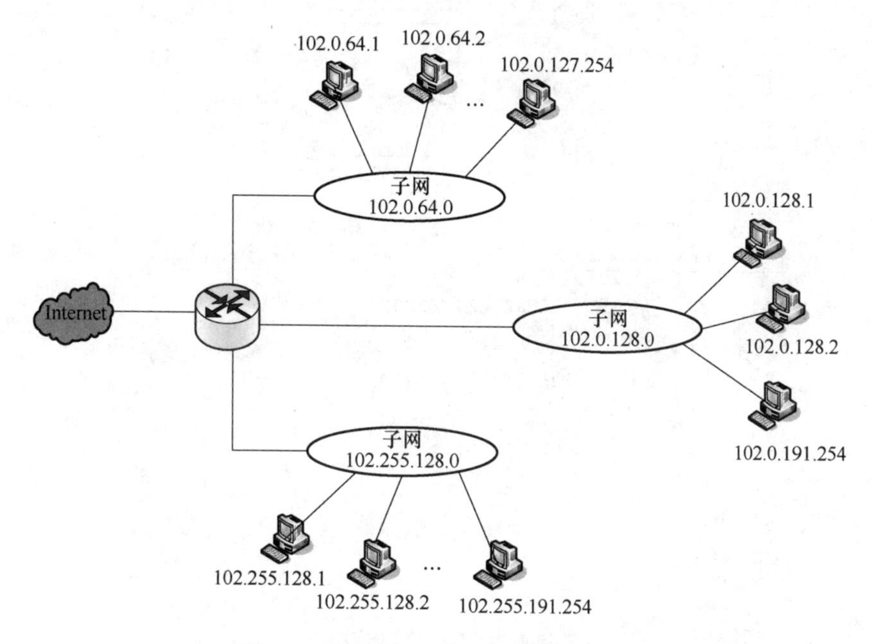

图4-16　划分子网后的网络内部拓扑结构

【例4-2】 主机1的IP地址为202.26.27.71，主机2的IP地址为202.26.27.110，子网掩码为255.255.255.192。判断它们是不是在同一个子网上。

分析：主机1的IP地址与子网掩码做与运算：

主机1的IP地址：	11001010.00011010.00011011.01000111
子网掩码：	11111111.11111111.11111111.11000000
与运算结果：	11001010.00011010.00011011.01000000

主机2的IP地址与子网掩码做与运算：

主机2的IP地址：	11001010.00011010.00011011.01101110
子网掩码：	11111111.11111111.11111111.11000000
与运算结果：	11001010.00011010.00011011.01000000

结论：子网号都是0001101101，因此它们属于同一个子网。

为了对子网有一个更直观的认识，给出了图4-17，局域网LAN1有三台主机：H1、H2、H3；局域网LAN2有三台主机：H4、H5、H6；局域网LAN3有三台主机：H7、H8、H9；路由器R1、R2、R3将三个局域网（子网）互联起来。图4-18所示是路由器用串行链路互联的层次结构。

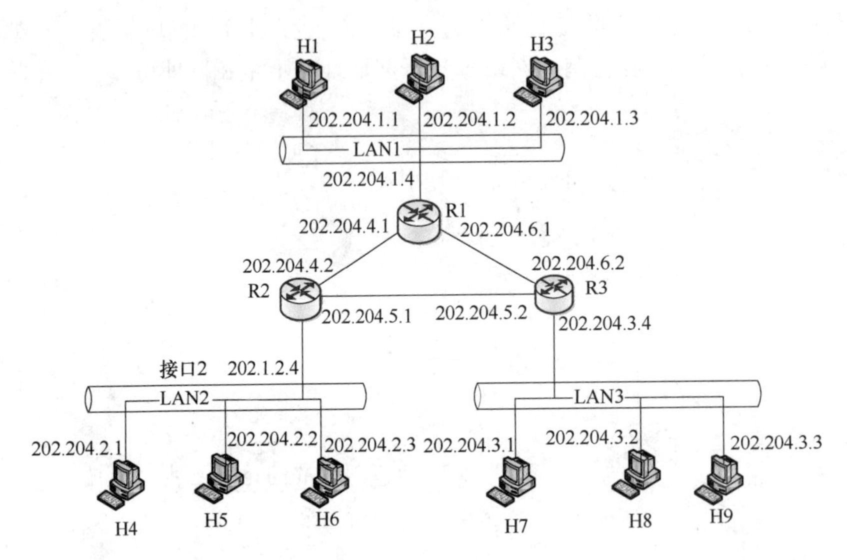

图 4-17　对子网的理解

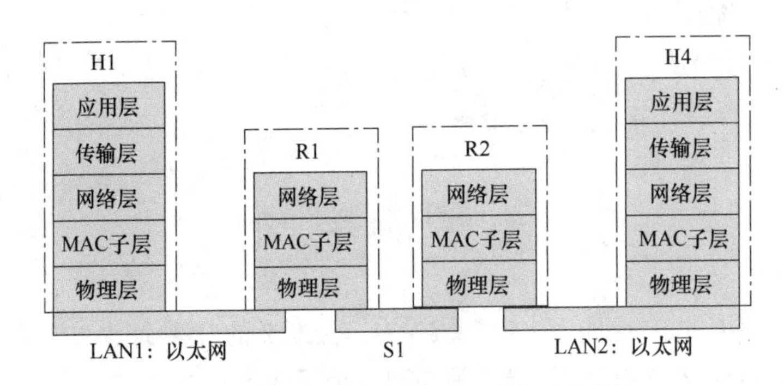

图 4-18　路由器用串行链路互联的层次结构

4.2.6　超网

所谓超网（Supernet），就是把多个连续的网络号合并成一个很大的地址块，这个地址块能够代表这些合并起来的所有网络。实际应用中经常将一个组织所属的几个 C 类网络合并成为一个更大地址范围的逻辑网络。

超网主要用在路由器的路由信息通告上，如果没有汇总成地址块，路由器必须把多个路由信息逐个通告给另一个路由器，而通过无类域间路由（Classless Inter-Domain Routing，CIDR）实现超网后，则只需要通告一个路由信息，减轻了路由器的负担，同时简化了网络拓扑结构。所谓的路由信息，是指涉及路由选择的问题。通告路由信息就是让其他路由器知道这个路由器连接到哪些网络，如果有数据要到达这些网络，则把数据发送给该路由器，由它来交给网络即可。

举个简单例子：192.168.0.0/24、192.168.1.0/24、192.168.2.0/24、192.168.3.0/24 这四个网络，通过 CIDR 可以汇总成一个超网：192.168.0.0/22（注意：起始边界的网络号必须是 2 的倍数幂）。下面我们详细学习有关无类域间路由（CIDR）技术的知识。

4.2.7 无类域间路由技术

无类域间路由（CIDR）技术用区别于传统标准分类的IP地址与划分子网的概念的“网络前缀（network-prefix）”，代替“网络号+主机号”二层地址结构，形成新的无分类二层地址结构。

CIDR地址采用“斜线记法”，即：<网络前缀>/<主机号>。CIDR将网络前缀相同的连续的IP地址组成一个“CIDR地址块”。如图4-19所示是某大学部分院系的CIDR地址块分配情况。

校园网地址	202.204.16.0/20	11001010 11001100 00010000 00000000
计算机系地址	202.204.16.0/23	11001010 11001100 00010000 00000000
自动化系地址	202.204.18.0/23	11001010 11001100 00010010 00000000
物联网系地址	202.204.20.0/23	11001010 11001100 00010100 00000000
物理系地址	202.204.22.0/23	11001010 11001100 00010110 00000000
生物系地址	202.204.24.0/23	11001010 11001100 00011000 00000000
法律系地址	202.204.26.0/23	11001010 11001100 00011010 00000000
化学系地址	202.204.28.0/23	11001010 11001100 00011100 00000000
数学系地址	202.204.30.0/23	11001010 11001100 00011110 00000000

图4-19 划分CIDR地址块的例子

如图4-20所示，是划分CIDR地址块后的校园网（部分）拓扑结构示意图。

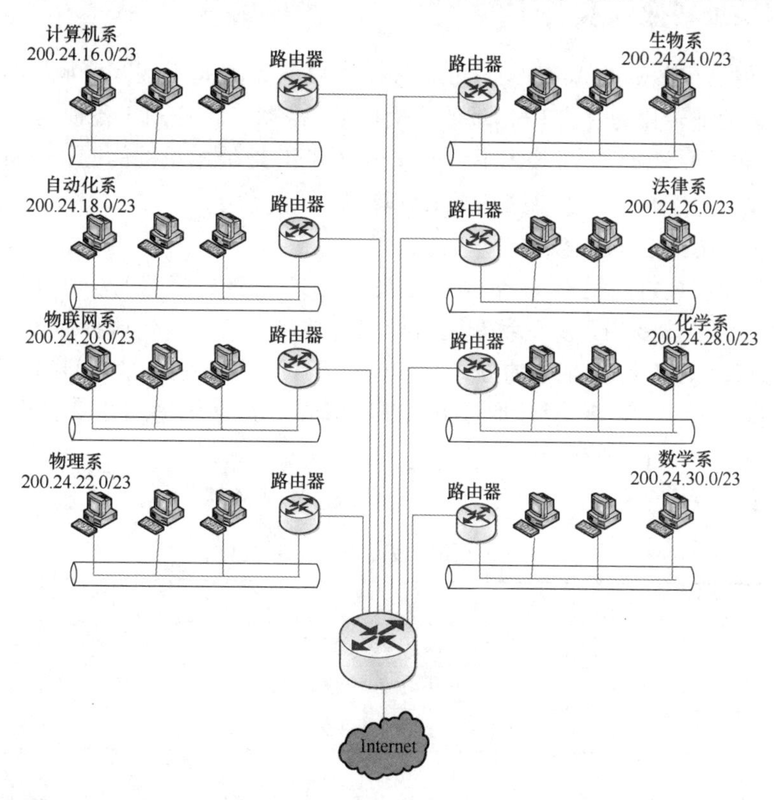

图4-20 划分CIDR地址块后的校园网拓扑结构示意图

根据表4-3所示，各个不同长度的CIDR地址块在路由器路由表中的掩码对应关系可以方便地得到。

表4-3　无类域间路由（CIDR）及对应的掩码

无类域间路由（CIDR）	对应的掩码	无类域间路由（CIDR）	对应的掩码
/8	255.0.0.0	/20	255.255.240.0
/9	255.128.0.0	/21	255.255.248.0
/10	255.192.0.0	/22	255.255.252.0
/11	255.224.0.0	/23	255.255.254.0
/12	255.240.0.0	/24	255.255.255.0
/13	255.248.0.0	/25	255.255.255.128
/14	255.252.0.0	/26	255.255.255.192
/15	255.254.0.0	/27	255.255.255.224
/16	255.255.0.0	/28	255.255.255.240
/17	255.255.128.0	/29	255.255.255.248
/18	255.255.192.0	/30	255.255.255.252
/19	255.255.224.0		

4.2.8　网络地址转换技术

网络地址转换（Network Address Translation，NAT）技术属于接入广域网技术，是一种将私有网络保留地址转化为合法IP地址的转换技术，它被广泛应用于各种类型Internet接入方式和各种类型的网络中。NAT技术不仅能完美解决IP地址不足的问题，还能有效避免来自网络外部的攻击，隐藏并保护网络内部的计算机。

1. 网络地址转换（NAT）概述

网络地址转换（NAT）是将IP数据报报头中的IP地址转换为另一个IP地址的过程。在实际应用中，NAT主要用于实现私有网络访问公共网络的功能。这种通过使用少量的公有IP地址代表较多的私有IP地址的方式，将有助于减缓可用IP地址空间的枯竭。

这里需要说明是：①私有IP地址是指内部网络或主机的IP地址；②公有IP地址是指在因特网上全球唯一的IP地址。

RFC[1918]为私有网络预留了三个IP地址块，如表4-4所示。

表4-4　私有网络预留的三个IP地址块

类　别	地址范围	总　数
A类	10.0.0.0～10.255.255.255	1
B类	172.16.0.0～172.31.255.255	16
C类	192.168.0.0～192.168.255.255	256

上述三个范围内的地址不会在因特网上被分配，因此可以不必向ISP或注册中心申请即可在公司或企业内部自由使用。

2. NAT 技术的产生

虽然 NAT 可以借助于某些代理服务器来实现，但考虑到运算成本和网络性能，很多时候都是在路由器上实现的。随着接入 Internet 的计算机数量的不断猛增，IP 地址资源也就愈加显得捉襟见肘。事实上，除了中国教育和科研计算机网（CERNET）外，一般用户几乎申请不到整段的 C 类 IP 地址。在其他 ISP 那里，即使是拥有几百台计算机的大型局域网用户，当他们申请 IP 地址时，所分配的地址也不过只有几个或十几个 IP 地址。显然，这样少的 IP 地址根本无法满足网络用户的需求，于是就产生了 NAT 技术。

3. NAT 技术的作用

借助于 NAT 技术，私有网络保留地址的内部网络通过路由器发送数据包时，私有 IP 地址被转换成合法的 IP 地址，一个局域网只需使用少量 IP 地址（甚至是 1 个）即可实现私有网络内所有计算机与 Internet 的通信需求，NAT 将自动修改 IP 报文的源 IP 地址和目的 IP 地址，IP 地址校验则在 NAT 处理过程中自动完成。有些应用程序将源 IP 地址嵌入到 IP 报文的数据部分中，所以还需要同时对报文的数据部分进行修改，以匹配 IP 数据报报头中已经修改过的源 IP 地址。否则，报文数据都分别嵌入 IP 地址的应用程序不能正常工作。

4. NAT 的实现方式

NAT 的实现方式有三种：静态转换、动态转换和端口多路复用。

1）静态转换是指将内部网络的私有 IP 地址转换为公有 IP 地址，IP 地址对是一对一的、一成不变的，某个私有 IP 地址只转换为某个公有 IP 地址。借助于静态转换，可以实现外部网络对内部网络中某些特定设备（如服务器）的访问。

2）动态转换是指将内部网络的私有 IP 地址转换为公有 IP 地址时，IP 地址是不确定的、随机的，所有被授权访问 Internet 的私有 IP 地址可随机转换为任何指定的合法 IP 地址。也就是说，只要指定哪些内部地址可以进行转换，以及用哪些合法地址作为外部地址时，就可以进行动态转换。动态转换可以使用多个合法外部地址集。当 ISP 提供的合法 IP 地址略少于网络内部的计算机数量时，可以采用动态转换的方式。

3）端口多路复用是指改变外出数据包的源端口并进行端口转换，即端口地址转换（Port Address Translation，PAT）采用端口多路复用方式。内部网络的所有主机均可共享一个合法外部 IP 地址实现对 Internet 的访问，从而可以最大限度地节约 IP 地址资源；同时，又可隐藏网络内部的所有主机，有效避免来自 Internet 的攻击。因此，目前网络中应用最多的实现方式就是端口多路复用方式。

5. NAT 的实现过程

在配置网络地址转换的过程之前，首先必须搞清楚内部接口和外部接口，以及在哪个外部接口上启用 NAT。通常情况下，连接到用户内部网络的接口是 NAT 内部接口，而连接到外部网络（如 Internet）的接口是 NAT 外部接口。

（1）静态地址转换的实现

假设内部局域网使用的 IP 地址段为 192.168.0.1～192.168.0.254，路由器局域网端（即默认网关）的 IP 地址为 192.168.0.1，子网掩码为 255.255.255.0。网络分配的合法 IP 地址范围为 202.204.62.128～202.204.62.135，路由器在广域网中的 IP 地址为 202.204.62.129，子网掩码为 255.255.255.248，可用于转换的 IP 地址范围为 202.204.62.130～202.204.62.134。要求将内部网址 192.168.0.2～192.168.0.6 分别转换为

合法 IP 地址 202.204.62.130 ~ 202.204.62.134。步骤如下：

第 1 步：设置外部端口。

```
interface serial 0
ip address 202.204.62.129 255.255.255.248
ip nat outside
```

第 2 步：设置内部端口。

```
interface ethernet 0
ip address 192.168.0.1 255.255.255.0
ip nat inside
```

第 3 步：在内部本地与外部合法地址之间建立静态地址转换。

命令语法：

ip nat inside source static 内部本地地址　内部合法地址

示例：

```
ip nat inside source static 192.168.0.2 202.204.62.130
//将内部网络地址 192.168.0.2 转换为合法 IP 地址 202.204.62.130
ip nat inside source static 192.168.0.3 202.204.62.131
//将内部网络地址 192.168.0.3 转换为合法 IP 地址 202.204.62.131
ip nat inside source static 192.168.0.4 202.204.62.132
//将内部网络地址 192.168.0.4 转换为合法 IP 地址 202.204.62.132
ip nat inside source static 192.168.0.5 202.204.62.133
//将内部网络地址 192.168.0.5 转换为合法 IP 地址 202.204.62.133
ip nat inside source static 192.168.0.6 202.204.62.134
//将内部网络地址 192.168.0.6 转换为合法 IP 地址 202.204.62.134
```

至此，静态地址转换配置完毕。

（2）动态地址转换的实现

假设内部网络使用的 IP 地址段为 172.16.100.1 ~ 172.16.100.254，路由器局域网端口（即默认网关）的 IP 地址为 172.16.100.1，子网掩码为 255.255.255.0。网络分配的合法 IP 地址范围为 202.204.62.128 ~ 202.204.62.191，路由器在广域网中的 IP 地址为 202.204.62.129，子网掩码为 255.255.255.192，可用于转换的 IP 地址范围为 202.204.62.130 ~ 202.204.62.190。要求将内部网址 172.16.100.1 ~ 172.16.100.254 动态转换为合法 IP 地址 202.204.62.130 ~ 202.204.62.190。步骤如下：

第 1 步：设置外部端口。

设置外部端口命令的语法如下：

ip nat outside

示例：

```
interface serial 0
//进入串行端口 serial 0
ip address 202.204.62.129 255.255.255.192
//将其 IP 地址指定为 202.204.62.129，子网掩码为 255.255.255.192
```

ip nat outside

//将串行口 serial 0 设置为外网端口

注意，可以定义多个外部端口。

第2步：设置内部端口。

设置内部接口命令的语法：

ip nat inside

示例：

interface ethernet 0

//进入以太网端口 Ethernet 0

ip address 172. 16. 100. 1 255. 255. 255. 0

//将其 IP 地址指定为 172. 16. 100. 1，子网掩码为 255. 255. 255. 0

ip nat inside

//将 Ethernet 0 设置为内网端口。

注意，可以定义多个内部端口。

第3步：定义合法 IP 地址池。

定义合法 IP 地址池命令的语法：

ip nat pool 地址池名称　起始 IP 地址　　终止 IP 地址子网掩码

其中，地址池的名字可以任意设定。

示例：

ip nat pool USTBnet 202. 204. 62. 130 202. 204. 62. 190 netmask 255. 255. 255. 192

//指明地址缓冲池的名称为 USTBnet

IP 地址范围为 202. 204. 62. 130 ~ 202. 204. 62. 190，子网掩码为 255. 255. 255. 192。

需要注意的是，即使掩码为 255. 255. 255. 0，也会由起始 IP 地址和终止 IP 地址对 IP 地址池进行限制。

或 ip nat pool test 202. 204. 62. 130 202. 204. 62. 190 prefix-length 26

注意，如果有多个合法 IP 地址范围，可以分别添加。

例如，如果还有一段合法 IP 地址范围为 211. 82. 216. 1 ~ 211. 82. 216. 254，那么，可以再通过下述命令将其添加至缓冲池中：

ip nat pool cernet 211. 82. 216. 1 211. 82. 216. 254 netmask 255. 255. 255. 0

或

ip nat pool test 211. 82. 216. 1 211. 82. 216. 254 prefix-length 24

第4步：定义内部网络中允许访问 Internet 的访问列表。

定义内部访问列表命令的语法：

access-list 标号 permit 源地址通配符（其中，标号为 1 ~ 99 之间的整数）

示例：

access-list 1 permit 172. 16. 100. 0 0. 0. 0. 255

//允许访问 Internet 的网段为 172. 16. 100. 0 ~ 172. 16. 100. 255，

反掩码为 0. 0. 0. 255。需要注意的是，在这里采用的是反掩码，而非子网掩码。反掩码与子网掩码的关系为：

反掩码 + 子网掩码 = 255. 255. 255. 255

例如，子网掩码为255.255.0.0，则反掩码为0.0.255.255；子网掩码为255.0.0.0，则反掩码为0.255.255.255；子网掩码为255.252.0.0，则反掩码为0.3.255.255；子网掩码为255.255.255.192，则反掩码为0.0.0.63。

另外，如果想将多个IP地址段转换为合法IP地址，可以添加多个访问列表。

例如，当欲将172.16.98.0～172.16.98.255和172.16.99.0～172.16.99.255转换为合法IP地址时，应当添加下述命令：

access-list2 permit 172.16.98.0 0.0.0.255

access-list3 permit 172.16.99.0 0.0.0.255

第5步：实现网络地址转换。

在全局设置模式下，将第4步由access-list指定的内部本地地址列表与第3步指定的合法IP地址池进行地址转换。

实现网络地址转换命令语法：

ip nat inside source list 访问列表标号 pool 内部合法地址池名字

示例：

ip nat inside source list 1 pool USTBnet

如果有多个内部访问列表，可以一一添加，以实现网络地址转换，

如：

ip nat inside source list 2 pool USTBnet

ip nat inside source list 3 pool USTBnet

如果有多个地址池，也可以一一添加，以增加合法地址池范围，如：

ip nat inside source list 1 pool cernet

ip nat inside source list 2 pool cernet

ip nat inside source list 3 pool cernet

至此，动态地址转换设置完毕。

（3）端口多路复用动态地址转换

内部网络使用的IP地址段为10.100.100.1～10.100.100.254，路由器局域网端口（即默认网关）的IP地址为10.100.100.1，子网掩码为255.255.255.0。网络分配的合法IP地址范围为202.99.160.0～202.99.160.3，路由器广域网中的IP地址为202.99.160.1，子网掩码为255.255.255.252，可用于转换的IP地址为202.99.160.2。要求将内部网址10.100.100.1～10.100.100.254转换为合法IP地址202.99.160.2。

第1步：设置外部端口。

interface serial 0

ip address 202.99.160.1 255.255.255.252

ip nat outside

第2步：设置内部端口。

interface ethernet 0

ip address 10.100.100.1 255.255.255.0

ip nat inside

第3步：定义合法IP地址池。

ip nat pool onlyone 202.99.160.2 202.99.160.2 netmask 255.255.255.252

//指明地址缓冲池的名称为 onlyone，IP 地址范围为 202.99.160.2，子网掩码为255.255.255.252

由于本例只有一个 IP 地址可用，所以起始 IP 地址与终止 IP 地址均为 202.99.160.2。如果有多个 IP 地址，则应当分别键入起、止的 IP 地址。

第4步：定义内部访问列。

access-list 1 permit 10.100.100.0 0.0.0.255

允许访问 Internet 的网段为 10.100.100.0 ~ 10.100.100.255，

子网掩码为255.255.255.0。

需要注意的是，在这里子网掩码的顺序跟平常所写的顺序相反，即0.0.0.255。

第5步：设置复用动态地址转换。

在全局设置模式下，设置内部本地地址与内部合法 IP 地址间建立复用动态地址转换。

命令语法：

ip nat inside source list 访问列表号 pool 内部合法地址池名字 overload

示例：

ip nat inside source list1 pool onlyone overload

//以端口多路复用方式，将访问列表1中的私有 IP 地址转换为 onlyone IP 地址池中定义的合法 IP 地址。注意：overload 是复用动态地址转换的关键词。至此，端口多路复用动态地址转换完成。

还可以这样写：ip nat inside source list 1 interface serial 0 overload。

6. NAT 使用的几种情况

1）连接到 internet，但却没有足够的合法地址分配给内部主机。

2）更改到一个需要重新分配地址的 ISP。

3）有相同 IP 地址的两个 internet 合并。

4）想支持负载均衡（主机）。

采用 NAT 后，一个最主要的改变是失去了端对端 IP 的可追溯性，也就是说，从此不能再经过 NAT 使用 ping 和 traceroute，其次就是曾经的一些 IP 对 IP 的程序不再正常运行，潜在的不易被观察到的缺点是增加了网络延时。

NAT 可以支持大部分 IP 协议，但有几个协议需要注意，首先，tftp、rlogin、rsh、rcp 和 ipmulticast 都被 NAT 支持，其次，bootp、snmp 和路由表更新被全部拒绝。

7. NAT 的几个相关术语

1）Inside Local IP address：指定位于内部网络的主机地址，全局唯一，但为私有地址。

2）Inside Global IP address：代表一个或更多内部 IP 地址到外部世界的合法 IP 地址。

3）Outside Global IP address：外部网络主机的合法 IP 地址。

4）Outside Local IP address：外部网络的主机地址，看起来是内部网络的私有地址。

5）Simple Translation Entry：映射 IP 地址到另一个地址的入口。

6）Extended Translation Entry：映射 IP 地址和端口到另一个结对地址和端口的入口。

8. 工作原理

如图 4-21 所示，NAT 工作原理如下。

外部主机向虚拟主机（定义为内部全局地址）通信，NAT 路由器接收外部主机的请求并依据 NAT 转换表建立与内部主机的连接，把内部全局地址（目的地址）翻译成内部局部地址，并转发数据包到内部主机，内部主机接收包并做出响应。NAT 路由器再使用内部局部地址和端口查询数据表，根据查询到的外部地址和端口做出响应。

此时，如果同一主机再做第二个连接，NAT 路由器将根据 NAT 转换表建立与另一虚拟主机的连接，并转发数据。

处理重叠网络方法主要用于两个企业内部网络的互连，需要借助于 DNS 服务器的支持，才能区别内网两个不同的主机。主机 A 要求向主机 C 建立连接，先向 DNS 服务器做地址查询。NAT 路由器截获 DNS 的响应，如果地址有重叠，将翻译返回的地址，并创建一个简易入口把重叠的外部全局地址（目的地址）翻译成外部局部地址。

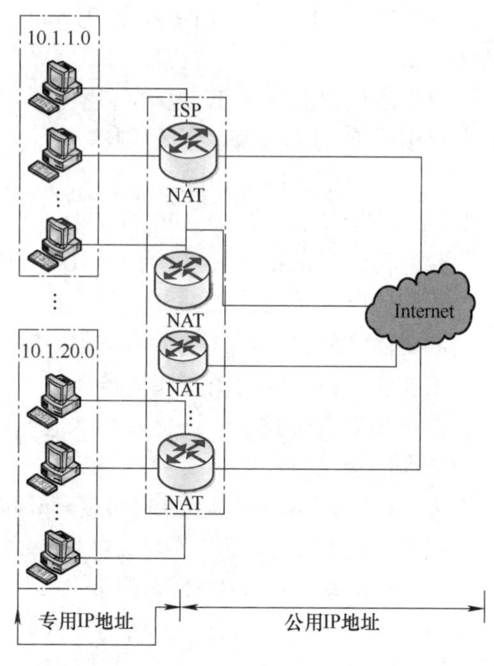

图 4-21　NAT 工作原理

路由器转发 DNS 响应到主机 A，并已经把主机 C 的地址（外部全局地址）翻译成外部局部地址。当路由器接收到主机 C 的数据包时，将建立内部局部、全局与外部全局、局部地址间的转换，主机 A 将由内部局部地址（源地址）翻译成内部全局地址，主机 C 将由外部全局地址（目的地址）翻译成外部局部地址。主机 C 接收数据包并继续通信。NAT 的具体配置和校验如后续章节所述。

4.3　IP 分组交付和路由选择

4.3.1　IP 分组交付

分组交付（Forwarding）是指在互联网络中路由器转发 IP 分组的物理传输过程与数据报转发交付机制。分组交付可以分为直接交付和间接交付两类；路由器根据分组的目的 IP 地址与源 IP 地址是否属于同一个子网来判断是直接交付还是间接交付。

如图 4-22 所示，当分组的源主机和目的主机在同一个网络，或转发是在最后一个路由器与目的主机之间时为直接交付。

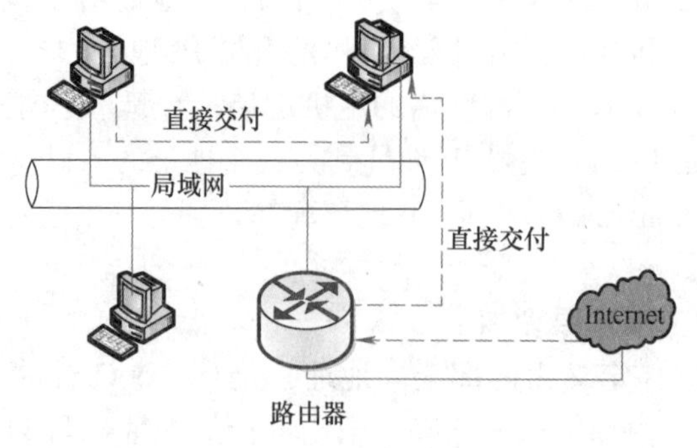

图 4-22　直接交付

如图 4-23 所示，目的主机与源主机不在同一个网络上时是分组间接交付。

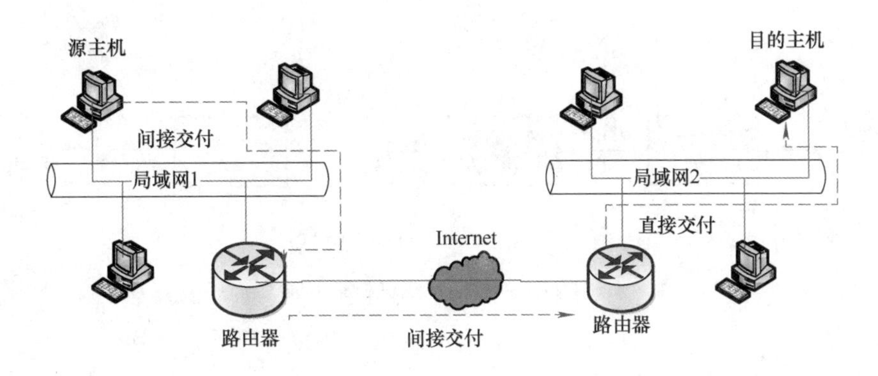

图 4-23 间接交付

4.3.2 路由选择

1. 对路由选择算法的要求

1）算法必须是正确、稳定和公平的。

2）算法应该尽量简单。

3）算法能够适应网络拓扑和通信量的变化。

4）算法应该是最佳的。

2. 路由选择算法涉及的主要参数

1）跳数（hop count）——分组从源节点到达目的节点经过的路由的个数。

2）带宽（bandwidth）——链路的传输速率。

3）延时（delay）——分组从源节点到达目的节点花费的时间。

4）负载（load）——通过路由器或线路的单位时间通信量。

5）可靠性（reliability）——传输过程中的误码率。

6）开销（overhead）——传输过程中的耗费，与所使用的链路带宽相关。

3. 静态路由选择算法与动态路由选择算法

从路由选择算法对网络拓扑和通信量变化的自适应角度划分，可以分为静态路由选择算法与动态路由选择算法两大类。静态路由选择算法也叫作非自适应路由选择算法，其特点是简单和开销较小，但不能及时适应网络状态的变化；动态路由选择算法也称为自适应路由选择算法，其特点是能较好地适应网络状态的变化，但实现起来较为复杂，开销也比较大。

4. 路由选择模块与路由表

如图 4-24 所示，在每个路由器接收到一个 IP 分组时，路由选择模块必须进行路由查询，其顺序是：第一步判断该 IP 分组是不是直接转发；如果不是直接转发，第二步确定是不是特定主机转发；如果不是特定主机转发，第三步确定是不是特定网络转发；如果不是特定网络转发，最后还要确定是不是默认转发。

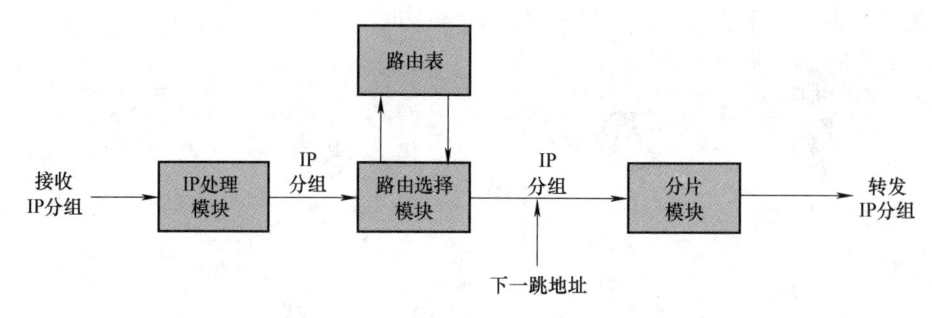

图 4-24　路由选择模块和路由表

4.4　Internet 的路由选择协议

4.4.1　自治系统

如图 4-25 所示，自治系统（Autonomous System，AS）是路由寻址的“自治”；自治系统内部的路由器了解内部网络的全部路由信息，并能够通过一条路径将发送到其他自治系统的分组传送到连接本自治系统的主干路由器；自治系统内部的路由器要向主干路由器报告内部路由信息。

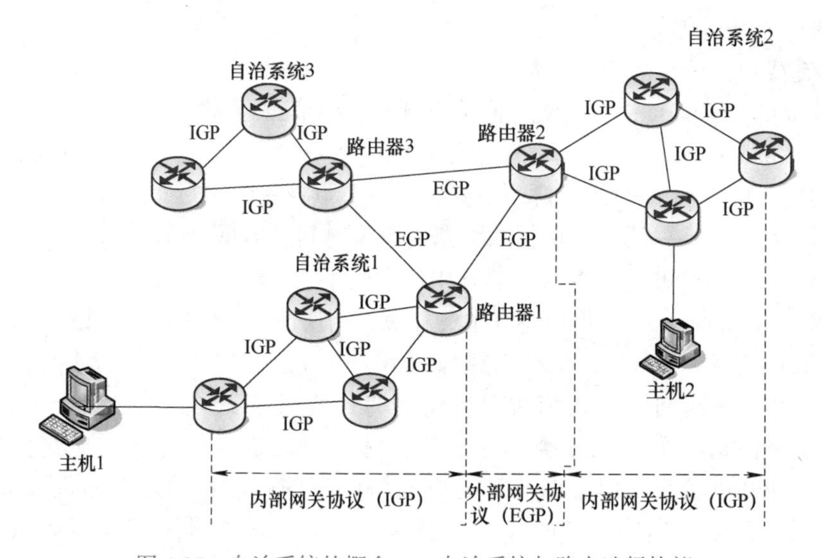

图 4-25　自治系统的概念——自治系统与路由选择协议

4.4.2　内部网关协议

1. 内部网关协议的基本概念

路由信息协议（Routing Information Protocol，RIP）是应用较早、使用较普遍的内部网关协议（Interior Gateway Protocol，IGP），适用于小型同类网络，是典型的距离向量（Distance-Vector）协议。RIP 作为内部网关协议（IGP）中最先得到广泛使用的一种协议，主要应用于自治系统（AS）。RIP 的设计主要是利用同类技术与大小适度的网络一起工作，通过速度变化不大的接线连接。RIP 比较适用于简单的校园网和区域网，但并不适用于复杂网络的情况。

RIP 是一种分布式的基于距离向量的路由选择协议，是因特网的标准协议，其最大的优点就是简单。RIP 要求网络中每一个路由器都要维护从它自己到其他每一个目的网络的距离记录。RIP 将“距离”定义为：从一个路由器到直接连接的网络的距离定义为 1；从一个路由器到非直接连接的网络的距离，为每经过一个路由器则距离加 1。“距离”也称为“跳数”。RIP 允许一条路径最多只能包含 15 个路由器，因此，距离等于 16 时即为不可达。可见，RIP 只适用于小型互联网。

2. RIP 版本类型

1）RIP-1：是有类别路由协议（Classful Routing Protocol），它支持以广播方式发布协议报文；协议报文中没有携带掩码信息，只能识别 A 类、B 类、C 类的自然网段的路由器，因此 RIP-1 无法支持路由聚合，也不支持不连续的子网。

2）RIP-2：是无分类路由协议（Classless Routing Protocol），它支持外部路由标记（route tag），可以在路由策略中根据标记（Tag）对路由进行灵活的控制；报文中携带掩码信息，支持路由聚合和 CIDR（Classless Inter-Domain Routing）；支持指定下一跳，在广播网上可以选择到最优下一跳的地址；支持组播路由发送更新报文，只有 RIP-2 路由器才能收到协议报文，减少资源消耗；支持对协议报文进行验证，并提供明文验证和信息－摘要算法的第 5 个版本（Message-Digest algorithm，MD5）验证两种方法，增强安全性。

RIP-2 由 RIP-1 而来，属于补充协议，主要用于扩大装载的有用信息的数量，同时增加其安全性能。RIP-1 和 RIP-2 都是基于 UDP 的协议。在 RIP-2 下，每台主机或路由器通过路由选择进程发送和接收来自 UDP 端口 520 的数据包。RIP 默认的路由更新周期是 30s。

3. RIP 的特点

1）仅和相邻的路由器交换信息。如果两个路由器之间的通信不经过另外一个路由器，那么这两个路由器是相邻的。RIP 规定，不相邻的路由器之间不交换信息。

2）路由器交换的信息是当前本路由器所知道的全部信息，即自己的路由表。

3）按固定时间交换路由信息，如每隔 30s，然后路由器根据收到的路由信息更新路由表（也可进行相应配置使其触发更新）。

4）RIP 支持水平分割和毒性反转功能，以防止产生路由循环。

4. RIP-1 的报文格式

RIP-1 报文由头部（Header）和多个路由表项（Route Entry）组成。一个 RIP-1 表项中最多可以有 25 个路由表项。因为 RIP-1 是基于 UDP 的协议，所以 RIP-1 报文的数据包不能超过 512 个字节。

1）command：长度 8 位，报文类型为 request 报文（负责向邻居请求全部或者部分路由信息）和 response 报文（发送自己全部或部分路由信息）。

2）version：长度 8 位，标识 RIP 的版本号。

3）must be zero：长度 16 位，规定必须为零字段。

4）AFI（Address Family Identifier）：长度 16 位，地址族标识，其值为 2 时表示 IP 协议。

5）IP address：长度 32 位，该路由的目的 IP 地址只能是自然网段的地址。

6）metric：长度 32 位，路由的开销值。

5. RIP-2 的报文格式

1）command：同 RIP-1。

2）version：同上。

3）must be zero：同上。

4）AFI：同上。

5）route tag：长度 16 位，外部路由标识。

6）IP address ：同上。

7）subnet mask：32 位，目的地址掩码。

8）next hop：32 位，提供一个下一跳的地址。

9）metric：同上。

6. RIP-2 的验证报文

RIP-2 为了支持报文验证，使用第一个路由表项（Route Table Entry，RTE）作为验证项，并将 AFI 字段的值设为 0xFFFF 作为标识。

1）command：同上。

2）version：同上。

3）must be zero：同上。

4）authentication type：16 位，验证类型有明文验证和 MD5 验证。

5）authentication：16 字节，验证字，当使用明文验证时包含了密码信息。

7. RIPng 的报文格式

RIPng 是指路由选择信息协议的下一代（应用于 IPv6），是基于 IPv6 的网络协议和算法协议。

1）command：同上。

2）version：同上。

3）must be zero：同上。

4）RTE：20 字节，代表路由表项。

8. RIPng 中的 RTE 两类格式

1）下一跳 RTE：位于一组具有相同下一跳的“IPv6 前缀 RTE”的最前面，它定义了下一跳的 IPv6 地址。

其包含：IPv6 next hop address ：16 字节，代表下一跳的 IPv6 地址；must be zero：长度 16 位，必须为零字段。

2）IPv6 前缀 RTE：位于某个“下一跳 RTE”的后面，同一个“下一跳 RTE”的后面可以有多个不同的“IPv6 前缀 RTE”。它描述了 RIPng 路由表中的目的 IPv6 地址及其开销。

其包含：IPv6 prefix：16 字节，代表目的 IPv6 地址的前缀；route tag：16 位，代表路由标记，用来区分外部路由；prefix len：8 位，代表 IPv6 地址的前缀长度；metric：8 位，代表路由的度量值。

9. RIP 工作原理

（1）RIP 路由数据库

每个运行 RIP 的路由器管理一个路由数据库，该路由数据库包含了网络所有可达的路由项。包括：

- 目的地址：主机或者网络的地址。
- 下一跳地址：为到达目的地，需要经过的相邻路由器的接口 IP 地址。
- 接口：转发报文的接口。
- metric 值：本路由器达到目的地的开销，是一个 0 ~ 15 之间的整数。
- 路由时间：从路由项最后一次被修改到现在所经过的时间，路由项每次修改后，其值定为 0。
- 路由标记：区分内部路由协议和外部路由协议的标记。

（2）RIP 定时器

- Update 定时器：用来更新时间。它定时触发更新报文的发送，默认每隔 30s 发送一次。
- Age 定时器：表示老化时间。RIP 路由器如果在老化时间内没有收到邻居发来的路由更新报文，则认为路由不可达。若在 Age 定时器 180s 内没有收到路由更新，则按照 Update 定时器发送更新报文。
- Garbage-collect 定时器：表示垃圾超时时间。如果在这段时间内不可达路由没有收到来自同一邻居的更新，则该路由将从路由表中彻底删除。在 Age 定时器超时、Garbage-collect定时器没有超时时，如果还没收到更新报文，则按照 Update 定时器发送度量值为 16 的更新报文。

每条路由表项对应两个定时器，即 Age 定时器和 Garbage-collect 定时器；当学到一条路由并安装到路由表中时，Age 定时器启动，如果在默认的 180s 后没有收到邻居发来 的更新报文，则把该路由度量值改为 16；并启动 Garbage-collect 定时器，如果默认 120s 内没有收到更新报文，则在路由中删除该表项。

如图 4-26 所示，路由刷新报文的主要内容是由若干（目的网络，距离）组成的表；目的网络标识该路由器可以到达的目的网络或目的主机，距离表示该路由器到达目的网络或目的主机的跳步数；其他路由器在接收到某个路由器的（目的网络，距离）报文后，按照最短路径原则对各自的路由表进行刷新。

10. 路由信息协议的工作过程

1）路由器启动 RIP 后，向周围路由器发送请求报文（Request Message）。

2）周围的 RIP 路由器收到请求报文后，响应该请求，送回包含本地路由表信息的响应报文（Response Message）。

3）路由器收到邻居路由器的响应报文后，修改本地路由表。

11. RIP 路由计算

1）路由器收到响应报文后，修改本地路由表，同时向相邻路由器发送触发修改报文，广播路由修改信息。

2）相邻路由器收到触发修改报文后，又向其各自的相邻路由器发送触发修改报文。在一连串的触发修改广播后，各个路由器都能够得到并保持最新的路由信息。

3）RIP 采用老化机制对超时的路由表项进行老化处理，以保证路由表项的实时性和有效性。因此，RIP 每隔一定时间周期性地向邻居路由器发布本地的路由表，相邻路由器收到报文后，对其本地路由进行更新。

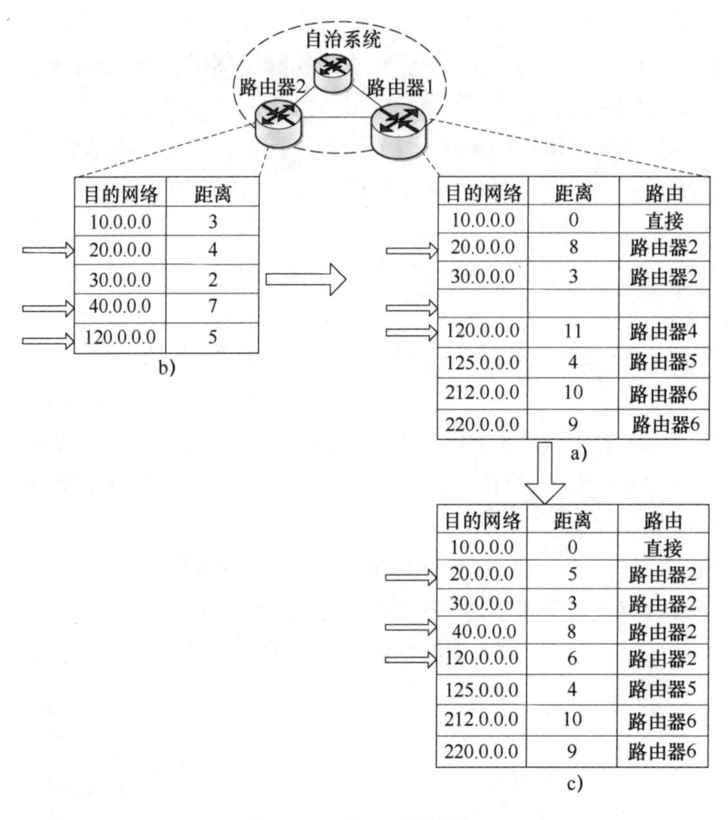

图 4-26 路由刷新报文

12. RIP 发送请求和响应报文

1）如果配置为 RIP-1，则只广播发送 RIP-1 报文，接收广播的 RIP-1 和 RIP-2 报文。

2）如果配置为组播的 RIP-2，则组播发送和接收组播 RIP-2 报文。

3）如果配置为广播的 RIP-2，发送广播的 RIP-2 报文，接收 RIP-1 和 RIP-2 的报文。

13. RIP 报文认证

1）如果路由器没有配置 RIP-2 报文认证，则 RIP-1 和没有配置认证的 RIP-2 报文可以被接收；配置认证的 RIP-2 报文被丢弃。

2）如果路由器配置了 RIP-2 报文认证，则通过认证的 RIP-2 报文可以被接收，没有配置认证和认证失败的报文将被丢弃。

14. RIPng 报文处理过程

（1）请求报文

当 RIPng 路由器启动后或者需要更新部分路由表项时，便发送请求报文，向相邻路由器请求需要的路由表信息。通常是组播方式发送请求报文。收到请求报文的 RIPng 路由器会对其中的 RTE 进行处理。如果请求报文中只有一项 RTE，且 IPv6 前缀和前缀长度为 0，开销为 16，则本地路由器会把当前路由表中的全部路由信息以响应报文形式发回给请求路由器。否则，将对 RTE 逐项处理，更新每条路由的开销值，最后以响应报文形式返回给请求报文路由器。

（2）响应报文

响应报文包含本地路由表的信息，一般在下列情况下产生：对某个请求报文进行响应或者作为更新报文周期性的发出。收到响应报文的路由器会更新自己的 RIPng 路由表。为了保证路由的准确性，RIPng 路由器会对收到的请求报文进行有效的检查，如源 IPv6 地址是否是链路本地地址、端口号是否正确等，没有通过检测的报文将被抛弃。

15. 路由聚合

路由聚合是指同一个自然网段内的不同子网的路由器在向外（其他网段）发送时聚合成一条自然掩码的路由器发送，以寻找更大的共同点。使用路由聚合的接口不能使用水平分割。RIP-2 支持路由聚合，因为 RIP-2 报文携带掩码位，所以支持子网划分。RIP-1 的协议报文中没有携带掩码信息，故 RIP-1 发布的就是自然掩码的路由。

16. 触发更新

1）当路由信息发生变化时，立即向相邻路由器发送更新报文，通知变化的路由信息。

2）当路由器的下一跳不可用之后需要及时通告给其他路由器，此时要把该路由器的量度（cost）设置成 16，然后发布出去，这种更新也叫路由杀毒。

17. 防止路由环路

RIP 是一种基于 D-V 算法的路由协议，由于它向相邻路由器通告的是自己的路由表，所以存在路由循环的可能性。

1）计数到无穷：将开销值等于 16 的路由定义为不可达，当路由环路发生、某条路由的开销值计算到 16 时，该路由被认为是不可达路由。

2）水平分割：RIP 从某个接口学到路由后，不会从该接口再发回给相邻路由器。这样不但减少了带宽消耗，还可以防止路由循环。

3）毒性反转：RIP 从某个接口学到路由后，将该路由的开销值设置为 16（不可达），并从原接口发回相邻路由器。利用这种方式，可以清除对方路由表中的无用信息。

4.4.3 最短路径优先协议

1. 最短路径优先协议概述

为了克服 RIP 协议的缺陷，开放式最短路径优先（Open Shortest-Path First，OSPF）协议应运而生。OSPF 作为一种典型的链路状态路由协议，要求网络中的路由器之间交换且保存全网的拓扑结构，以便于独立计算出源主机到目的主机之间的路径信息。

2. 基本概念和术语

（1）链路状态

OSPF 路由器收集其所在网络区域上各路由器的连接状态信息，即链路状态信息（Link-State），生成链路状态数据库（Link-State Database）。OSPF 路由器掌握了该区域上所有路由器的链路状态信息，也就等于了解了整个网络的拓扑状况。OSPF 路由器利用最短路径优先算法（Shortest Path First，SPF），独立地计算出到达任意目的地的路由。

（2）区域

OSPF 协议引入“分层路由”的概念，将网络分割成一个“主干”连接的一组相互独立的部分，这些相互独立的部分称为“区域”（Area），“主干”的部分称为“主干区域”。每个区域如同一个独立的网络，该区域的 OSPF 路由器只保存该区域的链路状态信息。每个路由器的链路状态数据库都可以保持合理的大小，路由计算的时间、报文数量都不会过大。

（3）OSPF 协议网络类型

根据路由器所连接的物理网络不同，OSPF 协议将网络划分为四种类型：广播多路访问型（Broadcast multi-Access）、非广播多路访问型（None Broadcast MultiAccess，NBMA）、点到点型（Point-to-Point）、点到多点型（Point-to-MultiPoint）。

广播多路访问型网络，如：Ethernet、Token Ring、FDDI。NBMA 网络，如：Frame Relay、X. 25、SMDS。点到点型网络，如：PPP、HDLC。

（4）指派路由器（DR）和备份指派路由器（BDR）

在多路访问网络上可能存在多个路由器，为了避免路由器之间建立完全相邻关系而引起的大量开销，OSPF 要求在区域中选举一个 DR。每个路由器都与之建立完全相邻关系。DR 负责收集所有的链路状态信息，并发布给其他路由器。选举 DR 的同时也选举出一个 BDR，当 DR 失效时，BDR 担负起 DR 的职责。

点对点型网络不需要 DR，因为只存在两个节点，彼此间完全相邻。OSPF 协议由 Hello 协议、交换协议和扩散协议组成。本节仅介绍 Hello 协议，其他两个协议可参考 RFC 2328 中的具体描述。

当路由器开启一个端口的 OSPF 路由时，将会从这个端口发出一个 Hello 报文，以后它也将以一定的间隔周期性地发送 Hello 报文。OSPF 路由器用 Hello 报文来初始化新的相邻关系以及确认相邻的路由器邻居之间的通信状态。

对于广播多路访问型网络和非广播多路访问型网络，路由器使用 Hello 协议选举一个 DR。在广播多路访问型网络中，Hello 报文使用多播地址 224. 0. 0. 5 周期性广播，并通过这个过程自动发现路由器邻居。在 NBMA 网络中，DR 负责向其他路由器逐一发送 Hello 报文。

3. OSPF 协议的主要操作

（1）建立路由器的邻接关系

所谓“邻接关系”（Adjacency），是指 OSPF 路由器以交换路由信息为目的，在所选择的相邻路由器之间建立的一种关系。

路由器首先发送拥有自身 ID 信息（Loopback 端口或最大的 IP 地址）的 Hello 报文。与之相邻的路由器如果收到这个 Hello 报文，就将这个报文内的 ID 信息加入到自己的 Hello 报文内。

如果路由器的某端口收到从其他路由器发送的含有自身 ID 信息的 Hello 报文，则它根据该端口所在的网络类型确定是否可以建立邻接关系。

在点对点型网络中，路由器将直接和对端路由器建立邻接关系，并且该路由器将直接进入到（3）操作：发现其他路由器。若为多路访问型网络，则该路由器将进入选举步骤。

（2）选举 DR/BDR

不同类型的网络选举 DR 和 BDR 的方式不同。多路访问型网络支持多个路由器，在这种状况下，OSPF 需要建立作为链路状态和连接状态广播包（Link State Advertisement，LSA）更新的中心节点。选举利用 Hello 报文内的 ID 和优先权（Priority）字段值来确定。优先权字段值大小从 0 到 255，优先权值最高的路由器成为 DR。如果优先权值大小一样，则 ID 值最高的路由器选举为 DR，优先权值次高的路由器选举为 BDR。优先权值和 ID 值都可以直接设置。

（3）发现路由器

路由器与路由器之间首先利用 Hello 报文的 ID 信息确认主从关系，然后主从路由器相互交换部分链路状态信息。每个路由器对信息进行分析比较，如果收到的信息有新的内容，路由器将要求对方发送完整的链路状态信息。这个状态完成后，路由器之间建立完全相邻（Full Adjacency）关系，同时邻接路由器拥有自己独立的、完整的链路状态数据库。

在多路访问型网络内，DR 与 BDR 互换信息，并同时与本子网内其他路由器交换链路状态信息。在点到点型或点到多点型网络中，相邻路由器之间交换信息。

（4）选择适当的路由器

当一个路由器拥有完整独立的链路状态数据库后，它将采用 SPF 算法计算并创建路由表。OSPF 路由器依据链路状态数据库的内容，独立地使用 SPF 算法计算出到每一个目的网络的路径，并将路径存入路由表中。

OSPF 利用量度（Cost）计算目的路径，量度最小者即为最短路径。在配置 OSPF 路由器时可根据实际情况，如链路带宽、时延或经济上的费用设置链路量度大小。量度越小，该链路被选为路由的可能性越大。

（5）维护路由信息

如图 4-27 所示为 OSPF 协议执行过程，当链路状态发生变化时，OSPF 通过洪泛法过程通告网络上其他路由器。当 OSPF 路由器接收到包含新信息的链路状态更新报文时，将更新自己的链路状态数据库，然后用 SPF 算法重新计算路由表。在重新计算的过程中，路由器继续使用旧路由表，直到 SPF 完成新的路由表计算。新的链路状态信息将发送给其他路由器。值得注意的是，即使链路状态没有发生改变，OSPF 路由信息也会自动更新，默认时间为 30min。

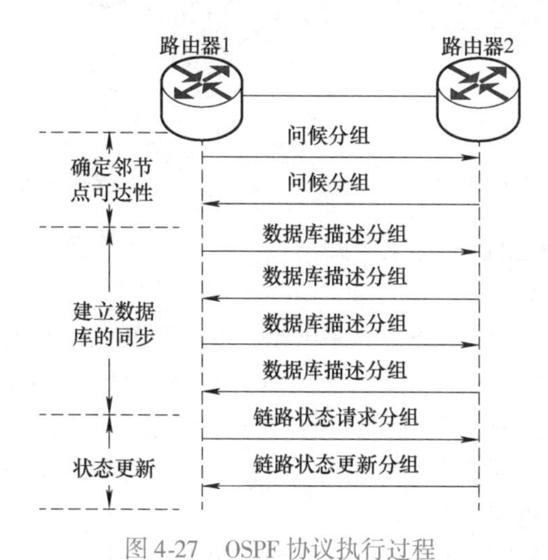

图 4-27　OSPF 协议执行过程

4. OSPF 协议的主要特点

1）对于规模很大的网络，如图 4-28、图 4-29 所示，OSPF 协议将一个自治系统再划分为若干个更小的区域，一个区域内的路由器数不超过 200 个，并确定一个连接多个区域的主干区域。

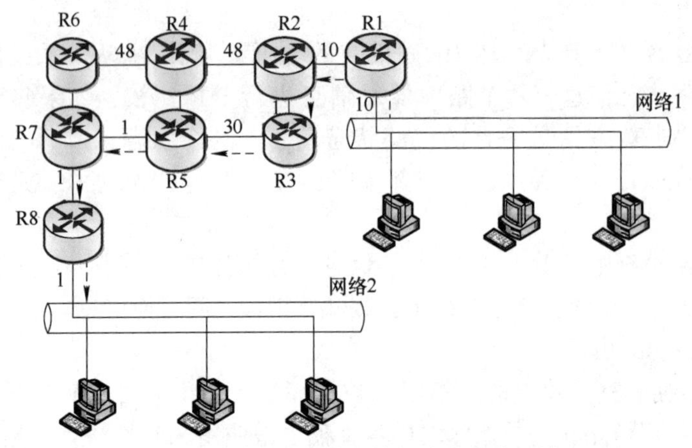

图 4-28　将一个自治系统划分为多个区域

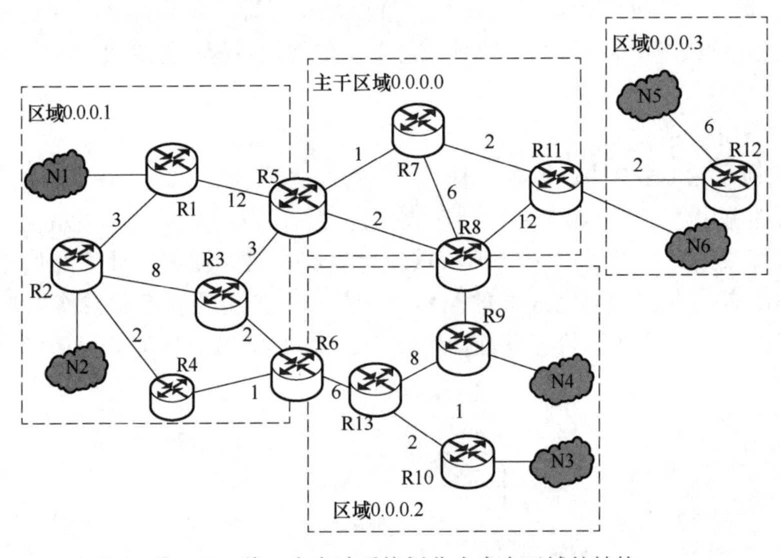

图 4-29　将一个自治系统划分为多个区域的结构

2）主干区域内部的路由器叫作主干路由器，它连接各个区域的边界路由器，区域边界路由器接收其他区域的信息。

3）主干区域内有一个自治系统边界路由器，专门和其他自治系统交换路由信息。

4）当链路状态发生变化时，用洪泛法向所有路由器发送；执行 OSPF 协议的路由器通过各路由器之间交换的链路状态信息，路由器发送的信息是本路由器与哪些路由器相邻，以及链路状态（距离、时延、带宽等）信息；使用分布式的链路状态协议，建立并维护一个区域内同步的链路状态数据库。

5）每个路由器中的路由表从链路状态数据库出发，计算出以本路由器为根的最短路径树，根据最短路径树得出路由表，如图 4-30 ~ 图 4-32 所示。

目前大多数路由器厂商都支持 OSPF 协议，并开始在一些网络中取代 RIP 协议而成为最主要的内部路由协议。

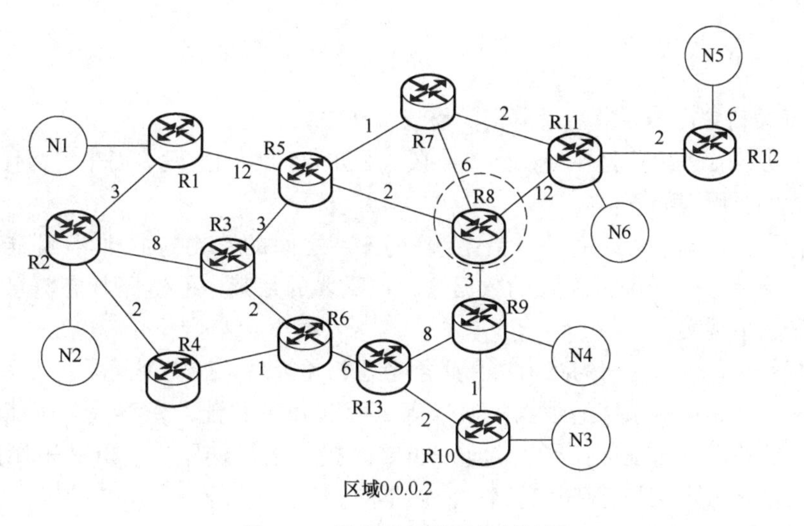

图 4-30　计算最短路径的拓扑图

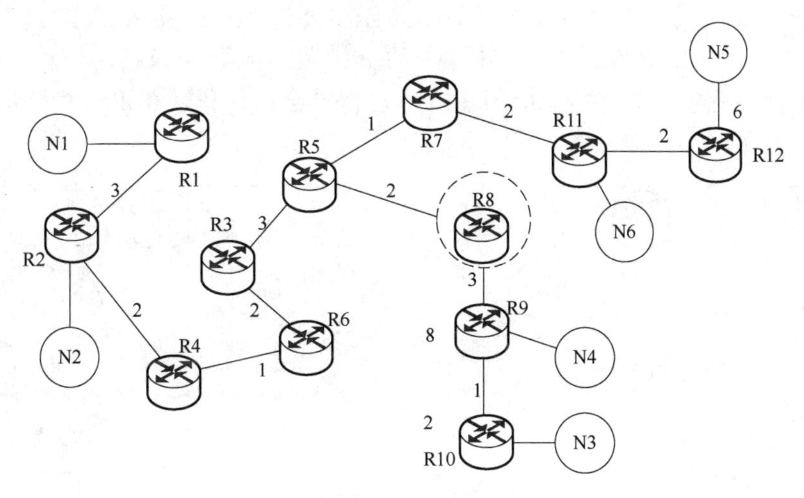

图 4-31　根据最小开销计算方法得出从 R8 到网络 N1 ~ N5 的最短路径

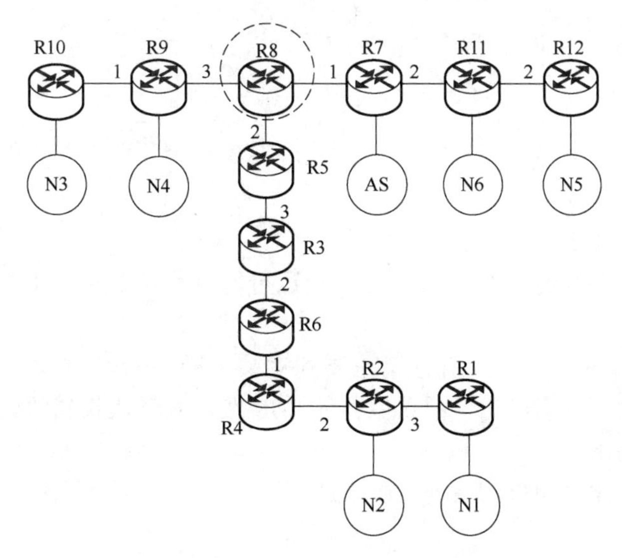

图 4-32　以 R8 为根的最短路径树

4.4.4 外部网关协议

1. 外部网关协议（EGP）与边界网关协议（BGP）

边界网关协议（BGP）是在外部网关协议（EGP）的基础上发展而来，为什么不使用内部网关协议？主要原因如下：

1）因特网的规模巨大，使得自治系统（AS）之间的路由选择非常困难。如果运用OSPF，那就需要建立一个非常庞大的数据库，更重要的是其中的链路状态信息记录需要动态更新，这显然不现实。

2）自治系统（AS）之间的路由选择必须考虑相关策略。如安全问题、效率问题或者路径上的路由不允许非自治系统的数据报通过等。所以BGP只能力求寻找一条能够到达目的网络且比较好的路由（不能兜圈子），而并非要寻找一条最佳路由。BGP采用路径向量协议，与距离矢量路由协议和链路状态路由协议不同。

2. BGP设计的基本思想

在配置BGP时，每一个自治系统的管理员至少要选择一个路由器作为该自治系统的“BGP发言人”。一个BGP发言人与其他AS的BGP发言人要交换路由信息，就要先建立TCP连接，然后在此连接上交换BGP报文以建立BGP会话，利用BGP交换路由信息。BGP设计的基本思想如图4-33所示。

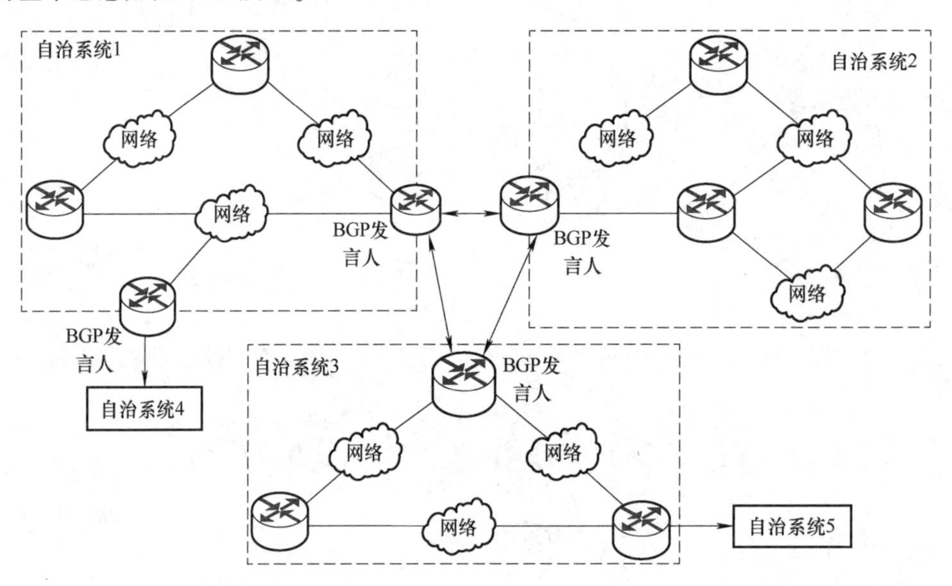

图4-33 BGP设计的基本思想

BGP发言人除了必须运行BGP外，还必须运行该自治系统所使用的内部网关协议，如OSPF或RIP。

BGP所交换的网络可达性的信息就是要到达某个网络所经过的一系列自治系统。当BGP发言人相互交换了网络可达性信息后，各BGP发言人就从收到的路由信息中找到到达各自治系统的较好路由。

BGP发言人构造出来的自治系统连通图是树状结构，不存在回路，如图4-34所示。

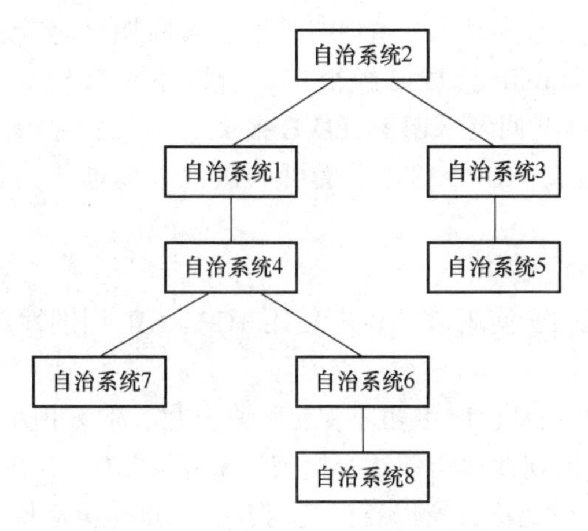

图 4-34　自治系统连接的树状结构

3. BGP 的工作过程

在 BGP 刚开始运行时，BGP 边界路由器与相邻的边界路由器交换整个 BGP 路由表，以后只需要在发生变化时更新有变化的部分；当两个边界路由器属于两个不同的自治系统，边界路由器之间需要定期地交换路由信息，以维持相邻关系；当某个路由器或链路出现故障时，BGP 发言人可以从不止一个相邻边界路由器获得路由信息。

如图 4-35 所示，给出了一个 BGP 发言人交换路径向量的例子。

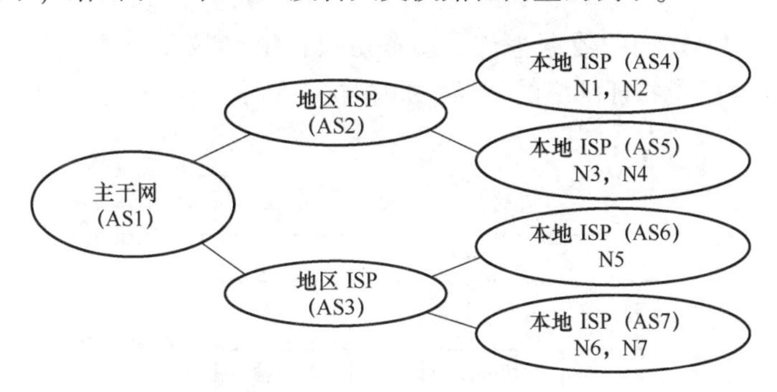

图 4-35　BGP 发言人交换路径向量的例子

自治系统 AS2 的 BGP 发言人通知主干网的 BGP 发言人："要到达网络 N1、N2、N3 和 N4 可经过 AS2"。主干网在收到这个通知之后发出通知："要到达网络 N1、N2、N3 和 N4 可沿路径（AS1，AS2）"。同理，主干网还发出通知："要到达网络 N5、N6 和 N7 可沿路径（AS1，AS3）"。这里采用了路径向量信息，所以可以有效避免兜圈子的现象。如果一个 BGP 发言人收到其他 BGP 发言人发来的路径通知，它就要检查一下本自治系统是否在此路径中。如果在此路径之中就不能采用这条路径。

4. BGP 的四种报文分组格式

1）OPEN（打开）报文：用来与相邻的另一个 BGP 发言人建立关系，即通信初始化。

2）UPDATE（更新）报文：用来通告某一路由的信息，以及列出要撤销的多条路由。

3）KEEPALIVE（保活）报文：用来周期性地验证邻站的连通性。

4）NOTIFICATION（通知）报文：用来发送检测到的差错。

如果一个 BGP 发言人希望和另一个 BGP 发言人周期性地交换信息，那么首先要建立关系，因为可能另一个 BGP 负载已经很重，所以不希望建立关系。建立关系即发送 OPEN 报文，另外一个 BGP 回复 KEEPALIVE 报文。一旦关系建立就需要继续维护，维护是发送 KEEPALIVE 报文。UPDATE 报文可以撤销以前通知过的路径，也可以增加新的路径。

5. RIP、OSPF、BGP 比较

1）RIP 使用 UDP，OSPF 使用 IP，BGP 使用 TCP。RIP 周期性地与邻站交换信息而 BGP 不这样做。

2）RIP 只和邻站交换信息，UDP 虽不保证可靠交付，但开销小，可以满足 RIP 的要求，并且由于使用 UDP，RIP 周期性地与邻站交换信息来克服 UDP 不可靠的缺点。

3）OSPF 使用可靠的洪泛法，所以直接使用 IP，优点是灵活性好、开销小。

4）BGP 要交换整个路由表和更新信息，所以要保证正确，由于 BGP 使用 TCP，所以已经能够保证可靠交付，无须周期性交互信息。

4.5 IPv4 协议

4.5.1 IPv4 协议的特点

IPv4 协议是一种无连接的数据报传送服务协议；IP 协议是点到点的网络层通信协议；IPv4 协议向传输层屏蔽了物理网络的差异，如图 4-36 所示。

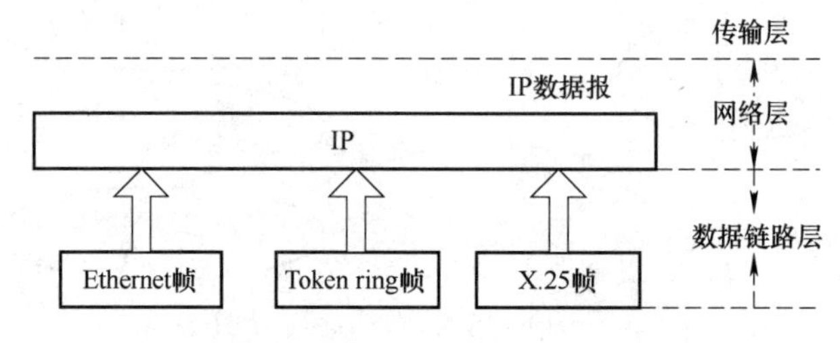

图 4-36　IPv4 协议的地位

4.5.2 IPv4 数据报

1. IPv4 数据报结构

如图 4-37 所示，是 IPv4 数据报结构。

2. IPv4 报头域的意义

（1）版本域

版本域存放所使用的 IP 协议的版本号。

（2）长度域

1）报头长度域——以 4 字节为一个单位的报头的长度。

2）总长度域——以字节为单位的数据报的总长度。

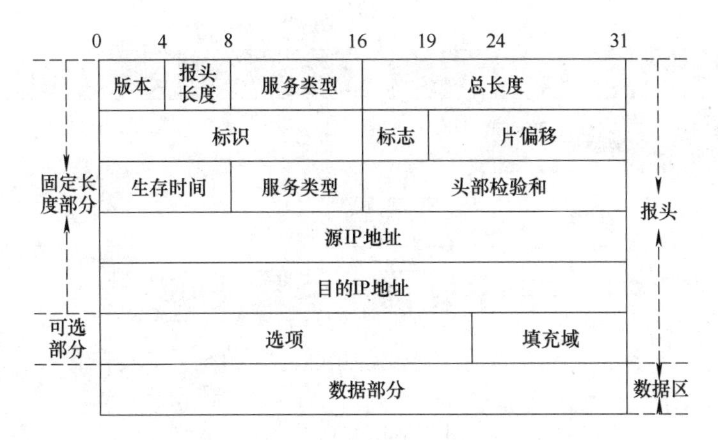

图 4-37　IPv4 数据报结构

(3) 服务类型域

1) 指示路由器如何处理该数据报。

2) 由 3 位优先级、4 位服务类型子域和 1 位保留标记构成。

(4) 生存时间域

设置数据报在互联网络的传输过程中可以经过的最多的路由器跳步数。

(5) 头部校验和域

保证数据头部的数据完整性。

(6) 地址域

包括源 IP 地址与目的 IP 地址。

(7) 选项域

用于控制与测试的目的。

4.5.3　IP 数据报的分片

作为网络层数据，IP 数据报必然要通过数据帧来进行传输；一个数据报可能要通过多个不同的物理网络；每一个路由器都要将接收到的帧进行拆包和处理，然后封装成另外一个帧；每一种物理网络都规定了各自帧的数据域最大字节长度的最大传输单元；帧的格式与长度取决于物理网络所采用的协议。

如果 IP 数据报来自一个能够通过较大数据报的局域网，又要通过另一个只能通过较小数据报的局域网，那么就必须对 IP 数据报进行分片。

如图 4-38 ~ 图 4-40 所示，在 IP 数据报的报头中，与一个数据报的分片、组装相关的域有标识域、标志域和片偏移域。

1) 标识 (identification) 域：为一个数据报的所有片分配一个标识 ID 值。

2) 标志 (flags) 域：表示接收节点是不是能对数据报分片。

3) 片偏移 (fragment offset) 域：表示该分片在整个数据报中的相对位置。

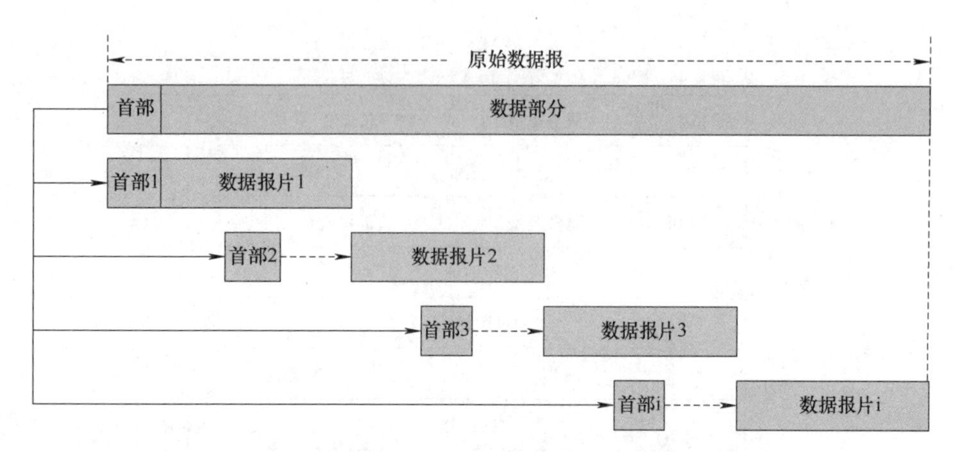

图 4-38　IP 数据报分片

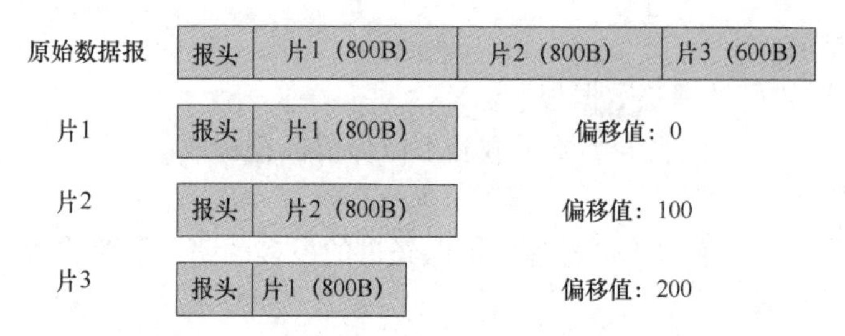

图 4-39　分片方法的例子

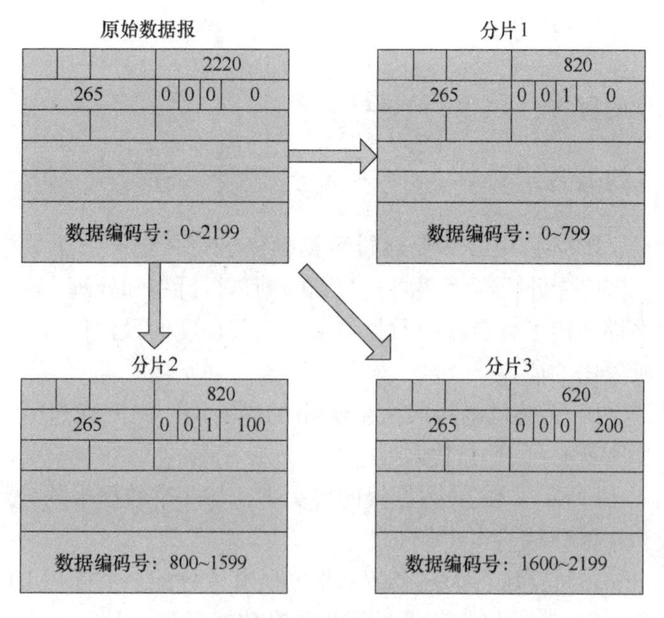

图 4-40　IP 数据报的分片与标识、标志和片偏移的关系

4.6 地址解析协议

地址解析协议（Address Resolution Protocol，ARP）是根据IP地址获取物理地址的一个TCP/IP协议。其功能是：主机将ARP请求广播到网络上的所有主机，并接收返回消息，确定目标IP地址的物理地址，同时将IP地址和硬件地址存入本机ARP缓存中，下次请求时直接查询ARP缓存。地址解析协议是建立在网络中各个主机互相信任的基础上，网络上的主机可以自主发送ARP应答消息，其他主机收到应答报文时不会检测该报文的真实性就会将其记录在本地的ARP缓存中，这样攻击者就可以向目标主机发送伪ARP应答报文，使目标主机发送的信息无法到达相应的主机或到达错误的主机，构成一个ARP欺骗。ARP命令可用于查询本机ARP缓存中IP地址和物理地址的对应关系、添加或删除静态对应关系等，相关协议有反向地址解析协议（RARP）、代理ARP。邻居发现协议（NDP）用于在IPv6中代替地址解析协议。

4.6.1 IP地址与物理地址的映射

如图4-41所示，地址解析协议（ARP）是从已知的IP地址找出对应物理地址的映射过程；而反向地址解析协议（RARP）是从已知的物理地址找出对应IP地址的映射过程。

如图4-42、图4-43所示，ARP工作原理如下：

源主机A的IP地址为202.204.0.16，物理地址为08-00-39-00-2f-c5。

目的主机B的IP地址为192.212.10.16，物理地址为2a-00-5d-00-3b-26。

当源主机A要与目的主机B通信时，地址解析协议可以将目的主机B的IP地址（192.212.10.16）解析成物理地址，以下为工作流程：

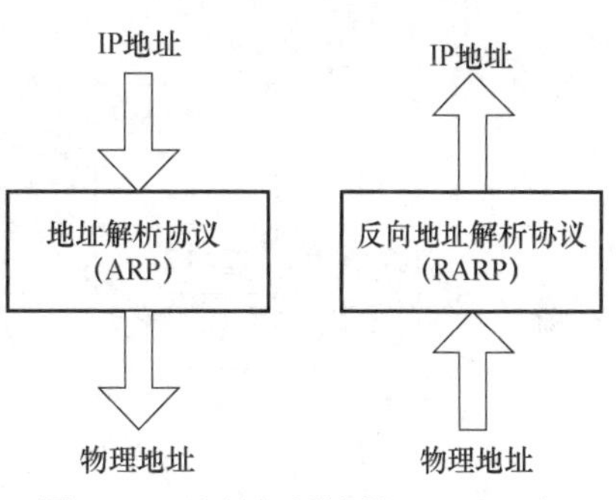

图4-41 地址解析协议（ARP）与反向地址解析协议（RARP）

1）根据源主机A上的路由表内容，IP确定用于访问目的主机B的转发IP地址是192.212.10.16。然后源主机A在自己的本地ARP缓存中检查目的主机B的匹配物理地址。

2）如果源主机A在ARP缓存中没有找到映射，它将询问192.212.10.16的硬件地址，从而将ARP请求帧广播到本地网络上的所有主机。源主机A的IP地址和物理地址都包括在ARP请求中。本地网络上的每台主机都接收到ARP请求并且检查是否与自己的IP地址匹配。如果主机发现请求的IP地址与自己的IP地址不匹配，则丢弃ARP请求。

3）目的主机B确定ARP请求中的IP地址与自己的IP地址匹配，则将源主机A的IP地址和物理地址映射添加到本地ARP缓存中。

4）目的主机B将包含其物理地址的ARP应答消息直接发送回源主机A。

5）当源主机A收到从目的主机B发来的ARP应答消息时，会用目的主机B的IP和物理地址映射更新ARP缓存。本机缓存是有生存期的，生存期结束后，将再次重复上面的过程。目的主机B的物理地址一旦确定，源主机A就能向目的主机B发送IP通信了。

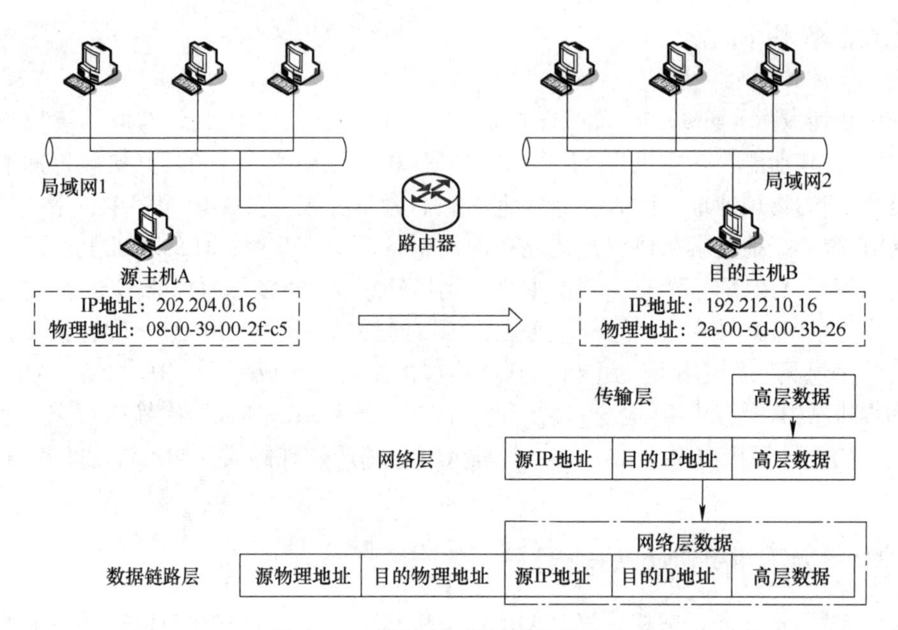

图 4-42　IP 地址与物理地址的映射

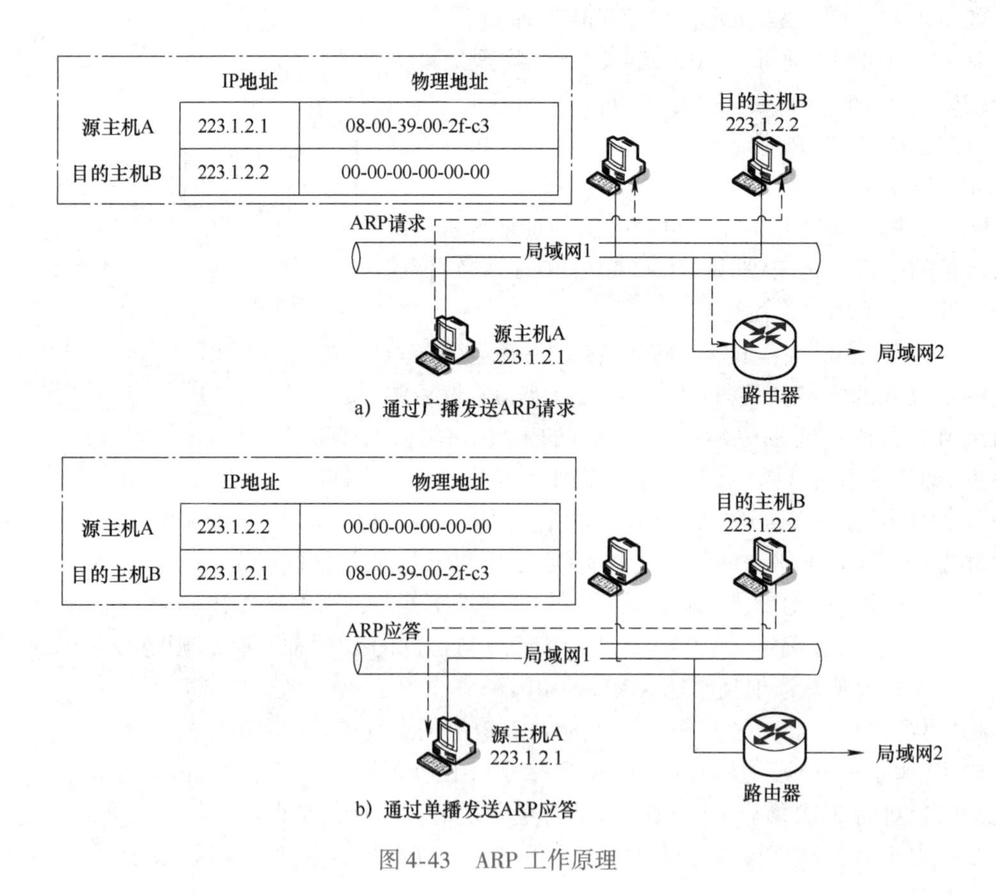

图 4-43　ARP 工作原理

4.6.2 地址解析方法的改进

1. 采用高速缓存（Caching）技术

通常，ARP维护一个高速缓存，其中包含经常访问（如网关地址）或最近访问的机器的IP地址到物理地址的映射。这样可以避免重复的ARP请求，提高了发送数据包的速度。由于多数网络通信都要连续发送多个报文，所以高速缓存大大提高了ARP的效率。ARP缓存总是为本地子网保留硬件广播地址（0xFFFF FFFF FFFF h）作为一个永久项。此项使主机能够接收ARP广播，当查看缓存时，该项不会显示。另外，在ARP请求报文中还放入信源机的IP地址和物理地址的映射，以防止信宿机继续为信源机的物理地址再来一次ARP请求，形成死锁。信源机在广播自己的地址映射时，网络上所有主机都可以将它存入自己的缓存。当新机入网时，其主动广播自己的地址映射，以减少其他主机对该新主机的ARP请求广播。ARP使用一个数据结构atp-table的表。表中每个条目描述一个IP地址和物理地址的映射。这些条目在IP地址需要转换时创建，随着时间推移变得陈旧时被删除。

ARP表是包含一个指针（arp-table向量表）的表，将arp-table的条目链接在一起。这些条目被存入缓存，以加速对它们的访问。每一个条目使用它的IP地址的最后两个字节作为表的索引进行查找，然后跟踪这个条目链，直到找到正确的条目。Linux也缓存了从atp-table条目预先建立的硬件头，用hhcache数据结构的形式进行缓存。网络拓扑结构不断变化，IP地址可能被重新分配到不同的硬件地址。例如，一些拨号服务为它建立的每一个连接分配一个IP地址。为了让ARP表中包括最新的条目，每当需要分配一个新的条目而ARP表到达了它的最大尺寸时，就查找最旧的条目并删除它，从而更新缓存表。每个动态ARP高速缓存项的生存时间从被创建时开始算起为10min，2min内未用则删除。当缓存容量满时，删除最老的记录。

ARP高速缓存保存有动态项和静态项。动态ARP项是自动添加和删除的，而静态ARP项是永久的，可用TCP/IP工具ARP手动加载。静态ARP高速缓存项用于防止向路由器和服务器IP地址发出ARP请求。通过添加静态ARP项可减少ARP请求访问主机的次数。当网络接口配置改变时，可以手动更新静态ARP项。对于一个ARP请求来说，除目的端硬件地址外，其他所有字段都有填充值。当系统收到一份目的端为本机的ARP请求报文后，会把硬件地址填进去，然后用两个目的端地址分别替换两个发送端地址，并把操作字段置为2，最后把它发送回去。在ARP背后有一个基本概念，即网络接口有一个硬件地址（48位的值，以标识不同的以太网或令牌环网络接口），在硬件层次上进行的数据帧交换必须使用正确的硬件地址。因此，仅仅知道主机的IP地址并不能让内核发送一帧数据给主机，内核（如以太网驱动程序）必须知道目的端的硬件地址才能发送数据。

对于ARP高速缓存中的表项，一般都要设置超时值。从伯克利系统演变而来的系统对完整的表项设置的超时值为20min，而对不完整的表项，如在以太网上对一个不存在的主机发出ARP请求，则设置其超时值为3min。当这些表项需要再次使用时，其实现时一般都将超时值重新设为20min。

2. 代理ARP技术

ARP请求报文是主机发送出来的，在该主机只知道对方的IP地址且想知道对方的物理地址时，它以广播的方式将ARP请求发送到自己所在网段的各个节点。当有主机响应时，回发的报文是单播发送。

当主机知道一个 IP 地址且它想知道该 IP 地址对应的物理地址并广播发送 ARP 请求时，如果有同一网段的部分主机在另一个物理网络（如两个 192.168.1.0 的网段，中间夹着一个 192.168.2.0 的网段），则需要中间设备（路由器）进行代理 ARP。因为路由器默认是不转发广播报文的，因此当路由器收到 ARP 请求时，它将启动代理 ARP 服务，发送广播 ARP 报文。

4.7 路由器与第三层交换机

4.7.1 路由器的主要功能

路由器（Router）是因特网上最为重要的设备之一，正是遍布世界各地的数以万计的路由器构成了因特网日夜不停地运转的巨型信息网络的“桥梁”。

因特网的核心通信机制是一种被称为“存储转发”的数据传输模型。在这种通信机制下，所有在网络上流动的数据都是以数据包（Packet）的形式被发送、传输和接收处理的。接入因特网的任何一台电脑要与别的机器相互通信并交换信息，就必须拥有一个唯一的网络 IP 地址。

路由器的主要功能包括：

1）路由器是工作在网络层的设备，主要完成网络层的功能，实现在网络层的网络互联。

2）建立并维护路由表。路由器负责将数据分组，从源端主机经最佳路径传送到目的端主机。

3）路由器可实现网络层及其以下各层的协议转换，能够在不同的逻辑子网之间转发数据包，并为数据的传送选择一条最佳路径。

4）提供网络间的分组转发功能。路由器主要用于同类或异类局域网以及局域网和广域网之间的互联，而这些网络属于不同的逻辑网络，都有不同的网络地址。因此，路由器是连接不同逻辑子网的网络互连设备。

4.7.2 路由器的结构

如图 4-44 所示，路由器硬件部分包括若干个输入接口、路由选择处理机、交换结构、若干输出接口。其中路由选择处理机由中央处理器、内存、存储器等硬件组成。路由器输入接口和输出接口用于连接网络，不同的接口类型可以连接不同标准的网络。

路由器软件主要由网络操作系统、路由选择协议、文档结构存储机制、路由表访问机制、缓存管理软件、数据链路层协议、物理层协议等组成。其中网络操作系统是运行在相应网络设备上的操作系统软件，用于控制路由器的全部功能。

1. 中央处理器

中央处理器（CPU）是路由器的心脏，是路由器的处理中心。在路由器中，CPU 负责实现路由协议、路径选择计算、交换路由信息、查找路由表、分发路由表和维护各种表格以及转发数据包等功能。

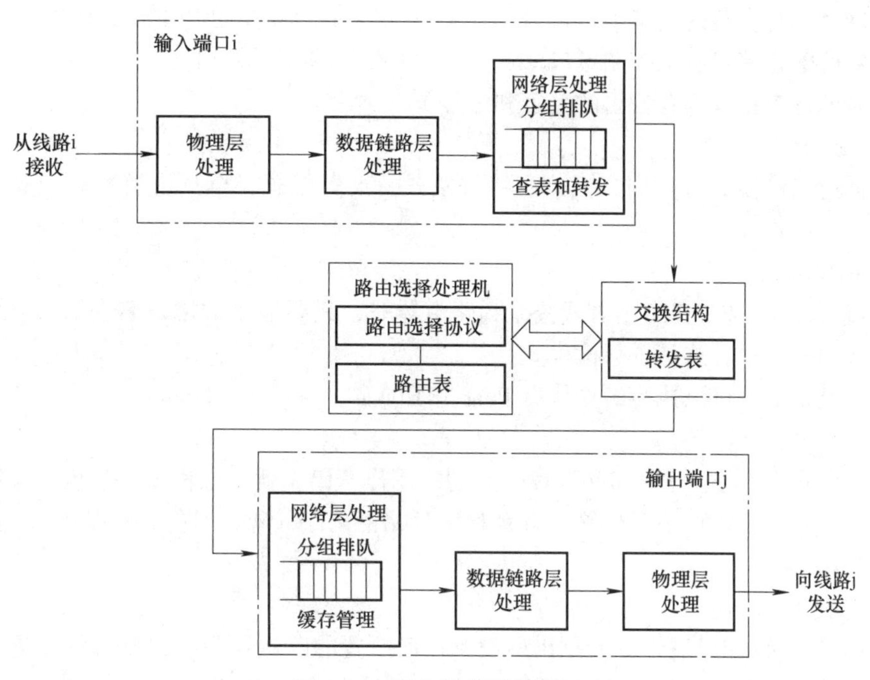

图 4-44　路由器的硬件结构

2. 内存

路由器内存用于保存路由器配置、路由器操作系统、路由协议软件。

（1）只读存储器（ROM）

ROM 主要用来永久保存路由器的开机诊断程序、引导程序和操作系统软件。

ROM 的主要任务是完成路由器的初始化进程，具体包括路由器启动时的硬件诊断、装入路由器的互联网络操作系统（IOS）等。

（2）随机存取存储器（RAM）

RAM 是可读可写存储器。在路由器操作系统运行期间，RAM 主要用于存储路由表、快速交换缓存、ARP 缓存、数据分组缓冲区和缓冲队列、运行配置文件等。在关机和重新启动路由器之后，RAM 里的数据会丢失。

（3）非易失性随机存取存储器（NVRAM）

NVRAM 也是可读可写存储器，主要用于存储启动配置文件或备份配置文件。在路由器启动时，由 NVRAM 装载路由器的配置信息。保存在 NVRAM 的数据不会因为关机或重启而丢失。

（4）闪存（Flash）

闪存是可擦写的 ROM，主要用于存储路由器当前使用的操作系统映像文件和一些微代码。保存在闪存的数据不会因为关机或重启而丢失。

3. 接口

路由器的接口是指数据分组进入和离开路由器的网络连接，主要用来连接各种网络。路由器的接口类型可以分为：局域网接口、广域网接口、路由器配置接口三种类型。

局域网接口有：以太网、快速以太网、千兆以太网、万兆以太网等。

广域网接口有：高速同步串行接口、异步串行接口、ISDN 的 PRI 或 BRI 接口。

路由器的配置接口有：控制接口 Console（RJ-45）和辅助接口 AUX。

路由器的每个接口都有自己的名字和编号。

4. 路由器的工作模式

路由器的工作模式有：用户模式、特权模式、设置模式、全局配置模式、其他配置模式、RXBOOT 模式。

（1）用户模式

当通过 Console 或 TELNET 方式登录到路由器时，只要输入的用户名密码正确，路由器就可以进入用户模式，这是个只读模式。

在用户模式下，可以执行的操作有 Ping、TELNET、show、version 等。

（2）特权模式

在用户模式下，输入“enable”命令和超级用户密码，就可以进入特权模式。特权模式可以管理系统时钟，进行错误检测、查看和保存配置文件、清除闪存、处理并完成路由器的冷启动等操作。

（3）设置模式

当通过 Console 端口进入一台刚出厂没有任何配置的路由器时，控制台就会进入设置模式。在设置模式下，会有一个交互式的对话界面，协助用户建立第一次的配置文件。

（4）全局配置模式

在特权模式下，输入“configure terminal”命令，就可以进入全局配置模式。在全局配置模式下，有功能强大的单行命令，用户可以配置路由器的主机名、超级用户口令、TFTP 服务器、静态路由、访问控制列表、多点广播等。

（5）其他配置模式

在全局配置模式下，可以进入路由配置的子模式、接口配置的子模式等其他配置模式。

（6）RXBOOT 模式

RXBOOT 模式是路由器的维护模式，在密码丢失时，可以进入 RXBOOT 模式，以恢复密码。

上述各模式之间的层次关系方式，总结如下：

- 用户模式→特权模式→全局配置模式→其他配置模式
- 设置模式→用户模式
- RXBOOT 模式

4.7.3 路由器的基本工作原理

路由器互连多个不同网络或网段，可以在不同的逻辑子网之间进行数据交换，使处于不同网络的终端站点之间能够通信。

1. 路由选择

路由选择就是路由器依据目的 IP 地址的网络地址部分，通过路由选择算法确定一条从源节点到达目的节点的最佳路由。

路由器需要确定它的下一跳路由器的 IP 地址，即选择到达下一个路由器的路由，然后按照选定的下一跳路由器的 IP 地址，将数据包转发给下一跳路由器。通过这样一跳一跳地沿着选好的路由转发数据分组，最终把分组传送到目的主机。

路由选择的核心是确定下一跳路由器的 IP 地址。路由选择实现的方法：路由器使用路由选择协议建立网络的拓扑结构图，作为建立路由选择和转发的基础；路由选择算法根据各自的判断原则为网络上的路由产生一个权值，权值越小，路由越佳；最后，路由器将最佳路由的信息保存在一个路由表中。当网络拓扑发生变化时，路由协议会重新计算最佳路由，更新路由表。

路由表存储的是路由器转发数据的最佳路径，路由选择功能决定着数据分组能否正确地从源主机传送到目的主机。路由器路由选择功能的实现，关键在于建立和维护一个正确、稳定的路由表，路由表也是路由选择的核心。

2. 分组转发

分组转发也称为分组交换，按照路由选择所指定的路由将数据分组从源节点转发到目的节点。路由器在接收到一个数据分组时，首先查看数据分组头部的目的 IP 地址字段，根据目的 IP 地址的网络地址部分（IP 地址分为网络部分和主机号部分）去查询路由表。有以下三种情况：

1）如果表中给出的是到达目的网络地址的下一跳路由器的 IP 地址，则按照路由表给出的路径转发。

2）如果目的网络与路由器的一个端口直接相连，那么就在对应于目的网络地址的路由表表项中，即目的端口，直接发往该端口。

3）如果路由表中没有下一跳路由器的 IP 地址，也没有找到目的端口，则将数据分组转发给缺省路由。

缺省路由有两层含义：①缺省路由又称缺省网关，它是配置在一台主机上的 TCP/IP 属性的一个参数，缺省网关是与主机在同一个子网的路由器端口的 IP 地址；②路由器也有缺省网关，如果目的网络没有直接显示在路由表中，那么就将数据分组传送给缺省网关。一般路由器的缺省网关都是指向连接 Internet 的出口路由器，该路由器的一个端口必须和缺省路由器直接相连。

在路由选择和分组转发过程中，缺省路由是不可缺少的。在分组转发过程中，数据分组通过每一个路由器时，分组中的目的物理地址是变化的，目的网络 IP 地址是不变的。

3. 路由表

路由表中记录着所有的路由信息，依据路由表给出的信息来确定数据分组的转发路径。路由器必须正确地建立和维护路由表。

路由表的内容主要包括：目的网络地址及其所对应的目的端口；下一跳路由器地址；缺省路由的信息。

4.7.4 第三层交换机

如图 4-45 所示为一个标准的路由器作为主干节点的结构。如图 4-46 所示，增加一个第三层交换机的主干节点结构。

第三层交换机本质上是一种高速的路由器；第三层交换机的设计重点是如何提高接收、处理和转发分组速度、减小传输延迟，其功能是由硬件实现的，使用专用集成电路（ASIC），而不是路由处理软件；第三层交换机只能适用于特定网络层协议；第三层交换机不如路由器灵活，容易控制和安全性好。

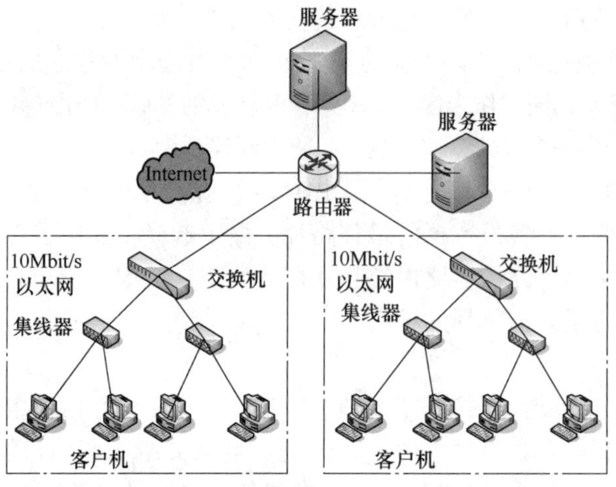

图 4-45　一个标准的路由器作为主干节点的结构

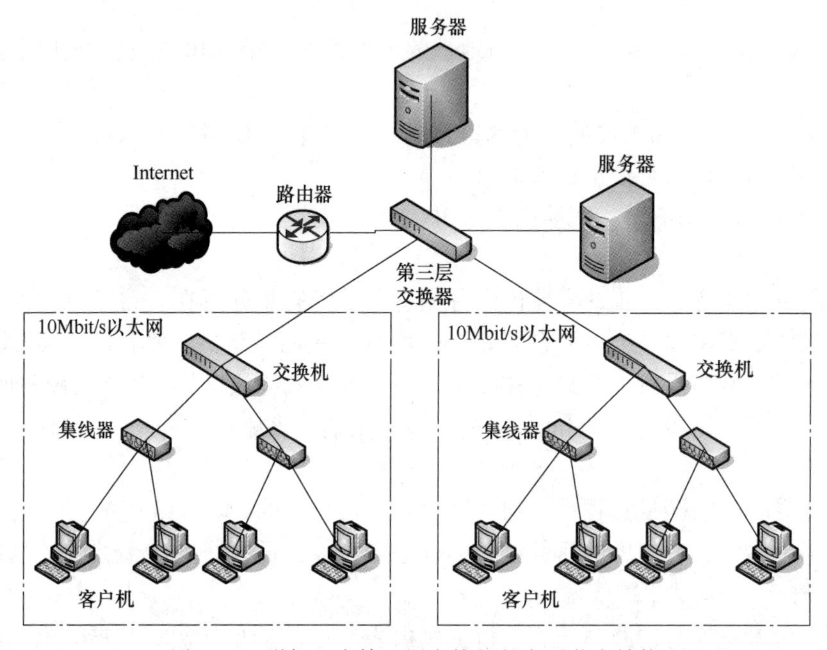

图 4-46　增加一个第三层交换机的主干节点结构

路由器和网桥的区别：

1）网桥工作在数据链路层，而路由器工作在网络层。

2）由于传统局域网采取的是广播方式，因此网桥容易产生“广播风暴”。

3）路由器可以有效地将多个局域网的广播通信量相互隔离开来，使得互联的每一个局域网都是独立的子网。

4.7.5　路由器的配置方式与配置方法

1. 路由器的配置方式

1）使用控制端口 Console 配置。

2）使用 AUX 端口连接 Modem，通过拨号远程配置。

3）使用 TELNET 远程登录路由器配置。

4）使用 TFTP 服务器，复制配置文件，修改配置文件的形式配置。

5）通过简单网络管理协议（SNMP）修改路由器配置文件方式配置。

2. 使用控制端口 Console 配置

使用控制端口 Console 配置路由器与使用控制端口配置交换机的方法一样。

3. 使用 TELNET 远程登录路由器配置

（1）必备条件

1）作为模拟终端的计算机与路由器必须是网络连通的。

2）计算机必须具有访问路由器的权限。

3）路由器必须预先配置好远程登录密码。

（2）路由器的配置

由于路由器是互联不同的逻辑子网的设备，因此，它的每个接口都必须配置唯一的逻辑地址（IP 地址）。在远程登录到路由器时，可以用任意一个处于激活状态接口的 IP 地址。

4. 使用 TFTP 配置路由器

简单文件传送协议（TFTP）是一种简化的文件传输协议，它不支持客户端与服务器之间复杂的交换过程，也没有权限控制。使用 TFTP 可以将路由器的配置文件传送到一台 TFTP 服务器上。在 TFTP 服务器上，可以对路由器的配置文件进行修改或重建，然后将修改好的配置文件再传回给路由器，用这种方法也可以完成对路由器的配置。

（1）复制配置文件到 TFTP 服务器

1）在特权模式下，用 write 命令：

① 输入 write network。

② 输入 TFTP 服务器 IP 地址。

2）在特权模式下，用 copy 命令：

① 输入 copy running-config tftp。

② 输入 TFTP 服务器 IP 地址。

③ 输入要保存的配置文件名。

（2）从 TFTP 服务器复制配置文件到路由器

将 TFTP 服务器上的配置文件复制到 running-config：

① 输入 copy tftp：Running-config。

② 输入 TFTP 服务器的 IP 地址。

③ 输入 TFTP 服务器上配置文件的文件名。

4.7.6 路由器的基本配置及公用命令

1. 路由器的基本配置

路由器的基本配置就是配置路由器的主机名、配置超级用户口令和设置系统时钟。

（1）配置路由器的主机名

在全局配置模式下：输入 hostname 路由器名。

（2）配置超级用户口令

1）输入 enable secret 口令。

2）输入 enable password 7 口令。

（3）设置系统时钟

格式：Calendar set hh:mm:ss <1-31> MONTH <1993-2035>。

2. 几个公用命令

（1）退出命令 exit

无论是从端口模式退出，返回全局配置模式，还是从全局配置模式退出返回特权用户模式，都可以使用 exit 命令一级一级地退出；也可以使用 end 命令，直接退回到特权模式。

（2）保存配置

当完成路由器配置，需要保存配置时，可以在特权用户模式下，使用 write 命令。

在特权用户模式下：

1）write memory 保存到路由器的 NVRAM 中。

2）write network tftp 保存到 TFTP 服务器中。

（3）删除配置

在特权用户模式下，使用 write 命令：write erase。

（4）网络的基本检测命令

路由器的基本检测命令有 TELNET、Ping、trace 和 show 等。在特权用户模式下，可以使用 show 命令，查看配置文件、接口工作状态、路由表、缓冲区以及路由器的各种工作状态，以便验证路由器的配置是否正确、路由器的工作是否正常。

1）TELNET 可以在一台路由器上远程登录到另一台路由器上，检测那台路由器。

一台路由器可以支持 5 个 TELNET 连接。

2）Ping 通过 echo 协议可以判别网络的连通情况。Ping 命令发出一个数据分组到目的主机，等待目的主机的应答。

3）Trace 命令是一个查询网络上数据传输流向的工具，其采用与 ping 命令相同的技术，用于跟踪测试分组转发路径的每一步。从 trace 命令跟踪的结果可以了解路径上每一级路由器的工作情况、延迟时间。

4）show 命令可以帮助获得监控路由器的重要信息，使用 show 命令可以了解路由器的配置、接口的工作状态、路由表的内容、各种协议的工作状态、路由器资源的利用情况、路由器软硬件版本等对故障排除非常有用的信息。

4.8 Internet 控制报文协议

Internet 控制报文协议（Internet Control Message Protocol，ICMP）是一种面向无连接的协议，用于传输出错报告控制信息。它是一个非常重要的协议，对于网络安全具有极其重要的意义。

4.8.1 ICMP 的作用与特点

1. ICMP 作用

ICMP 控制消息是指网络通/不通、主机是否可达、路由是否可用等网络本身的消息。这些控制消息虽然并不传输用户数据，但是对于用户数据的传递起着重要的作用。如图 4-47

所示，ICMP是TCP/IP的一个子协议，属于网络层协议，主要用于在主机与路由器之间传递控制消息，包括报告错误、交换受限控制和状态信息等。当遇到IP数据无法访问目标、IP路由器无法按当前的传输速率转发数据包等情况时，会自动发送ICMP控制消息。ICMP控制报文在IP帧结构的首部协议类型字段（Protocol 8bit）的值等于1。

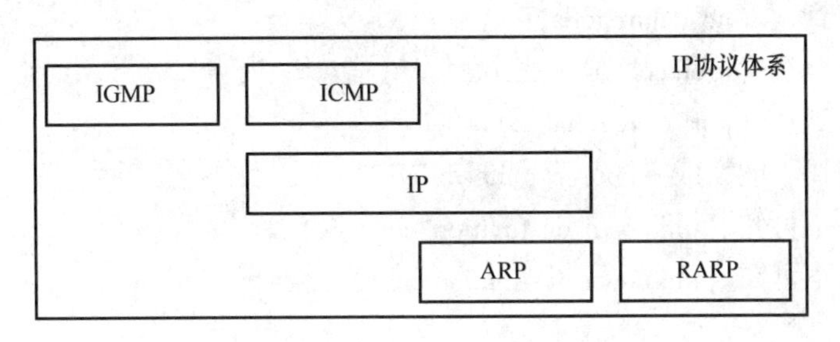

图4-47　ICMP的作用

ICMP提供一致易懂的出错报告信息。发送的出错报文返回到发送原数据的设备，因为只有发送设备才是出错报文的逻辑接收者。发送设备随后可根据ICMP报文确定发生错误的类型，并确定如何才能更好地重发失败的数据包。但是ICMP唯一的功能是报告问题而不是纠正错误，纠正错误的任务由发送方完成。

在网络中经常会使用到ICMP，如经常使用的用于检查网络通不通的Ping命令（Linux和Windows中均有），这个“Ping”的过程实际上就是ICMP工作的过程。还有其他的网络命令，如跟踪路由的Tracert命令也是基于ICMP。

2. ICMP的特点

1）ICMP本身是网络层的一个协议。

2）ICMP差错报告采用路由器－源主机的模式，路由器在发现数据报传输出现错误时只向源主机报告差错原因。

3）ICMP并不能保证所有的IP数据报都能够传输到目的主机。

4）ICMP不能纠正差错，它只是报告差错。差错处理需要由高层协议去完成。

4.8.2　ICMP报文

从技术角度来说，ICMP就是一个错误侦测与回报机制，其目的就是能够检测网路的连线状况，确保连线的准确性，其功能主要有：侦测远端主机是否存在；建立及维护路由记录信息；重导数据传送路径（ICMP重定向）；数据流量控制。

如图4-48所示是ICMP报文与IP分组及帧数据的关系。

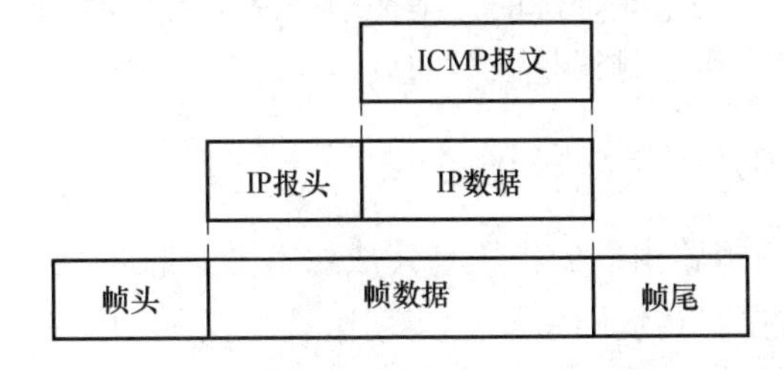

图4-48　ICMP报文与IP分组及帧数据的关系

ICMP 差错报告报文类型分为：目的站不可到达，源站抑制、超时，参数问题，改变路由。

ICMP 差错报告报文的目的站不可到达，又可细分为如下 7 种情况：

1）网络不可到达（net unreachable）。

2）主机不可到达（host unreachable）。

3）协议不可到达（protocol unreachable）。

4）端口不可到达（port unreachable）。

5）源路由选择不能完成（source route failed）。

6）目的网络不可知（unknown destination network）。

7）目的主机不可知（unknown destination host）。

4.9 IP 组播与 Internet 组管理协议

4.9.1 IP 组播的基本概念

IP 组播（IP multicasting）是对硬件组播的抽象，是对标准 IP 网络层协议的扩展。它通过使用特定的 IP 组播地址，按照最大投递的原则，将 IP 数据包传输到一个组播群组（multicast group）的主机集合。其基本方法是：当某一个人向一组人发送数据时，不必向每一个人都发送数据，只需将数据发送到一个特定的预约的组地址，所有加入该组的人均可以收到这份数据。这样对发送者而言，数据只需发送一次即可，大大减轻了网络的负载和发送者的负担。

IP 组播的优点有：

1）组播可以增强报文发送效率，控制网络流量，减少服务器和 CPU 负载。

2）组播可以优化网络性能，消除流量冗余。

3）组播可以适应分布式应用，当接收者数量发生变化时，网络流量波动平稳。

4.9.2 Internet 组管理协议

Internet 组管理协议（Internet Group Management Protocol，IGMP）是在组播环境下使用的协议；IGMP 用来帮助组播路由器识别加入到一个组播组的成员主机；IGMP 使用 IP 数据报传递其报文，它是 IP 协议的一个组成部分；主机加入新的组播组需要向组播组的组播地址发送一个 IGMP 报文，本地的组播路由器收到 IGMP 报文后，将组成员关系转发给 Internet 的其他组播路由器；组成员关系是动态的，本地组播路由器要周期性地探询本地局域网上的主机，以便知道这些主机是否还继续是该组的成员。

4.9.3 组播路由器与 IP 组播中的隧道技术

如图 4-49 所示，IP 组播路由器的作用是完成组播数据报的转发工作；实现方法：一种是专用组播路由器，一种是在传统路由器上实现组播路由的功能；当 IP 组播分组在传输的过程中遇到有不支持组播协议的路由器或网络时，就要采用隧道（tunneling）技术 。

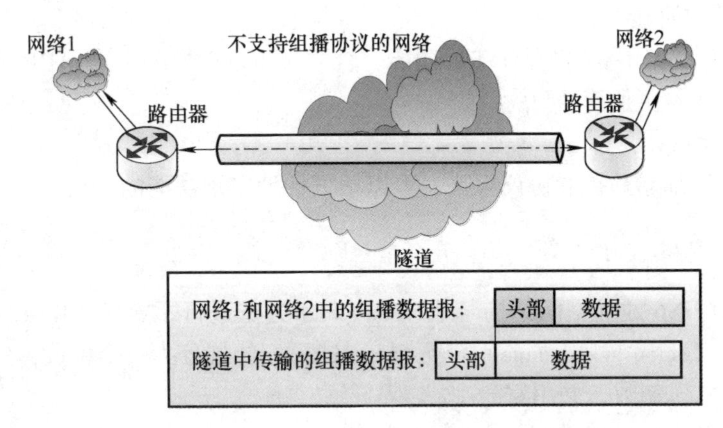

图 4-49　IP 组播中的隧道技术

4.10　IPv6 与 IPSec

IPv6 是互联网工程任务组（Internet Engineering Task Force，IETF）设计的用于替代现行版本 IP 协议（IPv4）的下一代 IP 协议，它由 128 位二进制数码表示。

4.10.1　IPv6 的主要特点

1. IPv4 的局限性

1）地址数量不足。

2）复杂的报头，难以实现扩充或选择机制。

3）对报头服务数量的限制。

4）缺少安全与保密方法。

2. IPv6 的主要特点

（1）新的协议报头

IPv6 的头部长度变为固定，增加了可选的扩展头部，取消了头部的检验和字段，加快了路由器的处理速度。

（2）更大的地址空间

IPv6 的地址长度从 32 位增大到 128 位，使地址空间增大了 296 倍。

（3）有效的分级路由结构

IPv6 的地址划分为适应路由的层次结构，适应了现代 Internet 网络结构的特点。

（4）支持地址自动配置

IPv6 简化了使用，提高了效率。

（5）内置安全性

IPv6 支持 IPSec 协议，为网络安全提供了一种标准的解决方案。

（6）更好地支持 QoS

IPv6 的协议报头定义了通信流类型字段来区分其优先级，可以更好地支持 QoS。

（7）协议更加简洁

ICMPv6 具备了 ICMPv4 的所有基本功能，合并了 ICMP、IGMP 与 ARP 等多个协议的功能，使协议体系变得更加简洁。

（8）可扩展性

IPv6 的协议添加新的扩展协议报头，可以很方便地实现功能的扩展。

4.10.2　IPv6 地址表示方法

RFC 2373 对 IPv6 地址空间结构与地址基本表示方法进行了定义；IPv6 的 128 位地址采用冒号十六进制（colon hexadecimal）表示法，按每 16 位划分为一个位段，每个位段被转换为一个 4 位的十六进制数，并用冒号“:”隔开。

1. 冒号十六进制 IPv6 地址

1）用二进制格式表示 128 位的一个 IPv6 地址：

00100001110110100000000000000000
00000000000000000101111100111011
00000010101010100000000000001111
11111110000010001001110001011010

2）将 128 位的地址按每 16 位划分为 8 个位段：

0010000111011010　0000000000000000
0000000000000000　0000000000000000
0000001010101010　0000000000001111
1111111000001000　1001110001011010

3）将每个位段转换成十六进制数，并用冒号隔开：

21DA:0000:0000:0000:02AA:000F:FE08:9C5A

4）根据前导零压缩法进一步简化

21DA:0:0:0:2AA:F:FE08:9C5A

双冒号表示法（double colon）：如果几个连续位段的值都为 0，那么这些 0 就可以简写为“::”。

5）前面的结果可以进一步简化为：

21DA::2AA:F:FE08:9C5A

链路本地地址：FE80:0:0:0:0:FE:FE9A:4CA2 可以简写为 FE80::FE:FE9A:4CA2。

6）组播地址：FF02:0:0:0:0:0:0:2 可以简写为 FF02::2。

2. IPv6 地址表示时需要注意的几个问题

1）在使用零压缩法时，不能把一个位段内部的有效 0 也压缩掉。

例如，不能将 FF02:30:0:0:0:0:0:5 简写为 FF2:3::5。

2）双冒号“::”在一个地址中只能出现一次。

例如：地址 0:0:0:2AA:12:0:0:0，不能把它表示为::2AA:12::。

3. 计算被压缩的二进制数 0 的个数

确定“::”之间被压缩了多少位 0，可以看一下地址中还有多少个位段，然后用 8 减去这个数，再将结果乘以 16。

例如，在地址 FF02:3::5 中有 3 个位段（FF02、3 和 2），可以根据公式计算：(8－3)×16＝80，则“::”之间表示有 80 位的 0 被压缩。

4. IPv6 前缀（format prefix）

IPv4 子网掩码用来表示网络和子网地址的长度。例如，192.1.29.7/24 表示子网掩码长度为 24 位，子网掩码为 255.255.255.0。IPv6 不支持子网掩码，它只支持前缀长度表示法；前缀是 IPv6 地址的一部分，用作 IPv6 路由或子网标识；前缀的表示方法与 IPv4 中的无类域间路由（CIDR）表示方法基本类似；IPv6 前缀可以用“地址/前缀长度”来表示，如 21DA::D3:2:0/48、21DA:D3:0:2F3B::/64。

4.10.3 IPv6 与 IPv4 报头的比较

如图 4-50 所示为 IPv6 报头结构，IPv6 与 IPv4 报头比较如下：

1）IPv6 报头字段数量从 IPv4 中的 12 个减少到 8 个。

2）IPv4 报头长度是可变的，而 IPv6 报头长度是固定的。

3）IPv6 报头取消了“报头长度”字段。

4）IPv6 有效载荷长度字段取代了 IPv4 总长度字段。

5）IPv4 的总长度包括报头长度，而 IPv6 只表示有效载荷的长度。

6）IPv6 地址长度是 IPv4 地址长度的 4 倍，而 IPv6 报头的长度是 IPv4 最小报头长度的 2 倍。

7）IPv6 通信类型字段取代了 IPv4 服务类型字段。

8）IPv6 跳步限制字段取代了 IPv4 生存时间字段。

9）IPv6 的下一个报头字段取代 IPv4 报头中的协议字段。

10）IPv6 取消了报头校验和字段，相应的功能由数据链路层承担。

11）IPv6 取消了报头选项字段，用扩展报头取代 IPv4 报头中的选项字段。

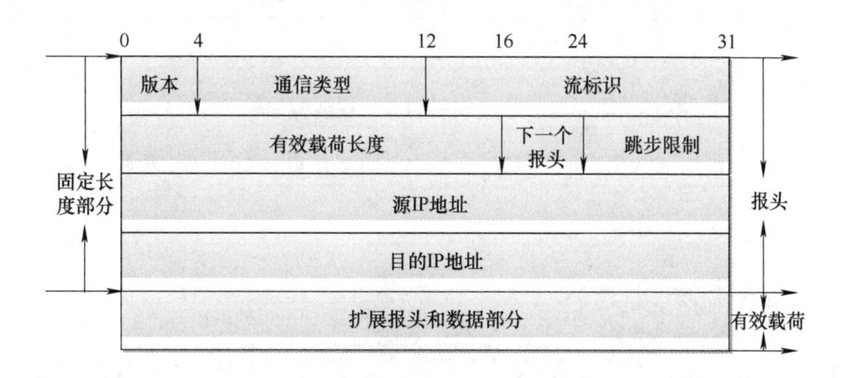

图 4-50　IPv6 报头结构

4.10.4 IPv4 到 IPv6 的过渡

随着网络厂商和开发者逐渐将 IPv6 引入不同的平台，网络管理者逐渐确定自己所需要的 IPv6 功能，向 IPv6 过渡也将是一个相对缓慢的过程。预计 IPv4 和 IPv6 将长期共存，也许将永远共存。大多数过渡策略都依靠协议隧道的两路方法，即至少在最初，将 IPv6 包封装在 IPv4 包中，然后在广泛分布的 IPv4 海洋中传送。

如图 4-51 所示。经过过渡的早期阶段，越来越多的 IP 网络和设备将支持 IPv6。但即使在过渡的后期阶段，IPv6 封装仍将提供跨越只支持 IPv4 的骨干网和其他坚持使用 IPv4 的网络的连接能力。

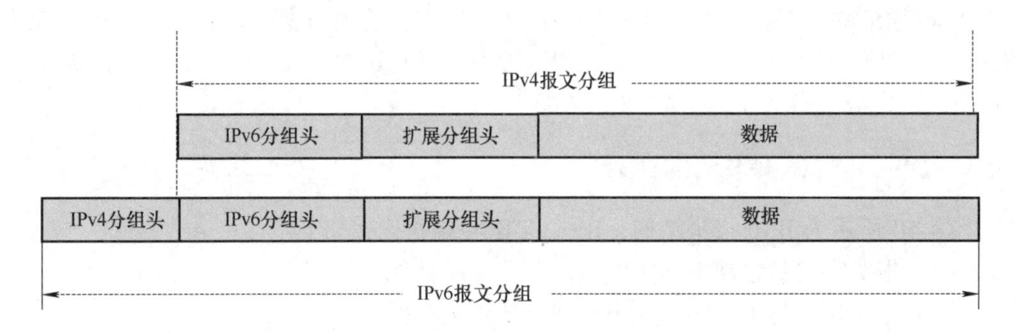

图 4-51　IPv6 通过 IPv4 网络隧道传输 IPv6 数据分组机制

另一路策略是双栈方法，即主机和路由器在同一网络接口上运行 IPv4 栈和 IPv6 栈。这样，双栈节点既可以接收和发送 IPv4 包，也可以接收和发送 IPv6 包，因而两个协议可以在同一网络中共存。

1）如图 4-52 所示，在完全过渡到 IPv6 之前，使一部分主机和路由器装有两个协议，即双协议栈，一个 IPv4 协议和一个 IPv6 协议。

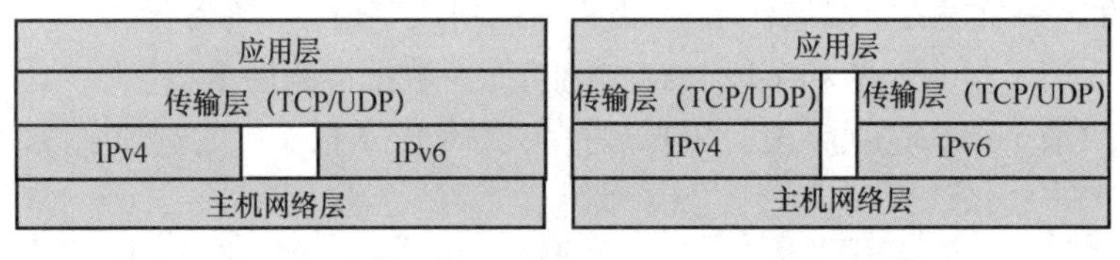

图 4-52　双协议层和双协议栈的结构

2）隧道技术：在 IPv4 区域中打通了一个 IPv6 隧道来传输 IPv6 数据分组，如图 4-53 ~ 图 4-55 所示。

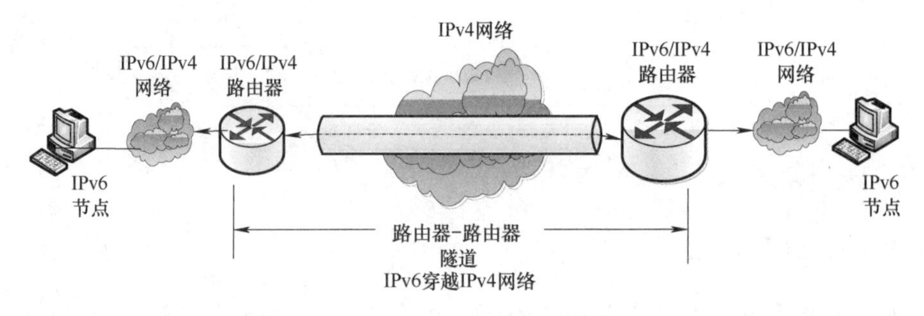

图 4-53　路由器 – 路由器隧道结构

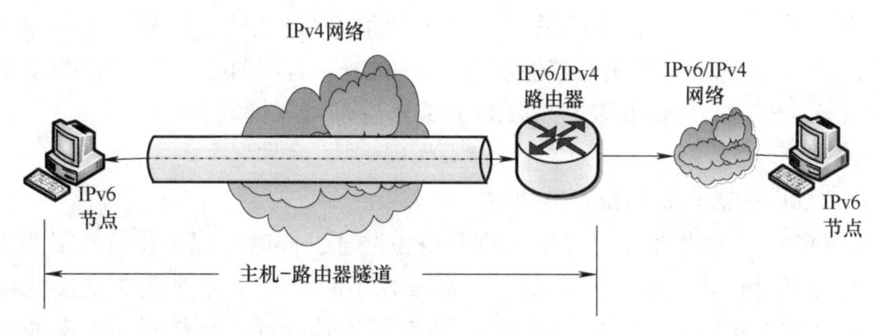

图 4-54　主机 - 路由器隧道结构

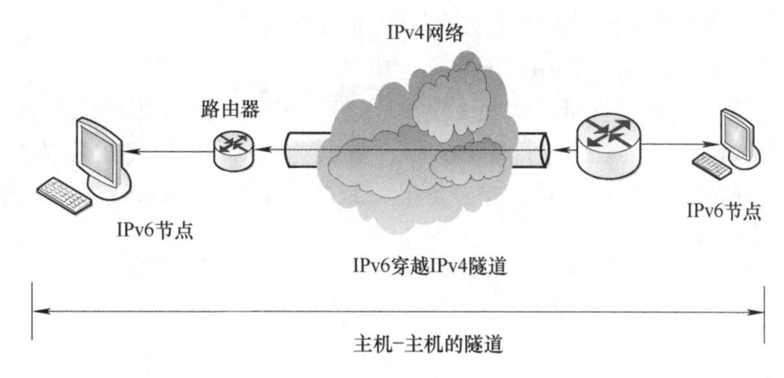

图 4-55　主机 - 主机隧道结构

4.10.5　IPSec 安全协议

Internet 协议安全性（Internet Protocol Security，IPSec）是一种开放标准的框架结构，通过使用加密的安全服务以确保在 Internet 协议（IP）网络上进行保密而安全的通信。IPSec 是 IETF 在开发 IPv6 时，为保证 IP 数据包安全而设计的；IPSec 用于向 IPv4 与 IPv6 提供互操作、高质量与基于密码的安全性；IPSec 协议提供的安全服务包括访问控制、完整性、数据原始认证等；IPSec 服务在网络层提供，并向高层提供保护；IPSec 能够减少利用 IP 欺骗的威胁，因此它可以促进对安全要求严格的应用的发展。

IPSec 是安全联网的长期方向。它通过端对端的安全性来提供主动的保护以防止专用网络与 Internet 的攻击。在通信中，只有发送方和接收方才是唯一必须了解 IPSec 保护的计算机。

1. 作用目标编辑

1）保护 IP 数据包的内容。

2）通过数据包筛选及受信任通信的实施来防御网络攻击。

这两个目标都是通过使用基于加密的保护服务、安全协议与动态密钥管理来实现的。这个基础为专用网络计算机、域、站点、远程站点、Extranet 和拨号用户之间的通信提供了有力又灵活的保护。它甚至可以用来阻碍特定通信类型的接收和发送，其中以接收和发送最为重要。

2. 安全结构编辑

IPsec 协议工作在 OSI 模型的第三层，使其在单独使用时适于保护基于 TCP 或 UDP 的协议［如安全套接子层（SSL）就不能保护UDP的通信流］。这就意味着，与传输层或更高层的协议相比，IPsec协议必须处理可靠性和分片的问题，这同时也增加了它的复杂性和处理开销。相对而言，SSL/TLS则依靠更高层的TCP来管理可靠性和分片。

3. 安全协议

（1）AH（Authentication Header）协议

AH协议用来向IP通信提供完整的数据和身份验证，同时可以提供抗重播服务。

在IPv6中采用AH协议后，因为在主机端设置了一个基于算法独立交换的秘钥，非法潜入的现象可得到有效防止，秘钥由客户和服务商共同设置。在传送每个数据包时，IPv6认证根据这个秘钥和数据包产生一个检验项。在数据接收端重新运行该检验项并进行比较，从而保证了对数据包来源的确认以及数据包不被非法修改。

（2）ESP（Encapsulated Security Payload）协议

ESP协议提供IP层加密保证和验证数据源以应对网络上的监听。虽然AH协议可以保护通信免受篡改，但并不对数据进行变形转换，数据对于黑客而言仍然是清晰的。为了有效保证数据传输的安全，在IPv6中有另外一个报头ESP，可进一步提高数据保密性并防止通信被篡改。

本章小结

通过本章学习，应清楚地理解路由器、互联网与因特网、网际协议IP、IP地址与硬件地址、IP组播等基本概念，熟练掌握路由器的构成和作用、IP地址的分类、IP数据报的格式、子网划分、使用子网掩码的分组转发过程、地址解析协议（ARP）、内部网关协议（RIP）。熟练掌握IPv6的数据报结构、地址空间等基本知识。基本掌握IP层转发分组的流程、CIDR、ICMP、OSPF、有关路由选择协议的几个基本概念、IPv6的扩展首部等知识。初步了解RARP、BGP、VPN、NAT等内容。

习题

4-1 简述IP地址经历的三个历史阶段。

4-2 简述路由器的构成及在网际互连中的作用。

4-3 论述IP地址与物理地址的关系。

4-4 论述地址解析协议（ARP）和逆地址解析协议（RARP）。

4-5 阐述RIP和OSPF的工作原理，并举例说明其特点及适用的场合，最后再加以比较分析两者的区别及联系。

扩展阅读

阅读有关IPv6协议的相关标准，详细剖析其实现细节。

第 5 章 数据链路层核心协议

导读

数据链路层是 OSI 参考模型中的第二层，介于物理层和网络层之间。数据链路层在物理层提供的服务基础上向网络层提供服务，其最基本的服务是将源自网络层的数据可靠地传输到相邻节点的目标机网络层。为达到这一目的，数据链路层必须具备一系列相应的功能，即：将数据组合成数据块，在数据链路层中称这种数据块为帧（frame），它是数据链路层的传送单位；控制帧在物理信道上的传输，包括处理传输差错，调节发送速率，以便与接收方相匹配；在两个网络实体之间提供数据链路通路的建立、维持和释放的管理。

本章知识点

- 数据链路层概述
- 停止等待协议
- 连续 ARQ 协议
- 面向比特的链路层协议
- Internet 的点对点协议

5.1 数据链路层概述

5.1.1 基本术语

链路（link）是一条无源的点到点的物理线路段，中间没有任何其他的交换节点。一条链路只是一条通路的一个组成部分。

除了物理线路外，还必须有通信协议来控制这些数据的传输。若把实现这些协议的硬件和软件加到链路上，就构成了数据链路（data link）。现在最常用的方法是使用适配器（即网卡）来实现这些协议的硬件和软件。一般的适配器都包括数据链路层和物理层这两层的功能。

如图 5-1 所示，数据链路层像个数字管道，常常在两个对等的数据链路层之间画出一个数字管道，而在这条数字管道上传输的数据单位是帧。

早期的数据通信协议曾叫作通信规程（procedure）。因此在数据链路层，规程和协议是同义语。

图 5-1　数据链路层中的帧传输

5.1.2　数据链路层的主要功能

数据链路层的最基本功能是向该层用户提供透明和可靠的数据传输服务。透明性是指该层传输的数据的内容、格式及编码没有限制，也没有必要解释信息结构的意义。可靠的数据链路层传输使用户无须对丢失信息、干扰信息及顺序不正确等担心，而在物理层中，这些情况都可能发生，在数据链路层中必须用纠错码来检错与纠错。数据链路层是对物理层传输原始比特流的功能的加强，将物理层提供的可能出错的物理连接改造成为逻辑上无差错的数据链路，使之对网络层表现为无差错的线路。如果想用尽量少的词来记住数据链路层，那就是："帧和介质访问控制"。概括起来，数据链路层的主要功能有以下几个方面：

1）链路管理。

2）帧定界。

3）流量控制。

4）差错控制。

5）将数据和控制信息区分开。

6）透明传输。

7）寻址。

5.1.3　四个基本问题

1. 帧同步

为了使在传输中发生差错后只将有错的有限数据进行重发，数据链路层将比特流组合成以帧为单位的数据进行传送。每个帧除了要传送的数据外，还包括校验码，以使接收方能发现传输中的差错。帧的组织结构的设计，必须使接收方能够明确地识别出从物理层收到的比特流，即能从比特流中区分出帧的起始与终止，这就是帧同步要解决的问题。由于网络传输中很难保证计时的正确和一致，所以不可采用依靠时间间隔关系来确定帧的起始与终止的方法。

（1）字节计数法

字节计数法是一种以一个特殊字符表示一帧的起始，并以一个专门字段来标明帧内字节数的帧同步方法。接收方可以通过对该特殊字符的识别从比特流中方便地区分出帧的起始，并从专门字段中获知该帧中随后跟随的数据字节数，从而可确定帧的终止位置。面向字节计数的同步规程的典型代表是 DEC 公司的数字数据通信报文协议（Digital Data Communications Message Protocol，DDCMP），其格式如图 5-2 所示。

位 8	14	2	8	8	8	16	8~131064	16
SOH	Count	Flag	ACK	Seg	Addr	CRC1	Data	CRC2

图 5-2　数据链路层 DDCMP 报文格式

图中，控制字符SOH标志数据帧的起始。实际传输中，SOH前还要以两个或更多个同步字符来确定一帧的起始，有时也允许本帧头可以紧接上帧尾，此时两帧间就不必再加同步字符。Count字段共有14位，用以指示帧中数据段中数据的字节数，14位二进制数的最大值为$2^{14}=16383$，所以数据最大长度为$8\times16383=131064$。DDCMP就是靠这个字节计数来确定帧的终止位置的。DDCMP帧格式中的CRC1、CRC2分别对标题部分和数据部分进行双重校验，强调标题部分单独校验的原因是，一旦标题部分中的Count字段出错，即有可能失去该帧的边界划分依据，将造成灾难性的后果。由于采用字节计数法来确定帧的终止边界不会引起数据及其他信息的混淆，因此不必采用任何措施便可实现数据的透明性（即任何数据均可不受限制地传输）。

（2）字符填充法

使用字符填充的首尾定界符法是用一些特定的字符来定界一帧的起始与终止，为了使数据信息位中不要出现与特定字符相同的字符而被误判为帧的首尾定界符，可以在这种数据字符前填充一个转义控制字符（DLE）以示区别，从而达到数据的透明性。但这种方法使用起来比较麻烦，而且所用的特定字符过份依赖于所采用的字符编码集，兼容性比较差。

（3）位填充法

使用位填充的首尾标志法是以一组特定的位模式（如01111110）来标志一帧的起始与终止。本章稍后要详细介绍的HDLC规程即采用该法。为了使信息位中不要出现与特定位模式相似的位串而被误判为帧的首尾标志，可以采用位填充的方法。例如，采用特定模式01111110，则对信息位中的任何连续出现的五个“1”，发送方自动在其后插入一个“0”，而接收方则做该过程的逆操作，即每接收到连续五个“1”，则自动删去其后所跟的“0”，以此恢复原始信息，实现数据传输的透明性。位填充法很容易由硬件来实现，性能优于字符填充方法。

（4）违法编码法

违法编码法在物理层采用特定的位编码方法时采用。例如，一种被称作曼彻斯特编码的方法，将数据位“1”编码成“高-低”电平对，将数据位“0”编码成“低-高”电平对，而“高-高”电平对和“低-低”电平对在数据位中是违法的。可以借用这些违法编码序列来定界帧的起始与终止。局域网IEEE 802标准中就采用了这种方法。违法编码法不需要任何填充技术，便能实现数据传输的透明性，但它只适用于采用冗余编码的特殊编码环境。

由于字节计数法中Count字段的脆弱性以及字符填充法实现上的复杂性和不兼容性，目前较普遍使用的帧同步法是位填充法和违法编码法。

2. 差错控制

一个实用的通信系统必须具备发现（即检测）差错的能力，并采取某种措施纠正这种差错，将差错控制在允许的尽可能小的范围内，这就是差错控制过程，也是数据链路层的主要功能之一。对差错编码（如奇偶校验码检查和/或循环冗余检验）的检查，可以判定一帧在传输过程中是否发生了错误。一旦发现错误，一般可以采用反馈重发的方法来纠正。这就要求接收方收完一帧后，向发送方反馈一个接收是否正确的信息，使发送方作出是否需要重新发送的决定，即发送方仅当收到接收方已正确接收的反馈信号后，才能认为该帧数据已经正确发送完毕，否则需要重新发送直至正确为止。物理信道的突发噪声可能完全“淹没”一帧，即使得整个数据帧或反馈信息帧丢失，这将导致发送方收不到接收方发来的反馈信息，从而使传输过程停滞。为了避免出现这种情况，通常引入计时器（Timer）来限定接收方发回反馈信息的时间间隔，当发送方发送一帧的同时也启动计时器，若在限定时间间隔内未能收到接收方的反馈信息，即计时器超时（Timeout），则可认为传输的帧已出错或丢失，继而要重新发送。由于同一帧数据可能被重复发送多次，可能引起接收方多次收到同一帧并将其递交给网络层的危险。为了防止发生这种危险，可以对发送的帧进行编号，即赋予每帧一个序号，接收方通过序号来区分是新发送来的帧还是已经接收但又重新发送来的帧，以此来确定要不要将接收到的帧递交给网络层。数据链路层通过使用计时器和序号来保证每帧最终都被正确地递交给目标网络层。

3. 流量控制

流量控制并不是数据链路层所特有的功能，许多高层协议也提供流量控制功能，只不过流量控制的对象不同而已。例如，对于数据链路层来说，控制的是相邻两节点之间数据链路上的流量，而对于运输层来说，控制的则是从源端到最终目的端之间的流量。由于收发双方各自使用的设备工作速率和缓冲存储的空间差异，可能出现发送方发送能力大于接收方接收能力的现象，若此时不对发送方的发送速率（也即链路上的信息流量）做适当限制，前面来不及接收的帧将被后面不断发送来的帧“淹没”，从而造成帧的丢失而出错。由此可见，流量控制实际上是对发送方数据流量的控制，使其发送速率不超过接收方所能承受的能力。这个过程需要通过某种反馈机制使发送方知道接收方是否能跟上发送方，即需要有一些规则使得发送方知道在什么情况下可以接着发送下一帧，而在什么情况下必须暂停发送，以等待收到某种反馈信息后继续发送。

4. 链路管理

链路管理功能主要用于面向连接的服务。在链路两端的节点要进行通信前，必须首先确认对方已处于就绪状态，并交换一些必要的信息，以对帧序号初始化，然后才能建立连接，在传输过程中则要能维持该连接。如果出现差错，则需要重新初始化，重新自动建立连接。传输完毕后，需要释放连接。数据链路层连接的建立、维持和释放称作链路管理。在多个站点共享同一物理信道的情况下（如在 LAN 中），如何在要求通信的站点间分配和管理信道也属于数据链路层管理的范畴。

5.2 停止等待协议

5.2.1 透明化数据传输

如图 5-3 所示为数据链路层的模型。

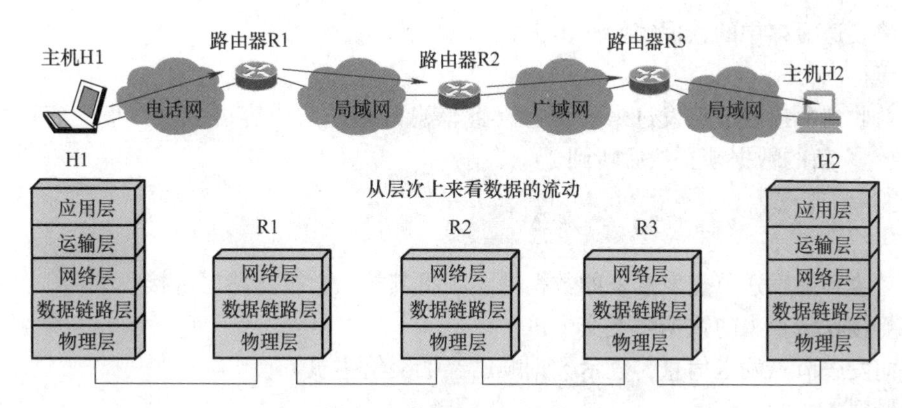

图 5-3　数据链路层的模型

如图 5-4 所示是主机 H1 向 H2 发送数据时数据帧的流动情况。

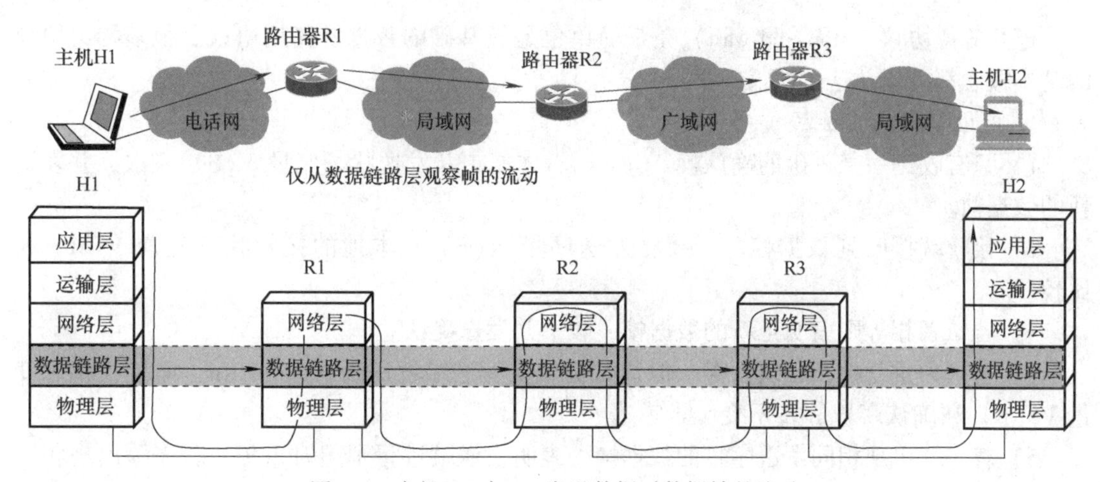

图 5-4　主机 H1 向 H2 发送数据时数据帧的流动

5.2.2　具有最简单流量控制的数据链路层协议

我们经常进行如下两个假定：1）数据链路是理想的传输信道，所传送的任何数据既不会出差错，也不会丢失。2）不管发送方以多快的速率发送数据，接收方总是来得及收下，并及时上交主机。这两个假定认为：接收端向主机交付数据的速率永远不会低于发送端发送数据的速率。

现在去掉上述的第二个假定，但仍然保留第一个假定，即发送方向接收方传输数据的信道仍然是无差错的理想信道。然而现在不能保证接收端向主机交付数据的速率永远不低于发送端发送数据的速率。

由接收方控制发送方的数据流是计算机网络中流量控制的一个基本方法。

具有最简单流量控制的数据链路层协议算法流程如下。

1. 在发送节点

1）从主机取一个数据帧。

2）将数据帧送到数据链路层的发送缓存。

3）将发送缓存中的数据帧发送出去。

4）等待。

5）若收到由接收节点发过来的信息（此信息的格式与内容可由双方事先商定好），则从主机取一个新的数据帧，然后转到2）。

2. 在接收节点

1）等待。

2）若收到由发送节点发过来的数据帧，则将其放入数据链路层的接收缓存。

3）将接收缓存中的数据帧上交主机。

4）向发送节点发送信息，表示数据帧已经上交给主机。

5）转到1）。

5.2.3 实用的停止等待协议

停止等待协议（stop-and-wait）是最简单也是最基础的数据链路层协议。很多相关协议的基本概念都可以从这个协议中学习到。

1. 停止等待协议要点

1）只有收到序号正确的确认帧 ACKn 后，才能更新发送状态变量 V(S) 一次，并发送新的数据帧。

2）接收端接收到数据帧时，要将发送序号 N(S) 与本地的接收状态变量 V(R) 相比较。

3）若二者相等则表明是新的数据帧，收下并发送确认。

4）否则为重复帧，必须丢弃。但这时仍须向发送端发送确认帧 ACKn，而接收状态变量 V（R）和确认序号 n 都不变。

5）若连续出现相同发送序号的数据帧，表明发送端进行了超时重传。若连续出现相同序号的确认帧，表明接收端收到了重复帧。

6）发送端在发送完数据帧时，必须在其发送缓存中暂时保留这个数据帧的副本，这样才能在出差错时进行重传。只有确认对方已经收到这个数据帧时，才可以清除这个副本。

实用的循环冗余检验（CRC）检验器都是用硬件完成的。CRC 检验器能够自动丢弃检测到的出错帧。因此所谓的“丢弃出错帧”，对上层软件或用户来说都是感觉不到的。

发送端对出错的数据帧进行重传是自动进行的，因而这种差错控制体制常称为自动请求重传（Automatic Repeat reQuest，ARQ）。

如图 5-5 所示，帧传输过程中可能会出现以下四种情况。

2. 超时计时器的作用

节点 A 发送完一个数据帧时，就启动一个超时计时器（Timeout Timer）。计时器又称为定时器。

若到了超时计时器所设置的重传时间（T_{out}）而仍收不到节点 B 的任何确认帧，则节点 A 就重传前面所发送的这一数据帧。一般可将重传时间选为略大于“从发完数据帧到收到确认帧所需的平均时间”。

3. 解决重复帧的问题

使每一个数据帧带上不同的发送序号。每发送一个新的数据帧就把它的发送序号加 1。

若节点B收到发送序号相同的数据帧，则表明出现了重复帧，这时应丢弃重复帧，因为已经收到过同样的数据帧并且也交给了主机。

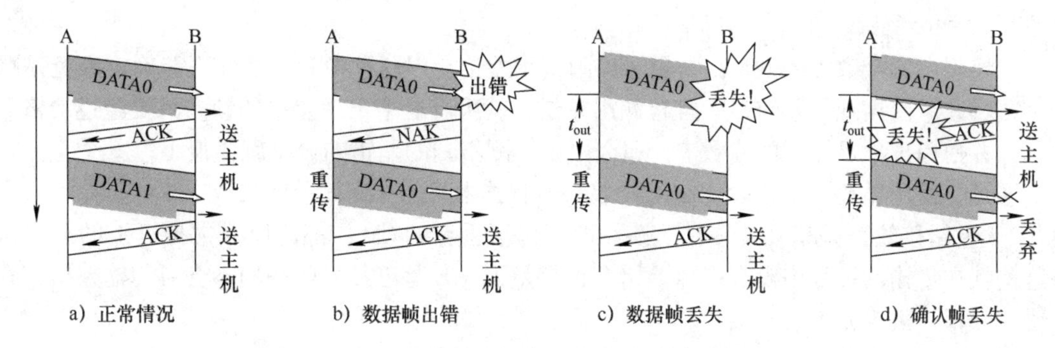

图5-5　帧传输过程中出现的四种情况

但此时节点B还必须向节点A发送确认帧ACK，因为节点B已经知道节点A还没有收到上一次发过去的确认帧ACK。

4. 帧的编号问题

任何一个编号系统的序号所占用的位数一定是有限的。因此，经过一段时间后，发送序号就会重复。序号占用的位数越少，数据传输的额外开销就越小。

对于停止等待协议，由于每发送一个数据帧就停止等待，因此用一个位来编号就够了。一个位可表示0和1两种不同的序号。

5. 帧的发送序号

数据帧中的发送序号N（S）以0和1交替的方式出现在数据帧中。每发一个新的数据帧，发送序号就和上次发送的不一样，从而可以使接收方区分新的数据帧和重传的数据帧。

虽然物理层在传输位时会出现差错，但由于数据链路层的停止等待协议采用了有效的检错重传机制，数据链路层对上面的网络层就可以提供可靠的传输服务了。

5.2.4　循环冗余检验的原理

在数据链路层传送的帧中，广泛使用了循环冗余检验（CRC）的检错技术。

假设待传送的数据 M = 1010001101（共 k 位），在M的后面再添加供差错检测用的 n 位冗余码一起发送。

1. 冗余码的计算

1）用二进制的模2运算进行 2^n 乘 M 的运算，相当于在 M 后面添加 n 个0。

2）得到的（$k+n$）位的数除以事先选定好的长度为（$n+1$）位的数 P，得出商是 Q，而余数是 R，余数 R 比除数 P 至少要少1位。

例如，设 $n=5$，$P=110101$，模2运算的结果是：商 $Q=1101010110$，余数 $R=01110$。将余数 R 作为冗余码添加在数据 M 的后面发送出去，即发送的数据是101000110101110，或 2^nM+R。

2. 帧检验序列（FCS）

在数据后面添加的冗余码称为帧检验序列（Frame Check Sequence，FCS）。

循环冗余检验（CRC）和帧检验序列（FCS）并不等同。CRC是一种常用的检错方法，而 FCS 是添加在数据后面的冗余码。FCS 可以用 CRC 这种方法得出，但 CRC 并非是用来获得 FCS 的唯一方法。

3. 检测出差错

只要得出的余数 R 不为 0，则表示检测到了差错。但这种检测方法并不能确定究竟是哪一个或哪几个位出现了差错。一旦检测出差错，就丢弃这个出现差错的帧。只要经过严格的挑选，并使用位数足够多的除数 P，那么出现检测不到的差错的概率就会很小。

注意：仅用循环冗余检验（CRC）差错检测技术只能做到无差错接收（Accept）。

“无差错接收”是指凡是接收的帧（即不包括丢弃的帧），都能以非常接近 1 的概率认为这些帧在传输的过程中没有产生差错。也就是说，凡是已经接收的帧不会有传输差错，有差错的帧都被丢弃而不会被接收。

要做到“可靠传输”（即发送什么就收到什么）就必须再加上确认和重传机制。

5.2.5 停止等待协议的算法

这里不使用否认帧（实用的数据链路层协议大都是这样的），而且确认帧带有序号 n。按照习惯的表示法，ACKn 表示“第 $n-1$ 号帧已经收到，现在期望接收第 n 号帧”。ACK1 表示“0 号帧已收到，现在期望接收的下一帧是 1 号帧”；ACK0 表示“1 号帧已收到，现在期望接收的下一帧是 0 号帧”。

1. 在发送节点

1）主机取一个数据帧，送交发送缓存。

2）V(S) ←0。/* 发送状态变量（帧序号）初始化 */

3）N(S) ←V(S)。/*将发送状态变量数值写入发送序号 */

4）将发送缓存中的数据帧发送出去。

5）设置超时计时器。

6）等待（等待以下 7）和 8）这两个事件中最先出现的一个）。

7）收到确认帧 ACKn，若 $n=1-$V(S)，则从主机取一个新的数据帧，放入发送缓存；V(S) ← [1 - V(S)]，/*更新发送状态变量，序号交替为 0 和 1 */转到 3）。否则，丢弃这个确认帧，转到 6）。

8）若超时计时器时间到，则转到 4）。

2. 在接收节点

1）V(R) ←0。/* 接收状态变量初始化，欲接收的帧序号 */

2）等待。

3）收到一个数据帧；若 N(S) == V(R)，/*检测帧序号是否正确 */则执行 4）；否则丢弃此数据帧，然后转到 6）。

4）将收到的数据帧中的数据部分送交上层软件（也就是数据链路层模型中的主机）。

5）V(R) ← [1-V(R)]。/* 更新接收状态变量，准备接收下一数据帧 */

6）n←V(R)；/* 将发送状态变量的数值写入接收序号 */发送确认帧 ACKn，转到 2）。

5.2.6 停止等待协议的定量分析

如图5-6所示，设 t_f是一个数据帧的发送时间，且数据帧的长度是固定不变的。

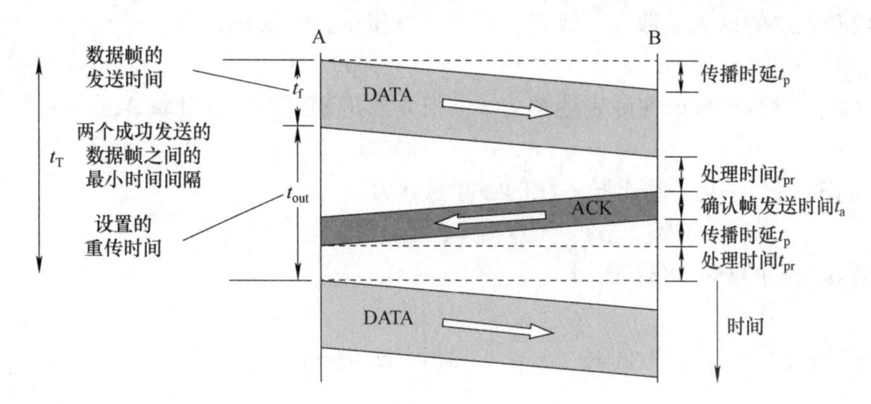

图5-6 停止等待协议中数据帧和确认帧的发送时间关系

显然，数据帧的发送时间 t_f是数据帧的长度 l_f（bit）与数据的发送速率 C（bit/s）之比，即：

$$t_f = l_f / C = l_f / C \tag{5-1}$$

式中，发送时间 t_f也就是数据帧的发送时延，单位为s。

数据帧沿链路传到节点B还要经历一个传播时延 t_p。

节点B收到数据帧要花费时间进行处理，此时间称为处理时间 t_{pr}，发送确认帧ACK的发送时间为 t_a。

1. 重传时间

重传时间的作用是：数据帧发送完毕后若经过了这样长的时间还没有收到确认帧，就重传这个数据帧。为方便起见，设重传时间为

$$t_{out} = t_p + t_{pr} + t_a + t_p + t_{pr} \tag{5-2}$$

设式（5-2）右侧的处理时间 t_{pr}和确认帧的发送时间 t_a都远小于传播时延 t_p，因此可将重传时间取为两倍的传播时延，即

$$t_{out} = 2\,t_p \tag{5-3}$$

2. 简单的数学分析

两个发送成功的数据帧之间的最小时间间隔为

$$t_T = t_f + t_{out} = t_f + 2\,t_p \tag{5-4}$$

设传送数据帧出现差错（包括帧丢失）的概率为 p，但假设确认帧不会出现差错。

设正确传送一个数据帧所需的平均时间 t_{av}为

$$t_{av} = t_T(1 + \text{一个帧的平均重传次数}) \tag{5-5}$$

一帧的平均重传次数

= {1× P［重传次数为1］+ 2×P［重传次数为2］+ 3 × P［重传次数为3］+…}

= {1× P［第1次发送出错］× P［第2次发送成功］+

2×P［第1，2次发送出错］× P［第3次发送成功］+

3×P［第1，2，3次发送出错］× P［第4次发送成功］+…}

$$=p(1-p)+2p^2(1-p)+3p^3(1-p)+\cdots$$

式中，P[X] 是出现事件 X 的概率。

当传送数据帧出现差错的概率增大时，t_{av}也随之增大。当无差错时，$p=0$，$t_{av}=t_T$。

每秒成功发送的最大帧数就是链路的最大吞吐量 λ_{max}。显然，有

$$\lambda_{max}=1/t_{av}=(1-p)/t_T \tag{5-6}$$

在发送端，设数据帧的实际到达率为 λ，则 λ 不应超过最大吞吐量 λ_{max}，即

$$\lambda\leqslant(1-p)/t_T \tag{5-7}$$

用时间 t_f进行归一化，得出归一化的吞吐量 ρ 为

$$\rho=\lambda t_f\leqslant(1-p)/\alpha<1 \tag{5-8}$$

式中，参数 α 是 t_T的归一化时间，即

$$\alpha=t_T/t_f\geqslant 1 \tag{5-9}$$

当重传时间远小于发送时间时，$\alpha\ll 1$，此时的归一化吞吐量为

$$\rho\leqslant 1-p \tag{5-10}$$

3. 停止等待协议 ARQ 的优缺点

优点：比较简单。

缺点：通信信道的利用率不高，也就是说，信道还远远没有被数据位填满。为了克服这一缺点，就产生了另外两种协议，即连续 ARQ 和选择重传 ARQ。

5.3 连续 ARQ 协议

5.3.1 连续 ARQ 协议的工作原理

连续 ARQ 协议的工作原理如图 5-7 所示。在发送完一个数据帧后，不是停下来等待确认帧，而是可以连续再发送若干个数据帧。如果这时收到了接收端发来的确认帧，那么还可以接着发送数据帧。由于减少了等待时间，整个通信的吞吐量就提高了。

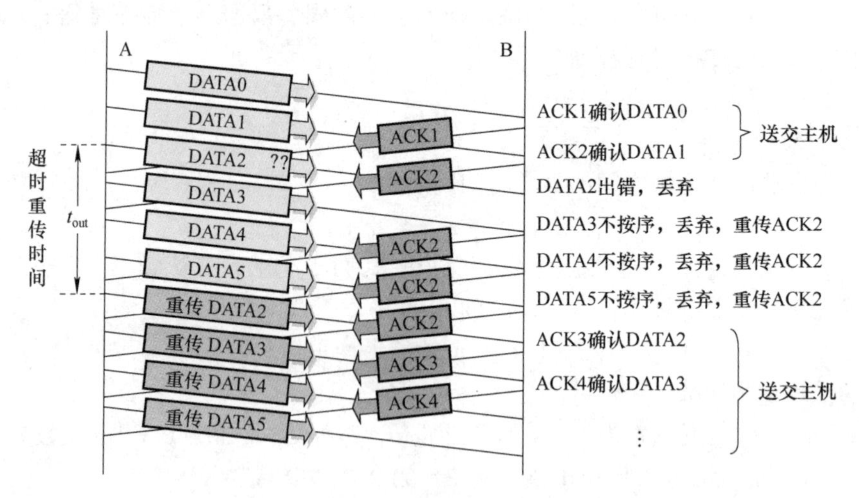

图 5-7 连续 ARQ 协议的工作原理

注意：

1）接收端只能按序接收数据帧。虽然在有差错的 2 号帧之后接着又收到了正确的 3 个数据帧，但接收端都必须将这些帧丢弃，因为在这些帧前面有一个 2 号帧还没有收到。虽然丢弃了这些不按序的无差错帧，但应重复发送已发送过的最后一个确认帧（防止确认帧丢失）。

2）ACK1 表示确认 0 号帧 DATA0，并期望下次收到 1 号帧；ACK2 表示确认 1 号帧 DATA1，并期望下次收到 2 号帧。依此类推。

3）节点 A 在每发送完一个数据帧时都要设置该帧的超时计时器。如果在所设置的超时时间内收到确认帧，则立即将超时计时器清零。但若在所设置的超时时间到了而未收到确认帧，则要重传相应的数据帧（仍需重新设置超时计时器）。

在等不到 2 号帧的确认而重传 2 号数据帧时，虽然节点 A 已经发完了 5 号帧，但仍必须向回走，将 2 号帧及其以后的各帧全部进行重传。连续 ARQ 又称为 Go-back-N ARQ，即当出现差错必须重传时，要向回走 N 个帧，然后再开始重传。

4）以上讲述的仅仅是连续 ARQ 协议的工作原理。协议在具体实现时还有许多细节。例如，用一个计时器就可实现相当于 N 个独立的超时计时器的功能。

5.3.2 滑动窗口的概念

如图 5-8 和图 5-9 所示，发送端和接收端分别设定发送窗口和接收窗口。发送窗口用来对发送端进行流量控制。发送窗口的大小 W_T 代表在还没有收到对方确认信息的情况下发送端最多可以发送多少个数据帧。

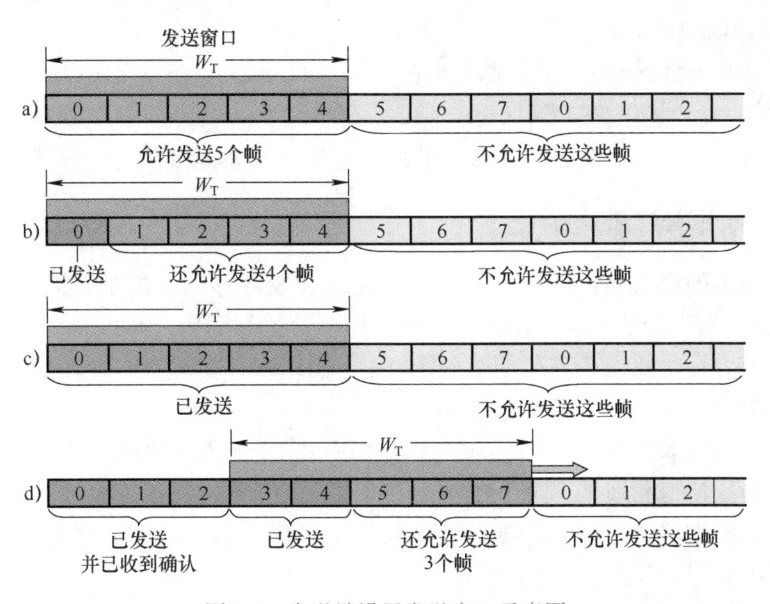

图 5-8 发送端设置发送窗口示意图

1. 接收端设置接收窗口

在接收端，只有当收到的数据帧的发送序号落入接收窗口内才允许将该数据帧收下。若接收到的数据帧落在接收窗口之外，则一律将其丢弃。

如图 5-9 所示，在连续 ARQ 协议中，接收窗口的大小 $W_R = 1$。只有当收到的帧的序号与接收窗口一致时才能接收该帧。否则，就丢弃它。每收到一个序号正确的帧，接收窗口就向前（即向右方）滑动一个帧的位置，同时发送对该帧的确认。

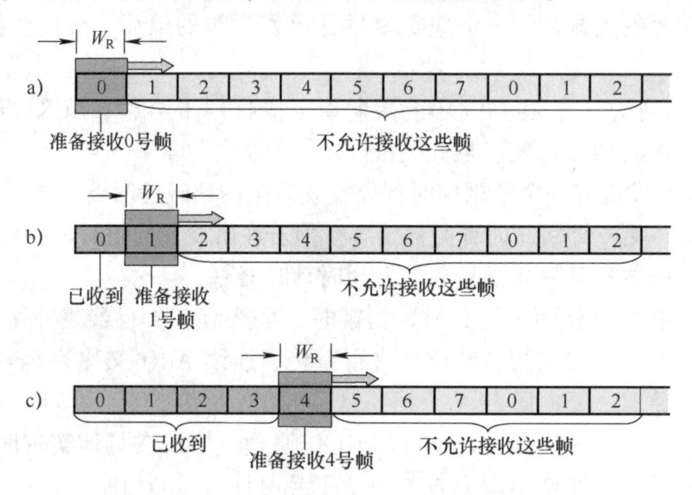

图 5-9 接收端设置接收窗口示意图

2. 滑动窗口的重要特性

只有在接收窗口向前滑动时（与此同时也发送了确认），发送窗口才有可能向前滑动。收发两端的窗口按照以上规律不断地向前滑动，因此这种协议又称为滑动窗口协议。当发送窗口和接收窗口的大小都等于 1 时，就是停止等待协议。

3. 发送窗口的最大值

当用 n 个比特进行编号时，若接收窗口的大小为 1，则只有在发送窗口的大小 $W_T \leqslant 2^n - 1$ 时，连续 ARQ 协议才能正确运行。

例如，当采用 3 位编码时，发送窗口的最大值是 7 而不是 8。

5.3.3 信道利用率与最佳帧长

由于每个数据帧都必须包括一定的控制信息（如帧的序号、地址、同步信息以及其他一些控制信息），所以即使连续不停地发送数据帧，信道利用率（即扣除全部的控制信息后的数据率与信道容量之比）也不可能达到 100%。当出现差错时（这是不可避免的），数据帧的不断重传将进一步使信道利用率降低。

若数据帧的帧长取得很短，那么控制信息在每一帧中所占的比例就会增大，因而额外开销增大，这就导致信道利用率下降。若帧长取得太长，则数据帧在传输过程中出错的概率就增大，于是重传次数将增大，这也会使信道利用率下降。由此可见，存在一个最佳帧长，在此帧长下信道的利用率最高。

5.3.4 选择重传 ARQ 协议

针对连续 ARQ 协议所存在的问题，可加大接收窗口，先收下发送序号不连续但仍处在接收窗口中的那些数据帧。等到所缺序号的数据帧收到后再一并送交主机。

选择重传 ARQ 协议可避免重复传送那些本来已经正确到达接收端的数据帧。但付出的代价是在接收端要设置具有相当容量的缓存空间。对于选择重传ARQ协议，若用n位进行编号，则接收窗口的最大值受如下约束：

$$W_R \leqslant 2^n/2 \tag{5-11}$$

5.4 面向位的链路层协议

5.4.1 面向位的链路层协议概述

1974年，IBM公司推出了面向位的规程（Synchronous Data Link Control，SDLC）。后来，ISO将SDLC修改后的高级数据链路控制（High-level Data Link Control，HDLC）作为国际标准ISO 3309。CCITT（国际电报电话咨询委员会）将修改后的HDLC称为链路接入规程（Link Access Procedure，LAP）。不久，其新版本又将LAP修改为LAPB，“B”表示平衡型（Balanced），所以LAPB叫作平衡型链路接入规程。

5.4.2 HDLC的帧结构

如图5-10所示，标志字段F（Flag）为6个连续1加上两边各一个0，共8位。在接收端只要找到标志字段就可确定一个帧的位置。

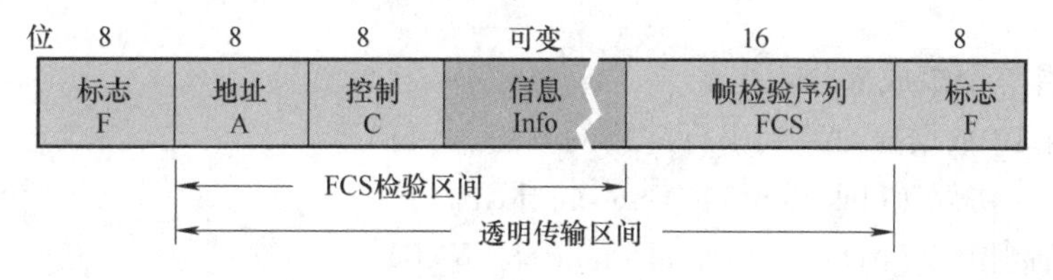

图5-10 HDLC的帧结构

1. 零位填充法

如图5-11所示，HDLC采用零位填充法使一帧中两个F字段之间不会出现6个连续1。在发送端，当一串比特流数据中含有5个连续1时，就立即填入一个0。在接收帧时，先找到F字段以确定帧的边界。接着再对比特流进行扫描。每当发现5个连续1时，就将其后的一个0删除，以还原成原来的比特流。

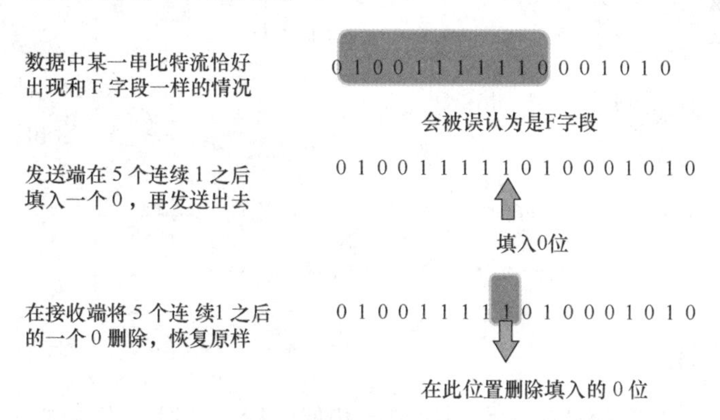

图5-11 零比特的填充与删除

采用零位填充法可传送任意组合的比特流，或者说，可实现数据链路层的透明传输。当连续传输两个帧时，前一个帧的结束标志字段 F 可以兼作后一帧的起始标志字段。当暂时没有信息传送时，可以连续发送标志字段，使接收端可以一直和发送端保持同步。

2. 其他字段

1）地址字段 A 是 8 位。

2）帧检验序列 FCS 字段共 16 位。所检验的范围是从地址字段的第一位起，到信息字段的最末一位为止。

3）控制字段 C 共 8 位，是最复杂的字段。HDLC 的许多重要功能都靠控制字段来实现。

4）信息 info 字段的长度是根据所传输数据量大小而变化的，一般不超过 1500 字节。

5.5 Internet 的点对点协议

5.5.1 Internet 的点对点协议的组成

目前，使用最多的数据链路层协议是点对点协议（Point-to-Point Protocol，PPP），于 1992 年制订。经过 1993 年和 1994 年的修订，现在的 PPP 协议已成为 Internet 的正式标准 RFC 1661。

PPP 协议有三个组成部分：

1）一个将 IP 数据报封装到串行链路的方法。

2）链路控制协议（Link Control Protocol，LCP）。

3）网络控制协议（Network Control Protocol，NCP）。

如图 5-12 所示，用户使用拨号电话线接入 Internet 时，一般都是使用 PPP 协议。

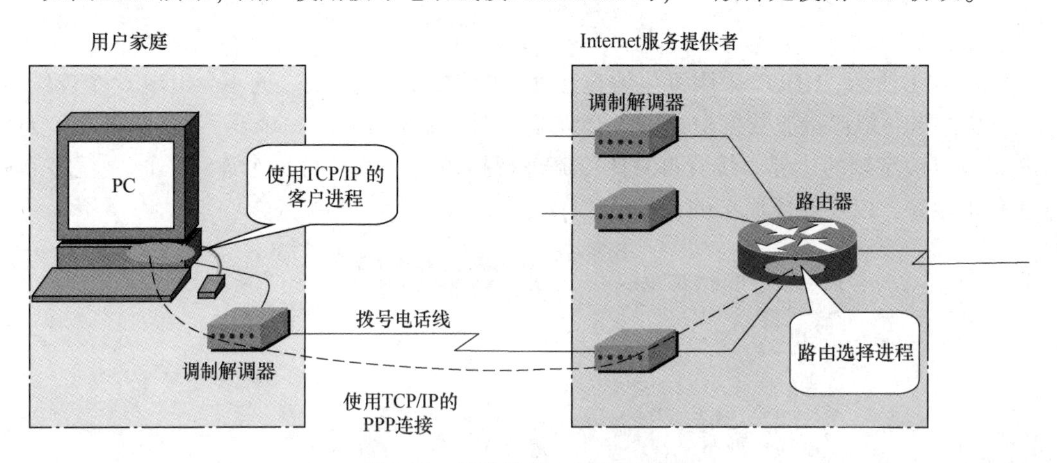

图 5-12　用户拨号入网的示意图

5.5.2 PPP 的帧格式

如图 5-13 所示，PPP 的帧格式和 HDLC 的相似。标志字段 F 仍为 0x7E（符号“0x”表示后面的字符是用十六进制表示。十六进制的 7E 的二进制表示是 01111110）。地址字段 A

置为0xFF，实际上并不起作用。控制字段C通常置为0x03。PPP是面向字节的，所有的PPP帧的长度都是整数字节。

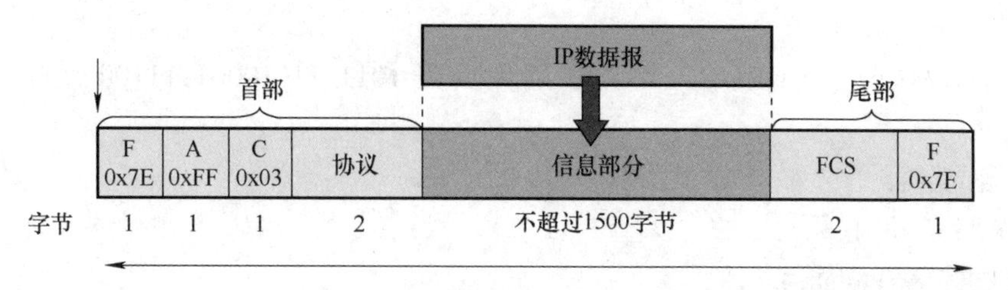

图5-13 PPP协议的帧格式

PPP有一个2字节的协议字段。当协议字段为0x0021时，PPP帧的信息字段是IP数据报；若为0xC021，则信息字段是PPP链路控制数据；若为0x8021，则表示这是网络控制数据。

当PPP用在同步传输链路时，协议规定采用硬件来完成位填充（和HDLC的做法一样）。当PPP用在异步传输时，就使用一种特殊的字符填充法。

字符填充法：将信息字段中出现的每一个0x7E字节转变成为2字节序列（0x7D，0x5E）。若信息字段中出现一个0x7D字节，则将其转变成为2字节序列（0x7D，0x5D）。若信息字段中出现ASCII码的控制字符（即数值小于0x20的字符），则在该字符前面加入一个0x7D字节，同时将该字符的编码加以改变。

PPP之所以不使用序号和确认机制是出于以下的考虑：

1）在数据链路层出现差错的概率不大时，使用比较简单的PPP较为合理。

2）在Internet环境下，PPP的信息字段放入的数据是IP数据报。数据链路层的可靠传输并不能够保证网络层的传输也是可靠的。

3）帧检验序列FCS字段可保证无差错接收。

5.5.3 PPP的工作状态

当用户拨号接入ISP时，路由器的调制解调器对拨号做出确认，并建立一条物理连接。PC向路由器发送一系列的LCP分组（封装成多个PPP帧）。这些分组及其响应选择一些PPP参数，并进行网络层配置，NCP给新接入的PC分配一个临时的IP地址，使PC成为Internet上的一个主机。通信完毕时，NCP释放网络层连接，收回原来分配出去的IP地址。接着，LCP释放数据链路层连接。最后，释放物理层的连接。

本章小结

通过本章学习，应清楚地理解数据链路层的基本概念，熟练掌握停止等待协议、连续ARQ协议和滑动窗口技术；熟练掌握HDLC和PPP的主要内容。基本掌握循环冗余检验（CRC）的原理和停止等待协议的算法。初步了解选择重传ARQ协议、PPP的工作状态等内容。

习题

5-1　一串数据位经 HDLC 位填充法处理后是 1011111010001111100，试写出其原始数据。

5-2　名词解释

（1）链路（link）

（2）数据链路（data link）

（3）流量控制

（4）透明传输

（5）帧检验序列（Frame Check Sequence，FCS）

（6）自动请求重传（Automatic Repeat reQuest，ARQ）。

（7）发送窗口

（8）接收窗口

（9）选择重传 ARQ 协议

（10）高级数据链路控制（High-level Data Link Contro1，HDLC）

（11）链路接入规程（Link Access Procedure，LAP）

（12）零位填充法

（13）点对点协议（Point-to-Point Protocol，PPP）

（14）LCP

（15）NCP

5-3　阐述数据链路层的基本工作原理。

5-4　阐述停止等待协议、完全理想化的数据传输、实用的停止等待协议。

5-5　阐述循环冗余检验的原理、停止等待协议的算法。

5-6　阐述连续 ARQ 协议、滑动窗口（这些内容是本章的重点）。

5-7　简单介绍选择重传 ARQ 协议。

5-8　简述面向位的链路控制规程（HDLC）。

5-9　熟悉掌握点对点协议（PPP）、PPP 的帧格式（这些内容是本章的重点）。

扩展阅读

随着物联网技术的普及，数据传输的安全性越来越受到重视，查阅文献梳理总结数据链路层协议相关的攻击手段和对应的安全策略有哪些？

第 6 章
物理层核心协议

导读

物理层（Physical Layer）是计算机网络 OSI 参考模型中最低的一层。物理层规定了为传输数据所需要的物理链路的创建、维持、拆除，并使其具有机械的、电子的、功能的和规范的特性。

物理层是 OSI 的第一层，它虽然处于最底层，却是整个开放系统的基础。物理层为设备之间的数据通信提供传输媒体及互连设备，为数据传输提供可靠的环境。

OSI 采纳了各种成熟的协议，其中有 RS-232、RS-449、X. 21、V. 35、ISDN 以及 FDDI、IEEE802. 3、IEEE802. 4、和 IEEE802. 5 协议等。

本章知识点

- 物理层主要功能
- Ethernet 概述
- Ethernet 的 MAC 层
- 局域网的扩展方式
- 虚拟局域网
- 快速以太网
- 无线局域网

6. 1 物理层主要功能

物理层的主要功能：为数据端设备提供传送数据的通路、传输数据以及完成物理层的一些管理工作。

1）为数据端设备提供传送数据的通路。数据通路可以是一个物理媒体，也可以是多个物理媒体连接而成。一次完整的数据传输包括激活物理连接、传送数据、终止物理连接。所谓激活，就是不管有多少物理媒体参与，都要在通信的两个数据终端设备间连接起来，形成一条通路。

2）传输数据。物理层要形成适合数据传输需要的实体，为数据传送服务。一是要保证数据能在其上正确通过，二是要提供足够的带宽（带宽是指每秒钟内能通过的位数），以减少信道上的拥塞。传输数据的方式能满足点到点、一点到多点、串行或并行、半双工或全双工、同步或异步传输的需要。

3）完成物理层的一些管理工作。

6.1.1 物理层与局域网

简单地说，物理层确保原始的数据可在各种物理媒体上传输。局域网与广域网皆属于第一、二层，如图6-1所示为局域网的拓扑。局域网往往为一个单位所拥有，且地理范围和站点数目均有限。局域网具有如下的一些主要优点：

1）便于系统的扩展和逐渐地演变，各设备的位置可灵活调整和改变。

2）提高系统的可靠性、可用性和残存性。

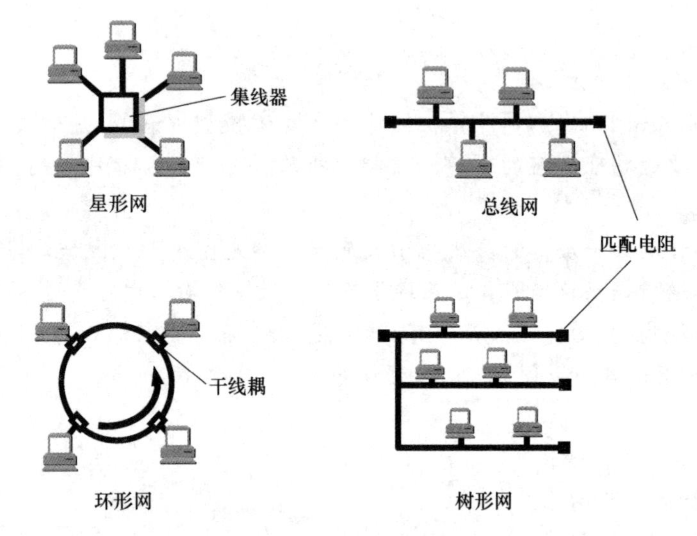

图6-1 局域网的拓扑

如图6-1所示的四种局域网拓扑，总线型最优，因为其容易扩展。

物理层相关传输媒体的共享技术可分为以下三种类型：

1）静态划分信道：频分复用；时分复用；波分复用；码分复用即CDMA。

2）动态媒体接入控制（多点接入）：相当于手机在操场上可以收到wifi网络。

3）随机接入；受控接入，如多点线路探询（polling）或轮询。

6.1.2 物理层主要特性

信号的传输离不开传输介质，而传输介质两端必然有接口用于发送和接收信号。物理层主要关心如何传输信号，因此物理层的主要任务是规定各种传输介质和接口与传输信号相关的一些特性。

1. 机械特性

机械特性也叫物理特性，指明了通信实体间硬件连接接口的机械特点，如接口所用接线器的形状和尺寸、引线数目和排列、固定和锁定装置等。这很像平时常见的各种规格的电源插头，其尺寸都有严格的规定。

数据终端设备（Data Terminal Equipment，DTE）是用于发送和接收数据的设备，如用户的计算机，其连接器常用插针形式。

数据电路终接设备（Data Circuit-terminating Equipment，DCE），用来连接DTE与数据通信的网络设备（如Modem调制解调器），插针芯数和排列方式与DCE连接器成镜像对称。

2. 电气特性

电气特性规定了在物理连接上，导线的电气连接及有关电路的特性，一般包括：接收器和发送器电路特性的说明、信号的识别、最大传输速率的说明、与互连电缆相关的规则、发送器的输出阻抗、接收器的输入阻抗等。

3. 功能特性

功能特性指明了物理接口各条信号线的用途（用法），包括：接口线功能的规定方法，接口信号线的功能分类——数据信号线、控制信号线、定时信号线和接地线4类。

4. 规程特性

规程特性指明了利用接口传输比特流的全过程及各项用于传输的事件发生的合法顺序，包括事件的执行顺序和数据的传输方式，即在物理连接建立、维持和交换信息时，DTE/DCE双方在各自电路上的动作序列。

以上4个特性实现了物理层在传输数据时，对于信号、接口和传输介质的规定。

6.2 以太网概述

6.2.1 以太网的工作原理

1. 数据链路层的两个子层

如图6-2所示，为了使数据链路层能更好地适应多种局域网标准，IEEE 802委员会将局域网的数据链路层拆成两个子层。

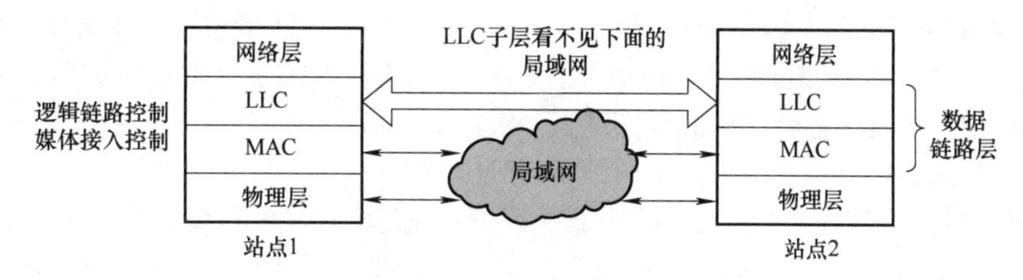

图6-2 数据链路层的两个子层

1）逻辑链路控制（Logical Link Control，LLC）子层。

2）媒体接入控制（Medium Access Control，MAC）子层。

与接入到传输媒体有关的内容都放在MAC子层，而LLC子层与传输媒体无关，不管采用何种协议的局域网对LLC子层来说都是透明的。

由于TCP/IP体系经常使用的局域网是DIX Ethernet V2，而不是802.3标准中的几种局域网，因此IEEE802委员会制定的逻辑链路控制（LLC）子层（即802.2标准）的作用已经不大了。很多厂商生产的网卡上仅装有MAC协议，而没有LLC协议。

2. 网卡的作用

如图6-3所示，网络接口板又称为通信适配器（Ddapter）或网络接口卡（Network Interface Card，NIC），或网卡。网卡的重要功能有：

1）进行串行/并行转换：远距离的传输是串行的，近距离的传输是并行的，网卡可以对其进行串并转换。

2）数据的封装与解封：发送时将上一层交下来的数据加上首部和尾部，成为以太网的帧；接收时，将帧剥去首部和尾部，然后送交上一层。

3）编码与译码：对数据进行缓存，并进行曼彻斯特编码与译码。

4）在计算机的操作系统安装设备驱动程序。

5）链路管理：实现以太网协议，主要是载波监听多点接入/碰撞检测（Carrier Sense Multiple Access with Collision Detection，CSMA/CD）协议的实现。

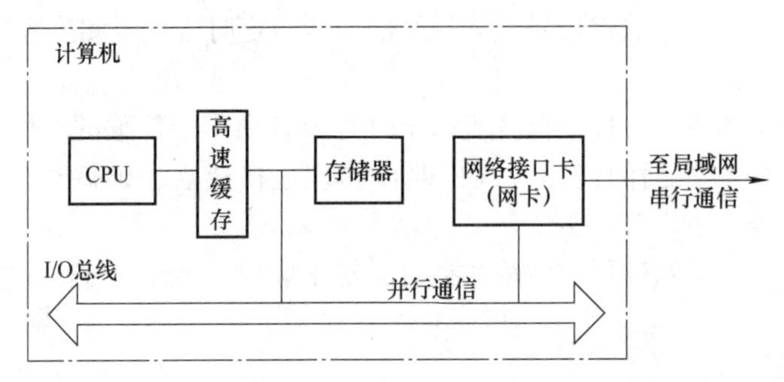

图 6-3　计算机通过网卡和局域网进行通信

3. CSMA/CD 协议

最初的以太网（Ethernet）将许多计算机都连接到一根总线上，认为这样的连接方法既简单又可靠，因为总线上没有有源器件。

（1）以太网的广播方式发送

总线上的每一个工作的计算机都能检测到源计算机发送的数据信号。由于只有目的计算机的地址与数据帧首部写入的地址一致，因此只有目的计算机能接收这个数据帧。其他所有的计算机（除源计算机和目的计算机以外）都检测到该数据帧不是发送给它们的，因此丢弃这个数据帧。具有广播特性的总线实现了一对一的通信。

为了通信的简便，以太网采取了两种重要的措施：

1）采用较为灵活的无连接的工作方式，即不必先建立连接就可以直接发送数据。

2）以太网对发送的数据帧不进行编号，也不要求对方发回确认。这样做的理由是局域网信道的质量很好，因信道质量产生差错的概率是很小的。

以太网提供的服务是不可靠的交付，即尽最大努力的交付。当目的站收到有差错的数据帧时会丢弃此帧，其他什么也不做。差错的纠正由高层来决定。如果高层发现丢失了一些数据而进行重传，但以太网并不知道这是一个重传的帧，而是当作一个新的数据帧来发送。

（2）载波监听多点接入/碰撞检测（CSMA/CD）

1）“多点接入”表示许多计算机以多点接入的方式连接在一根总线上。

2）“载波监听”是指每一个站在发送数据之前要先检测总线上是否有其他计算机在发送数据，如果有，则暂时不要发送数据，以免发生碰撞。

3）总线上并没有什么“载波”。因此，“载波监听”是指用电子技术检测总线上有没有其他计算机发送的数据信号。

4）“碰撞检测”是指计算机边发送数据边检测信道上的信号电压大小。当几个站同时在总线上发送数据时，总线上的信号电压摆动值将会增大（互相叠加）。当一个站检测到的信号电压摆动值超过一定的门限值时，就认为总线上至少有两个站同时在发送数据，表明产生了碰撞。所谓“碰撞”就是发生了冲突。因此“碰撞检测”也称为“冲突检测”。

在发生碰撞时，总线上传输的信号会产生严重的失真，且无法从中恢复出有用的信息。每一个正在发送数据的站，一旦发现总线上出现了碰撞，要立即停止发送，以免继续浪费网络资源，然后等待一段随机时间后再次发送。

使用 CSMA/CD 协议的以太网不能进行全双工通信，而只能进行双向交替通信（半双工通信）。每个站在发送数据之后的一小段时间内都存在遭遇碰撞的可能性。这种发送的不确定性使整个以太网的平均通信量远小于以太网的最高数据率。

（3）争用期

最先发送数据帧的站，在发送数据帧后，最多经过时间 2τ（两倍的端到端往返时延）就可知道发送的数据帧是否发生了碰撞。以太网的端到端往返时延 2τ 称为争用期，或碰撞窗口。经过争用期这段时间还没有检测到碰撞，才能确定这次发送不会发生碰撞。

二进制指数类型退避算法（Truncated Binary Exponential Type，TBET）：发生碰撞的站在停止发送数据后，要推迟（退避）一个随机时间才能再发送数据。确定基本退避时间，一般取为争用期 2τ。定义重传次数 k，$k \leqslant 10$，即 k = Min［重传次数，10］，从整数集合［0，1，…，$(2k-1)$］中随机地取出一个数，记为 r。重传所需的时延就是 r 倍的基本退避时间。当重传达 16 次仍不能成功时即丢弃该帧，并向高层报告。

以太网取 51.2 μs 为争用期的长度。对于 10Mbit/s 的以太网，在争用期内可发送 512bit，即 64B。以太网在发送数据时，若前 64B 没有发生冲突，则后续的数据就不会发生冲突。如果发生冲突，就一定是在发送的前 64B 之内。由于一检测到冲突就立即中止发送，这时已经发送出去的数据一定小于 64B。以太网规定了最短有效帧长为 64B，因此长度小于 64B 的帧均是由于冲突而异常中止的无效帧。

一旦发送数据的站发现发生了碰撞时，除了立即停止发送数据外，还要再继续发送若干位的人为干扰信号（Jamming Signal），以便让所有用户都知道现在已经发生了碰撞。

6.2.2 以太网的连接方法

如图 6-4 所示，以太网可使用的传输媒体有四种：①铜缆（粗缆）；②铜缆（粗缆细缆）；③铜线（双绞线）；④光缆。这样，Ethernet 就有四种不同的物理层。

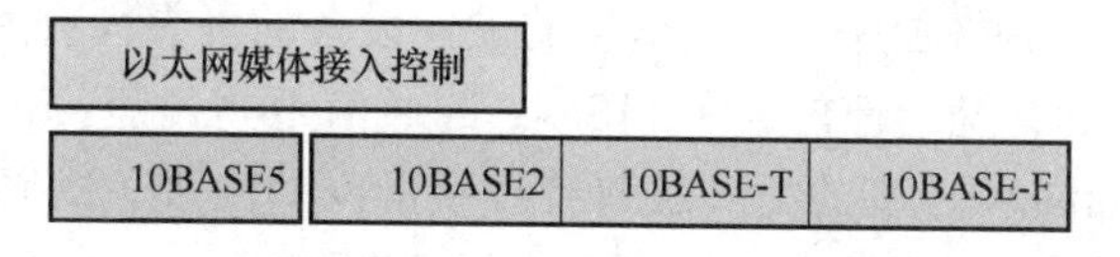

图 6-4 以太网四种不同的物理层

如图 6-5 所示，是铜缆或铜线连接到以太网的示意图。图 6-6 给出以太网的最大作用距离。

细缆以太网 10BASE2 用比较便宜的直径为 5mm 的细同轴电缆（特性阻抗仍为 50Ω）代替粗同轴电缆。将媒体连接单元 MAU 和媒体相关接口 MDI 都安装在网卡上，取消了外部的

“D”型15针接口（Attachment Unit Interface，AUI）电缆。细缆直接用标准BNC T形接头连接到网卡上的BNC连接器的插口。

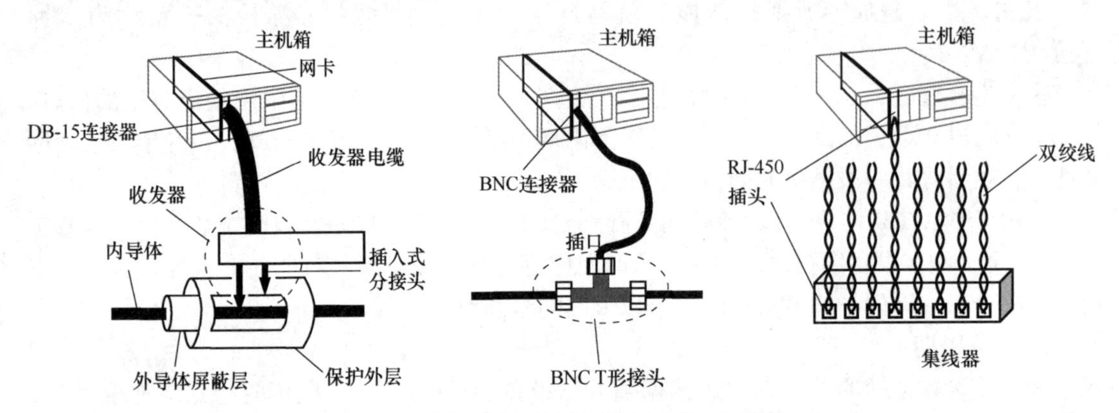

图6-5　铜缆或铜线连接到以太网的示意图

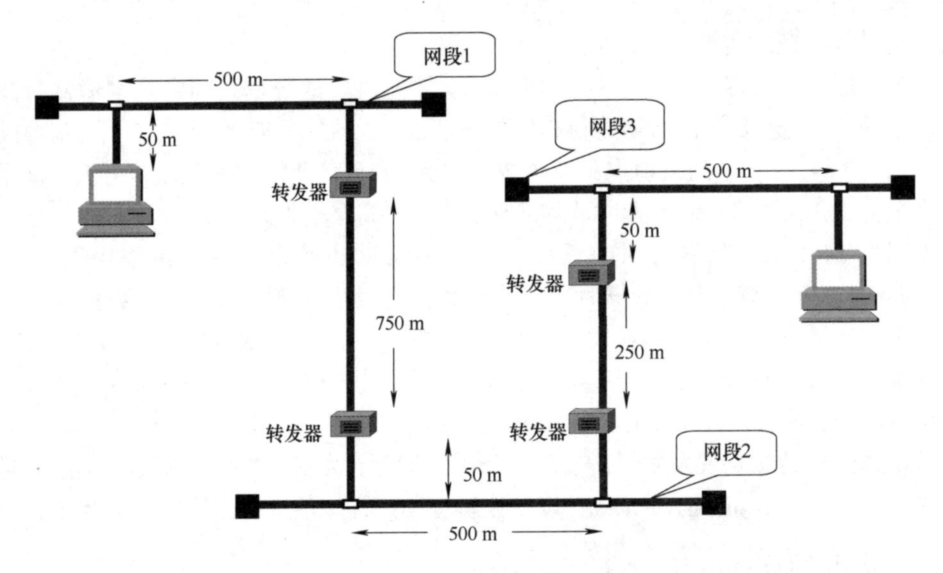

图6-6　以太网的最大作用距离

星形网10BASE-T不用电缆而使用无屏蔽双绞线。每个站需要用两对双绞线，分别用于发送和接收。在星形网的中心增加了一种可靠性非常高的设备，叫作集线器（Hub）。由于集线器使用了大规模集成电路芯片，因此这样的硬件设备的可靠性有所提高。

以太网在局域网中具有统治地位。10BASE-T的通信距离稍短，每个站到集线器的距离不超过100m。这种10Mbit/s速率的无屏蔽双绞线星形网的出现，既降低了成本，又提高了可靠性。10BASE-T双绞线以太网的出现，是局域网发展史上一个非常重要的里程碑，它为以太网在局域网中的统治地位奠定了牢固的基础。

如图6-7所示集线器，其特点：

1）集线器使用电子器件来模拟实际电缆线的工作，因此整个系统仍然像一个传统的以太网那样运行。

2）使用集线器的以太网在逻辑上仍是一个总线网，各工作站使用的还是 CSMA/CD 协议，并共享逻辑上的总线。

3）集线器很像一个多端口的转发器，工作在物理层。

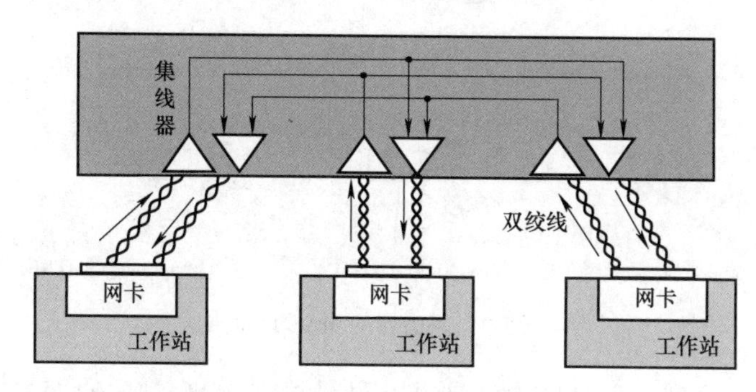

图 6-7　具有三个端口的集线器

6.3　以太网的 MAC 层

6.3.1　MAC 层的硬件地址

在局域网中，硬件地址又称为物理地址或 MAC 地址。IEEE 802 标准所说的“地址”严格地讲应该是每一个站的“名字”或标识符。但大家都已经习惯了将这种 48 位的“名字”称为”地址”，如图 6-8 所示。图中，EUI（Extended Unique Identifier）为扩展的唯一标识符。

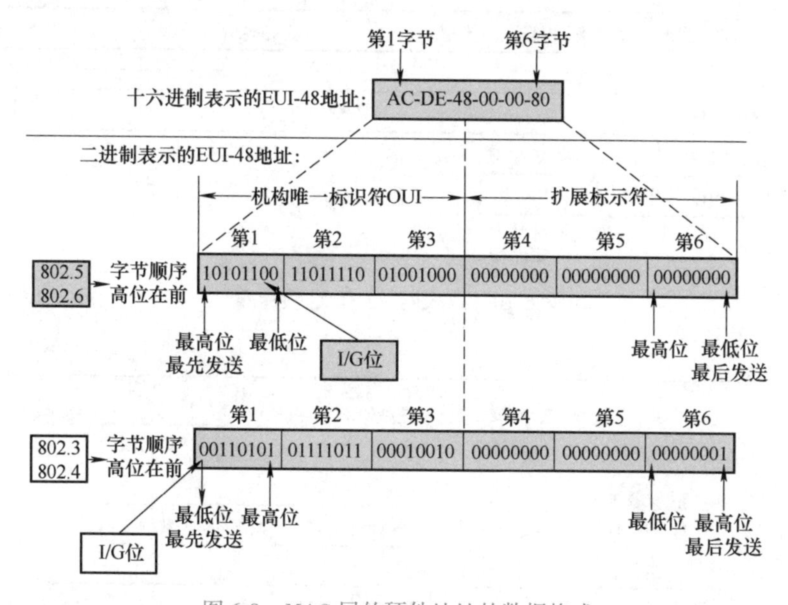

图 6-8　MAC 层的硬件地址的数据格式

网卡上的硬件地址：路由器由于同时连接到两个网络上，因此它有两块网卡和两个硬件地址，如图 6-9 所示。

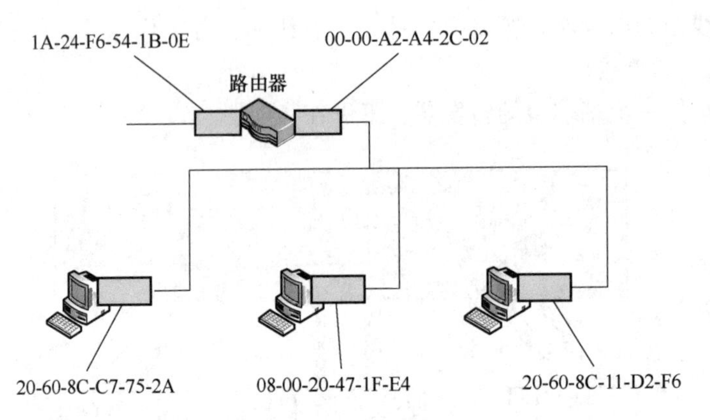

图 6-9　路由器的 MAC 地址

网卡从网络上每收到一个 MAC 帧，首先用硬件检查 MAC 帧中的 MAC 地址。如果是发往本站的帧则收下，然后再进行其他的处理。否则将此帧丢弃，不再进行其他的处理。“发往本站的帧”包括以下三种：①单播（unicast）帧（一对一）；②广播（broadcast）帧（一对全体）；③多播（multicast）帧（一对多）。

6.3.2　两种不同的 MAC 帧格式

常用的以太网 MAC 帧格式有两种标准：①以太网 V2 标准（见图 6-10）；②IEEE 的 802.3 标准（见图 6-11）。最常用的 MAC 帧采用以太网 V2 的格式。

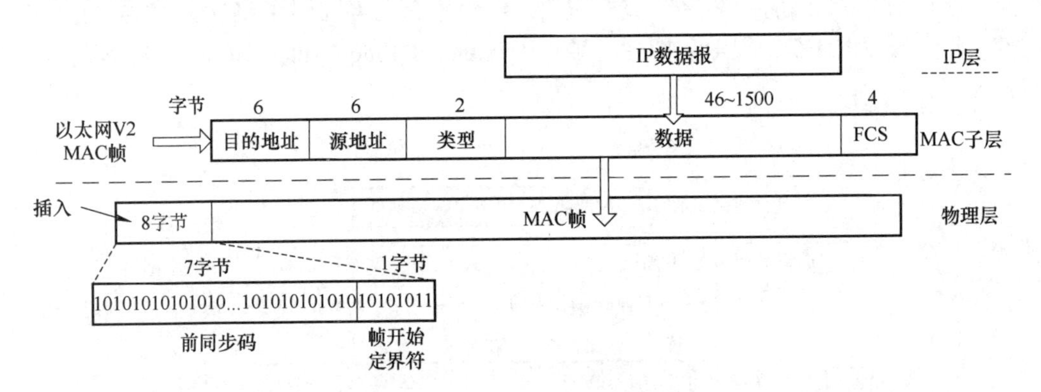

图 6-10　以太网 V2 MAC 帧标准

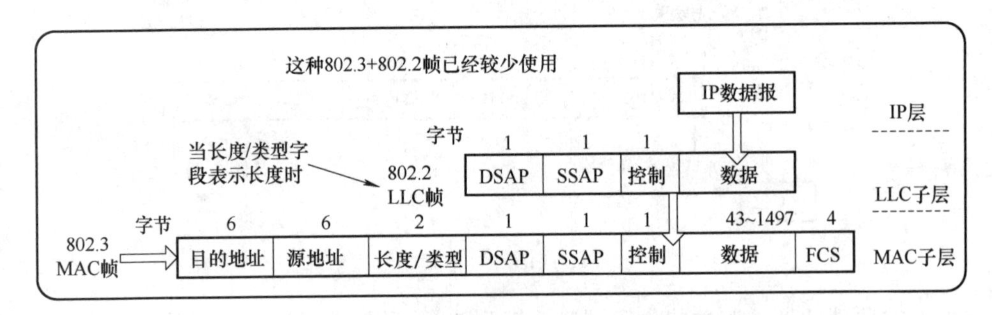

图 6-11　IEEE 的 802.3 MAC 帧标准

如图6-12所示，类型字段用来标志上一层使用的是什么协议，以便把收到的MAC帧的数据交给上一层的这个协议。数据字段的正式名称是MAC客户数据字段最小长度，64B－18B的首部和尾部 ＝ 数据字段的最小长度。

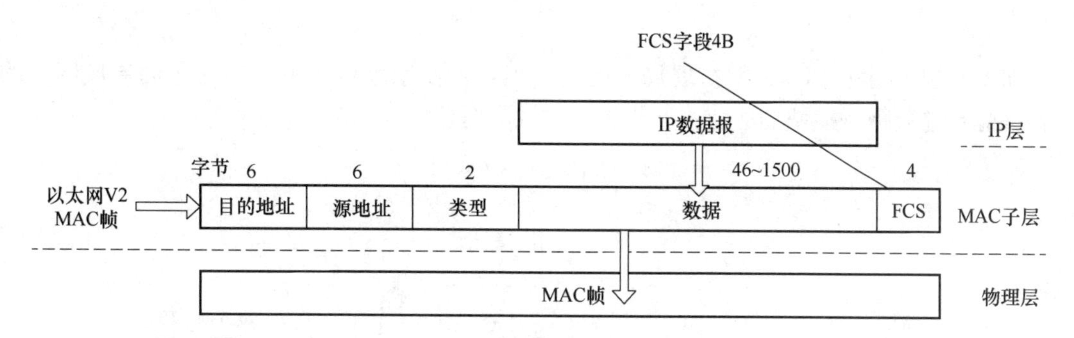

图6-12　以太网V2的MAC帧格式

当传输媒体的误码率为1×10^{-8}时，MAC子层可使未检测到的差错小于1×10^{-14}。当数据字段的长度小于46B时，应在数据字段的后面加入整数字节的填充字段，以保证以太网的MAC帧长度不小于64B。

为了达到位同步，传输媒体上的实际传送要比MAC帧多8个字节。如图6-13所示，在前面插入的8字节中的第一个字段共7B，是前同步码，用来迅速实现MAC帧的位同步。第二个字段是帧开始定界符，表示后面的信息就是MAC帧。

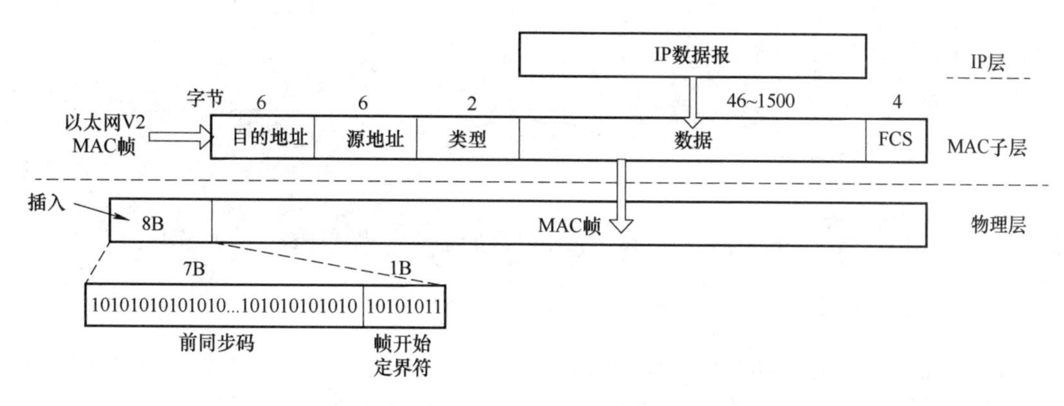

图6-13　以太网V2的MAC帧与前同步码

无效的MAC帧是指：数据字段的长度与长度字段的值不一致；帧的长度不是整数个字节；用收到的帧检验序列FCS查出有差错；数据字段的长度不在46～1500B之间。有效的MAC帧长度为64～1518B。对于检查出的无效MAC帧应直接丢弃。以太网不负责重传丢弃的帧。

帧间最小间隔为9.6μs，相当于96位的发送时间。一个站在检测到总线开始空闲后，还要等待9.6μs才能再次发送数据，这样做是为了使刚刚收到数据帧的站的接收缓存来得及清理，做好接收下一帧的准备。

6.4 局域网的扩展方式

6.4.1 在物理层扩展局域网

如图 6-14 所示，用集线器扩展局域网的优点：①使原来属于不同碰撞域的局域网上的计算机能够进行跨碰撞域的通信；②扩大了局域网覆盖的地理范围。

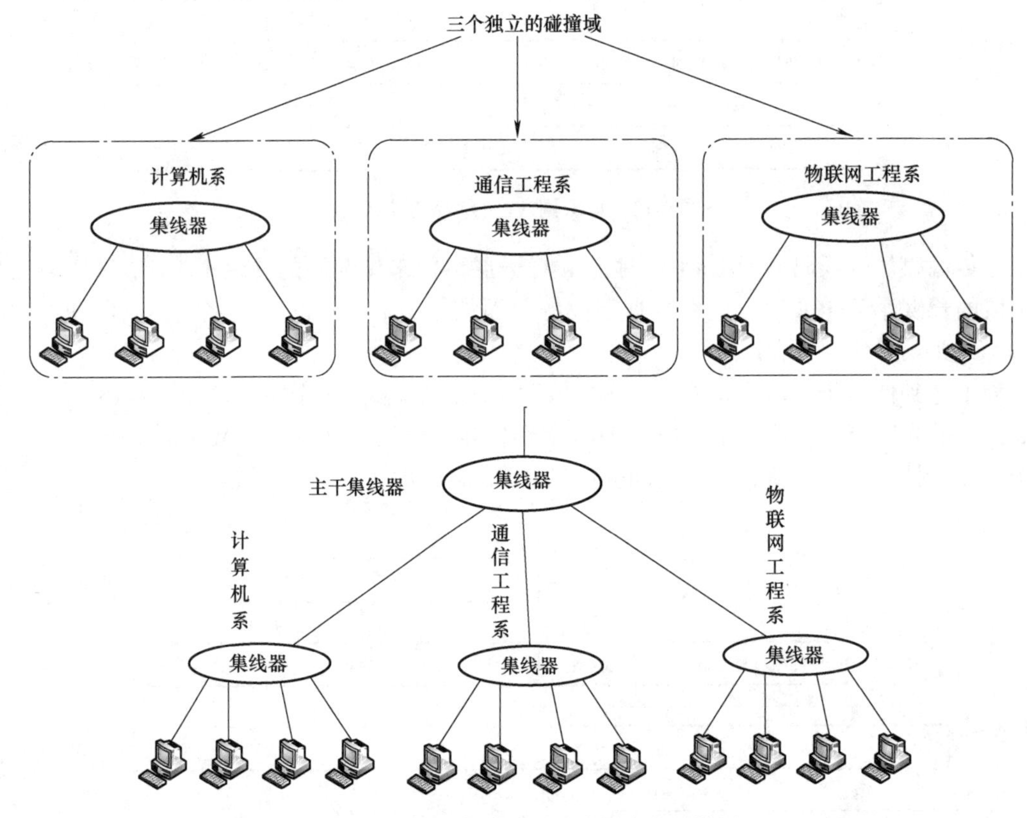

图 6-14 用多个集线器可连成更大的局域网

用集线器扩展局域网的缺点：①碰撞域增大了，但总的吞吐量并未提高；②如果不同的碰撞域使用不同的数据率，那么就不能用集线器将它们互连起来。

6.4.2 在数据链路层扩展局域网

在数据链路层扩展局域网时使用网桥。网桥工作在数据链路层，它根据 MAC 帧的目的地址对收到的帧进行转发。网桥具有过滤帧的功能。当网桥收到一个帧时，并不是向所有的端口转发此帧，而是先检查此帧的目的 MAC 地址，然后再确定将该帧转发到哪一个端口。

1. 网桥的内部结构（见图 6-15）

（1）使用网桥带来的好处

1）过滤通信量。

2）扩大了物理范围。

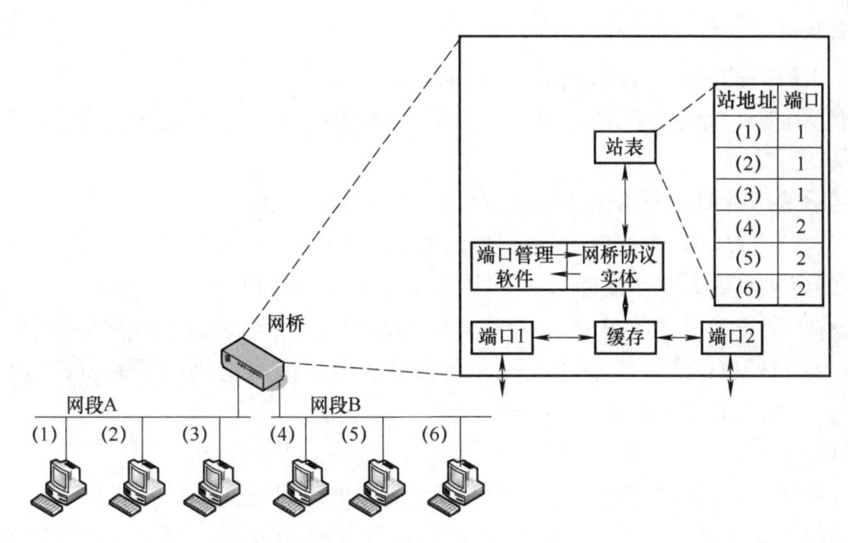

图 6-15 网桥的内部结构

3）提高了可靠性。

4）可互连不同物理层、不同 MAC 子层和不同速率（如 10Mbit/s 和 100Mbit/s 以太网）的局域网。

（2）使用网桥带来的缺点

1）存储转发增加了时延。

2）在 MAC 子层并没有流量控制功能。

3）具有不同 MAC 子层的网段桥接在一起时时延更大。

4）网桥一般适合于用户数不太多（不超过几百个）和通信量不太大的局域网，否则有时还会因传播过多的广播信息而产生网络拥塞。这就是所谓的广播风暴。

如图 6-16 所示，给出了与网桥相关数据报文的类型及格式。集线器在转发帧时，不对传输媒体进行检测。网桥在转发帧之前必须执行 CSMA/CD 算法。若在发送过程中出现碰撞，必须停止发送和进行退避。在这一点上网桥的接口很像一个网卡，但网桥却没有网卡。由于网桥没有网卡，因此网桥并不改变它转发的帧的源地址。

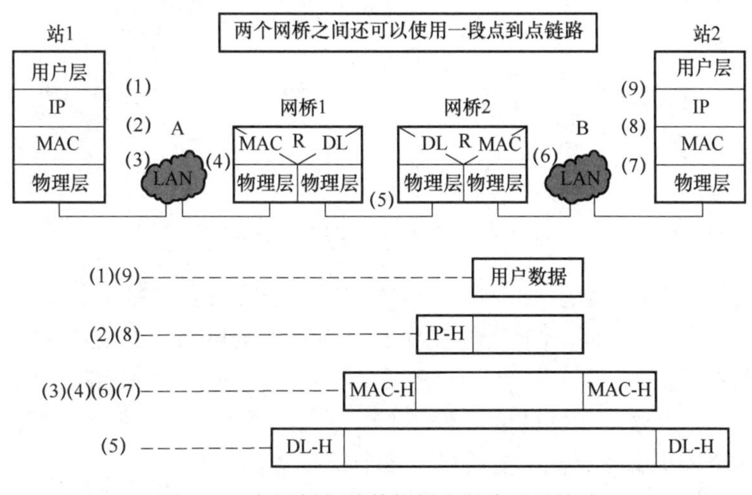

图 6-16 与网桥相关数据报文的类型及格式

2. 透明网桥

目前使用最多的网桥是透明网桥（Transparent Bridge）。

“透明”是指局域网上的站点并不知道所发送的帧将要经过哪几个网桥，因为网桥对于各站来说是看不见的。

透明网桥是一种即插即用设备，其标准是 IEEE 802. 1D。

网桥应当按照以下算法处理收到的帧和建立转发表：

1）从端口 x 收到无差错的帧（如有差错即丢弃），在转发表中查找目的站 MAC 地址。

2）若有，则查找出到此 MAC 地址应当走的端口 d，然后进行 3），否则转到 5）。

3）若到这个 MAC 地址的端口 d = x，则丢弃此帧（因为这表示不需要经过网桥进行转发）。否则，从端口 d 转发此帧。

4）转到 6）。

5）向网桥除 x 以外的所有端口转发此帧（这样做可保证找到目的站）。

6）若源站不在转发表中，则将源 MAC 地址加入到转发表，登记该帧进入网桥的端口号，设置计时器，然后转到 8）。若源站在转发表中，则执行 7）。

7）更新计时器。

8）等待新的数据帧。转到 1）。

网桥在转发表中登记以下三个信息：①站地址——登记收到的帧的源 MAC 地址；②端口——登记收到的帧进入该网桥的端口号；③时间——登记收到的帧进入该网桥的时间。

转发表中的 MAC 地址是根据源 MAC 地址写入的，但在进行转发时将此 MAC 地址当作目的地址。如果网桥现在能够从端口 x 收到从源地址 A 发来的帧，那么以后就可以从端口 x 将帧转发到目的地址 A，如图 6-17 所示。这样可以避免转发的帧在网络中不断兜圈子。

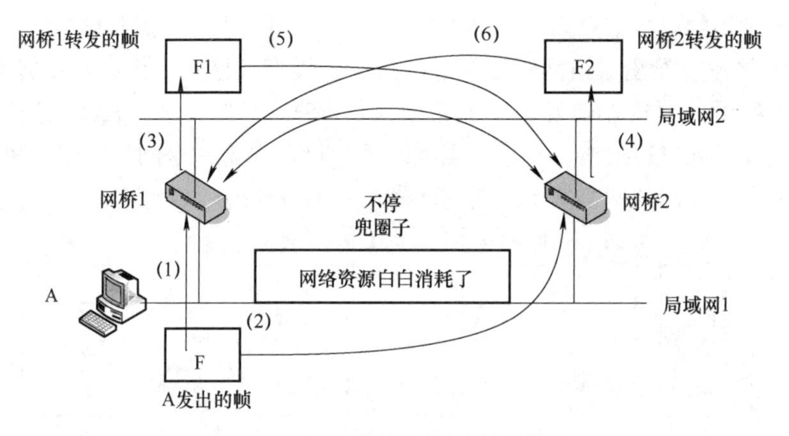

图 6-17　透明网桥使用的支撑树算法

透明网桥使用支撑树算法：①每隔几秒钟，每一个网桥要广播其标识号（由生产网桥的厂家设定的唯一序号）和它所知道的其他所有在网上的网桥；②支撑树算法选择一个网桥作为支撑树的根（例如，选择一个最小序号的网桥），然后以最短路径为依据，找到树上的每一个节点；③当互连局域网的数目非常大时，支撑树的算法很花费时间，这时可将大的互连网划分为多个较小的互连网，然后得出多个支撑树。

3. 源路由网桥

透明网桥容易安装，但网络资源的利用不充分。

源路由（Source Route）网桥在发送帧时将详细的路由信息放在帧的首部中。

源站以广播方式向欲通信的目的站发送一个发现帧，每个发现帧都记录所经过的路由。发现帧到达目的站后沿各自的路由返回源站。源站在得知这些路由后，从所有可能的路由中选择出一个最佳路由。凡从该源站向该目的站发送的帧的首部，都必须携带源站所确定的这一路由信息。

4. 多端口网桥——以太网交换机

1990年问世的交换式集线器（Switching Hub）可明显地提高局域网的性能。

交换式集线器常称为以太网交换机（Switch）或第二层交换机（表明此交换机工作在数据链路层）。以太网交换机通常都有十几个端口。因此，以太网交换机实质上就是一个多端口的网桥，工作在数据链路层。

（1）以太网交换机的特点

1）以太网交换机的每个端口都与主机直接相连，并且一般都工作在全双工方式。

2）交换机能同时连通许多对端口，使每一对相互通信的主机都能像独占通信媒体那样，进行无碰撞地数据传输。

3）以太网交换机由于使用了专用的交换结构芯片，其交换速率较高。

（2）共享式以太网示例

对于普通10Mbit/s的共享式以太网，若共有N个用户，则每个用户占有的平均带宽只有总带宽（10Mbit/s）的N分之一。如图6-18所示，使用以太网交换机时，虽然每个端口到主机的带宽还是10Mbit/s，但由于一个用户在通信时是独占而不是和其他网络用户共享传输媒体的带宽，因此对于拥有N对端口的交换机的总容量为$N \times 10$Mbit/s。这正是交换机的最大优点。

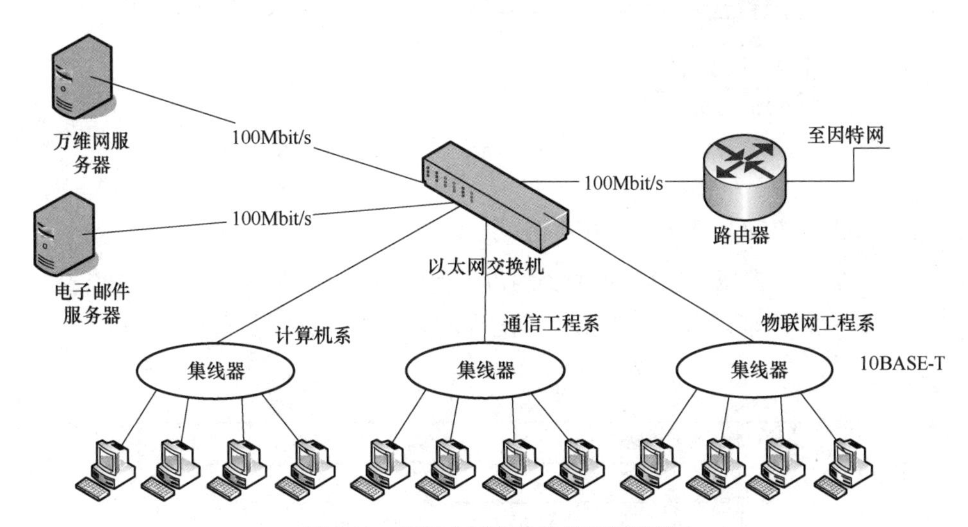

图6-18　用以太网交换机扩展局域网

6.5 虚拟局域网

6.5.1 虚拟局域网的概念

虚拟局域网（VLAN）是由一些局域网网段构成的、与物理位置无关的逻辑组。这些网段具有某些共同的需求。每一个 VLAN 的帧都有一个明确的标识符，指明发送这个帧的工作站是属于哪一个 VLAN。

如图 6-19 所示，虚拟局域网其实只是局域网给用户提供的一种服务，而并不是一种新型局域网。

1）当 B_1 向 $VLAN_2$ 工作组内成员发送数据时，工作站 B_2 和 B_3 将会收到广播的信息。

2）B_1 发送数据时，工作站 A_1、A_2 和 C_1 都不会收到 B_1 发出的广播信息。

3）虚拟局域网限制了接收广播信息的工作站数，使得网络不会因传播过多的广播信息（即“广播风暴”）而引起性能恶化。

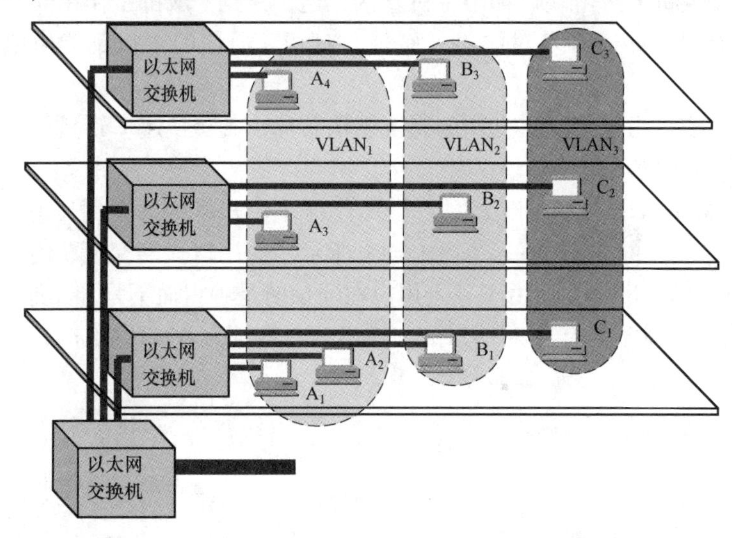

图 6-19　三个虚拟局域网 $VLAN_1$、$VLAN_2$ 和 $VLAN_3$ 的构成

6.5.2 虚拟局域网使用的以太网帧格式

如图 6-20 所示，虚拟局域网协议允许在以太网的帧格式中插入一个 4B 的标识符，称为 VLAN 标记（Tag），用来指明发送该帧的工作站属于哪一个虚拟局域网。

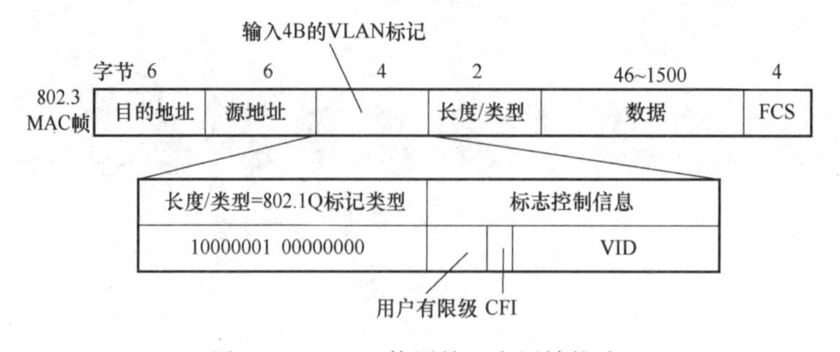

图 6-20　VLAN 使用的以太网帧格式

6.6 快速以太网

6.6.1 100BASE-T 以太网

速率达到或超过100Mbit/s的以太网称为高速以太网。在双绞线上传送100Mbit/s基带信号的星形拓扑以太网，仍使用IEEE 802.3的CSMA/CD协议。100BASE-T以太网又称为快速以太网（Fast Ethernet）。

1. 100BASE-T以太网的特点

1）可在全双工方式下工作而无冲突发生，因此，不使用CSMA/CD协议。

2）MAC帧格式仍然是802.3标准规定的。

3）保持最短帧长不变，但将一个网段的最大电缆长度减小到100m。

4）帧间时间间隔从原来的9.6μs改为现在的0.96μs。

2. 三种不同的物理层标准

1）100BASE-TX：使用两对5类无屏蔽双绞线（Unshielded Twisted Pair5，UTP5）或屏蔽双绞线（Shielded Tuisted Pair，STP）。

2）100BASE-FX：使用两对光纤。

3）100BASE-T4：使用4对3类或5类无屏蔽双绞线。

6.6.2 吉比特以太网

吉比特以太网允许在1Gbit/s下以全双工和半双工两种方式工作，使用802.3标准规定的帧格式；在半双工方式下使用CSMA/CD协议（全双工方式不需要使用CSMA/CD协议）；与10BASE-T和100BASE-T技术向后兼容。吉比特以太网的物理层如下。

1）1000BASE-X，基于光纤通道的物理层：

① 1000BASE-SX：SX表示短波长；

② 1000BASE-LX：LX表示长波长；

③ 1000BASE-CX：CX表示铜线。

2）1000BASE-T：使用4对5类线UTP。

载波延伸（Carrier Extension）：吉比特以太网工作在半双工方式时，必须进行碰撞检测。由于数率提高了，因此只有减小最大电缆长度或增大帧的最小长度，才能使参数a（以太网单程端到端时延τ与帧的发送时间T_0之比）保持为较小的数值。吉比特以太网仍然保持一个网段的最大长度为100m，但采用了“载波延伸”的办法，使最短帧长仍为64B（这样可以保持兼容性），同时将争用时间增大为512B，如图6-21所示。

当发送的MAC帧长不足512B时，就用一些特殊字符填充在帧的后面，使MAC帧的发送长度增大到512B，但这对有效载荷并无影响。接收端在收到以太网的MAC帧后，要将所填充的特殊字符删除后再向高层交付。

当很多短帧要发送时，第一个短帧要采用上面所说的载波延伸的方法进行填充，随后的一些短帧则可一个接一个地发送，只需留有必要的帧间最小时间间隔即可。这样可形成一串分组突发，直到达到1500B或稍多一些为止。

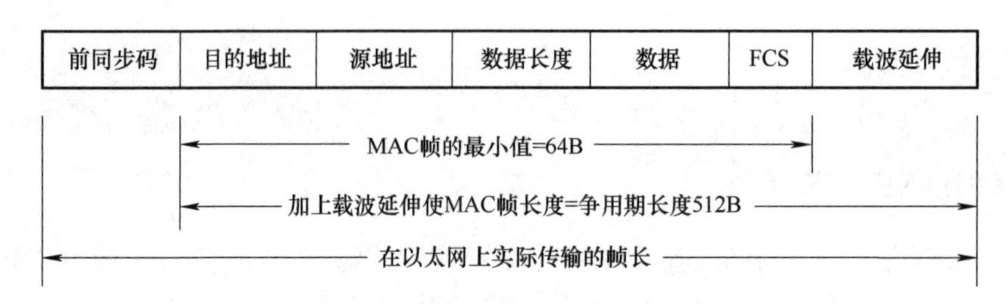

图 6-21　在短 MAC 帧后面加上载波延伸

如图 6-22 所示，当吉比特以太网工作在全双工方式时（即通信双方可同时进行发送和接收数据），不使用载波延伸和分组突发。

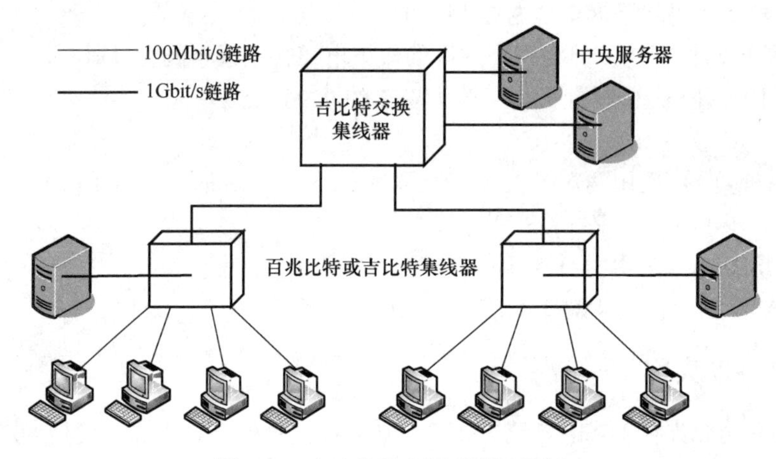

图 6-22　吉比特以太网的配置举例

6.6.3　10 吉比特以太网

10Gbit/s 以太网与 10Mbit/s、100Mbit/s 和 1Gbit/s 以太网的帧格式完全相同。10Gbit/s 以太网还保留了 802.3 标准规定的以太网最小和最大帧长，便于升级。10Gbit/s 以太网不再使用铜线而只使用光纤作为传输媒体。10Gbit/s 以太网只工作在全双工方式，因此没有争用问题，也不使用 CSMA/CD 协议。

1. 吉比特以太网的物理层

局域网物理层（LAN PHY）的数率是 10.000Gbit/s。

可选的广域网物理层（WAN PHY）具有另一种数率，这是为了和所谓的“Gbit/s”的 SONET/SDH（即 OC-192/STM-64）相连接。为了使 10Gbit/s 以太网的帧能够插入到 OC-192/STM-64 帧的有效载荷中，就要使用可选的广域网物理层，其数率为 9.95328Gbit/s。

2. 端到端的以太网传输

10Gbit/s 以太网的出现，使以太网的工作范围已经从局域网（校园网、企业网）扩大到城域网和广域网，从而实现了端到端的以太网传输。

这种工作方式的优点有：

1）成熟的技术。

2）互操作性很好。

3）在广域网中使用以太网时价格便宜。

4）统一的帧格式简化了操作和管理。

3. 以太网从10Mbit/s到10Gbit/s的演进

以太网从10Mbit/s到10Gbit/s的演进说明了以太网是：

1）可扩展的（从10Mbit/s到10Gbit/s）。

2）灵活的（多种传输媒体、全/半双工、共享/交换）。

3）易于安装。

4）稳健性好。

其他种类的高速局域网包括：100VG-AnyLAN局域网——使用集线器的100Mb/s高速局域网；光纤分布式数据接口（FDDI）——使用光纤作为传输媒体的令牌环形网；高性能并行接口（HIPPI）——主要用于超级计算机与一些外围设备（如海量存储器、图形工作站等）的高速接口。

6.7 无线局域网

6.7.1 无线局域网的组成

1. 有固定基础设施的无线局域网

如图6-23所示，有固定基础设施的无线局域网主要由以下几部分组成：

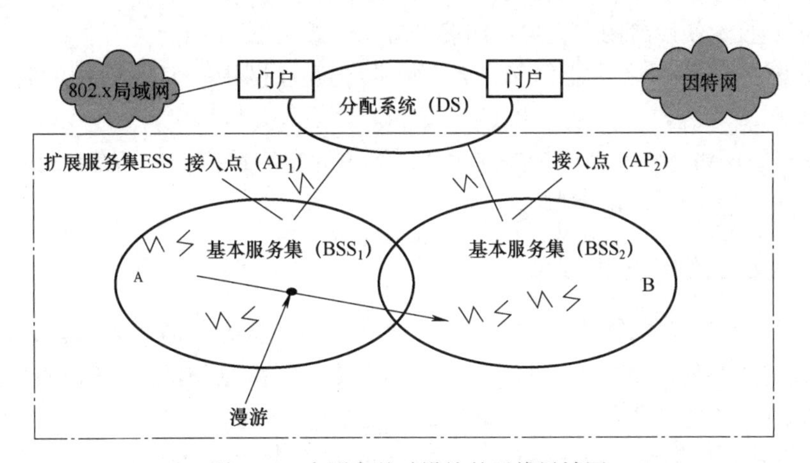

图6-23 有固定基础设施的无线局域网

1）一个基本服务集（BSS）包括一个基站和若干个移动站，所有的站在本BSS以内都可以直接通信，但在和本BSS以外的站通信时都要通过本BSS的基站。

2）基本服务集中的基站叫作接入点（Access Point，AP）其作用和网桥相似。

3）一个基本服务集可以是孤立的，也可通过AP连接到一个主干分配系统（Distribution System，DS），然后再接入到另一个基本服务集，构成扩展的服务集（Extended Service Set，ESS）。

4）ESS还可通过Portal为无线用户提供到非802.11无线局域网（例如，到有线连接的

Internet）的接入。Portal 的作用相当于网桥。

5）移动站 A 从某一个基本服务集漫游到另一个基本服务集，而仍然可保持与另一个移动站 B 进行通信。

2. 无固定基础设施的无线局域网自组网络（ad hoc network）

如图 6-24 所示，自组网络没有上述基本服务集中的接入点（AP），而是由一些处于平等状态的移动站之间相互通信组成的临时网络。

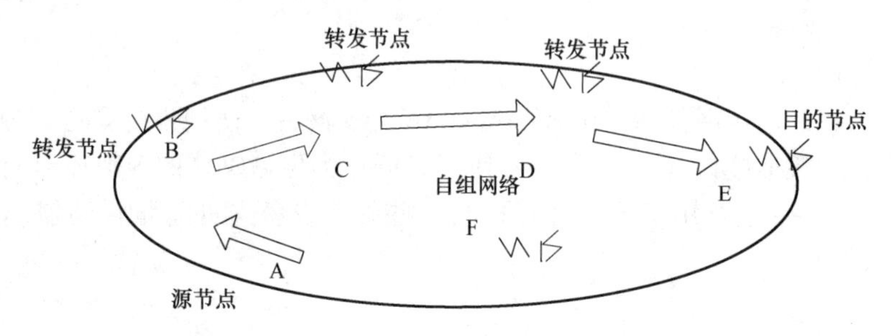

图 6-24　无固定基础设施的无线局域网自组网络

3. 移动自组网络的应用前景

在军事领域中，携带了移动站的战士可利用临时建立的移动自组网络进行通信。这种组网方式也能够应用到作战的地面车辆群和坦克群以及海上的舰艇群、空中的机群。

当出现自然灾害时，在抢险救灾时利用移动自组网络进行及时的通信往往是很有效的。

移动自组网络和移动 IP 并不相同，主要体现在：

1）移动 IP 技术使漫游的主机可以用多种方式连接到 Internet。

2）移动 IP 的核心网络功能仍然是基于在固定互联网中一直在使用的各种路由选择协议。

3）移动自组网络是将移动性扩展到无线领域中的自治系统，它具有自己特定的路由选择协议，并且可以不和 Internet 相连。

6.7.2　802.11 标准中的物理层

1997 年，IEEE 制订了无线局域网的协议标准的第一部分，即 802.11。1999 年，IEEE 又制订了剩下的两部分，802.11a 和 802.11b。802.11 的物理层有以下三种实现方法：①跳频扩频（FHSS）；②直接序列扩频（DSSS）；③红外线（IR）。

802.11a 的物理层工作在 5GHz 频带，采用正交频分复用（OFDM），也叫作多载波调制技术（载波数可多达 52 个）。其可以使用的数据率为 6Mbit/s、9Mbit/s、12Mbit/s、18Mbit/s、24Mbit/s、36Mbit/s、48Mbit/s 和 56Mbit/s。

802.11b 的物理层使用工作在 2.4GHz 的直接序列扩频技术，数据率为 5.5Mbit/s 或 11Mbit/s。

6.7.3　802.11 标准中的 MAC 层

1. CSMA/CD 协议两个不适合的原因

无线局域网不能简单地搬用 CSMA/CD 协议，其主要原因是：CSMA/CD 协议要求一个站点在发送本站数据的同时还必须不间断地检测信道，但在无线局域网的设备中要实现这种功能会花费过大；即使能够实现碰撞检测的功能，并且在发送数据时检测到信道是空闲的，在接收端仍然有可能发生碰撞。

（1）隐蔽站问题

如图6-25所示，当A和C检测不到无线信号时，都以为B是空闲的，因而都向B发送数据，结果发生碰撞。这种未能检测出媒体上已存在的信号的问题叫作隐蔽站问题（hidden station problem）。

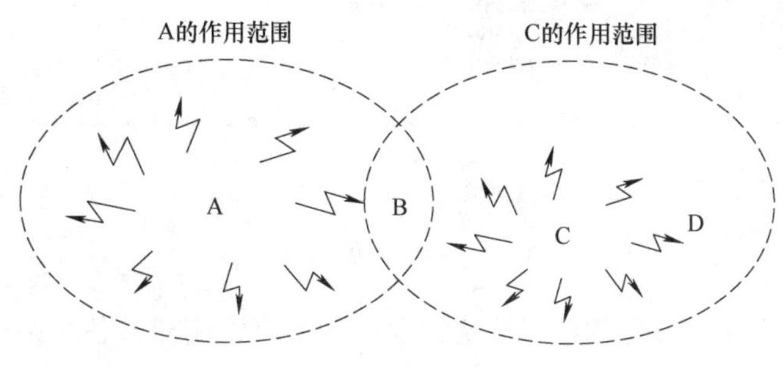

图6-25　隐蔽站问题

（2）暴露站问题

如图6-26所示，B向A发送数据，而C又想和D通信。C检测到媒体上有信号，于是就不敢向D发送数据。其实B向A发送数据并不影响C向D发送数据，这就是暴露站问题（Exposed Station Problem）。

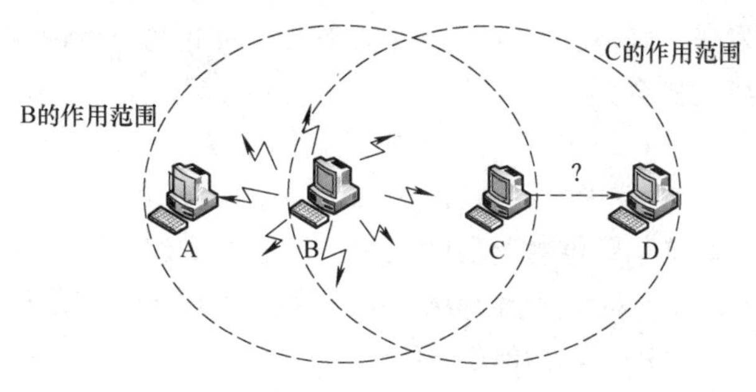

图6-26　暴露站问题

无线局域网不能使用CSMA/CD，而只能使用改进的CSMA协议。改进的办法是将CSMA增加一个碰撞避免（Collision Avoidance，CA）功能。802.11就使用CSMA/CA协议，且在使用CSMA/CA的同时还使用了确认机制。

2. 802.11的MAC层

下面先介绍802.11的MAC层，如图6-27所示。

1）MAC层通过协调功能来确定基本服务集（BSS）中的移动站在什么时间能发送数据或接收数据。

2）802.11的MAC层在物理层之上，包括两个子层。

3）DCF子层在每一个节点使用CSMA机制的分布式接入算法，让各个站通过争用信道来获取发送权。因此DCF向上提供争用服务。

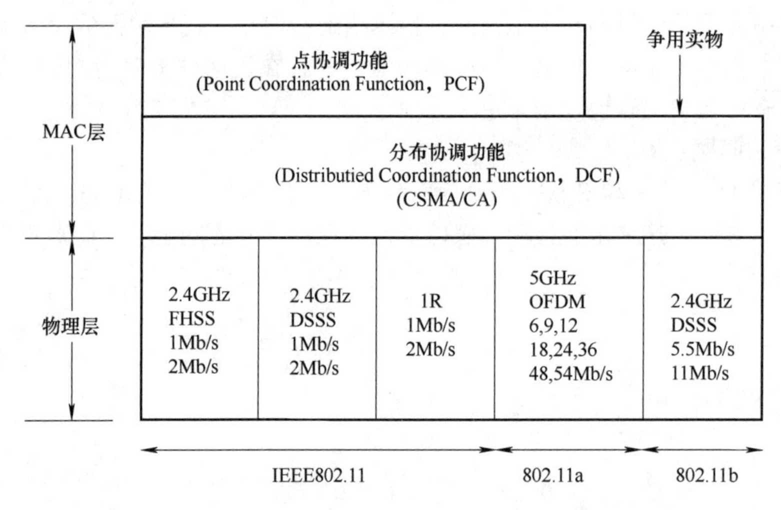

图 6-27　802.11 的 MAC 层

4）PCF 子层使用集中控制的接入算法将发送数据权轮流交给各个站，从而避免了碰撞的产生。

3. 帧间间隔

所有的站在完成发送后，必须再等待一段很短的时间（继续监听）才能发送下一帧。这段时间通称是帧间间隔（InterFrame Space，IFS）。

帧间间隔的长度取决于该站欲发送的帧的类型。高优先级帧需要等待的时间较短，因此可优先获得发送权，但低优先级帧必须等待较长的时间。若低优先级帧还没来得及发送而其他站的高优先级帧已发送到媒体，则媒体变为忙态，因而低优先级帧就只能再推迟发送了。这样就减少了发生碰撞的机会。

（1）短帧间间隔

短帧间间隔（Short IFS，SIFS）的长度为 28μs，是最短的帧间间隔，用来分隔开属于一次对话的各帧。一个站应当能够在这段时间内从发送方式切换到接收方式。使用 SIFS 的帧类型有：ACK 帧、CTS 帧、由过长的 MAC 帧分片后的数据帧以及所有回答 AP 探询的帧和在 PCF 方式时接入点（AP）发送出的任何帧。

（2）点协调功能帧间间隔

点协调功能帧间间隔（PIFS）是为了在开始使用 PCF 方式时（在 PCF 方式下使用，没有争用）优先接入到媒体中。PIFS 的长度是 SIFS 长度加一个时隙（Slot）长度（其长度为 50μs），即 78μs。

时隙长度的确定：在一个基本服务集（BSS）内，当某个站在一个时隙开始时接入到媒体，那么在下一个时隙开始时，其他站都能检测出信道已转变为忙态。

（3）分布协调功能帧间间隔

分布协调功能帧间间隔（DIFS）是最长的 IFS，在 DCF 方式中用来发送数据帧和管理帧。DIFS 的长度比 PIFS 再增加一个时隙长度，因此 DIFS 的长度为 128 μs。

4. CSMA/CA 协议的原理

欲发送数据的站应先检测信道。在 802.11 标准中规定了在物理层的空中接口进行物理层的载波监听。通过收到的相对信号强度是否超过一定的门限数值可判定是否有其他的移动站在信道上发送数据。当源站发送它的第一个 MAC 帧时，若检测到信道空闲，则在等待 DIFS 时间后即可发送。

（1）为什么信道空闲还要再等待

这是考虑到可能有其他的站有高优先级的帧要发送。如有，就要让高优先级帧先发送。

假定没有高优先级帧要发送，源站发送了自己的数据帧。目的站若正确收到此帧，则经过时间间隔 SIFS 后，向源站发送确认帧 ACK。若源站在规定时间内没有收到确认帧 ACK（由重传计时器控制这段时间），则必须重传此帧，直到收到确认为止，或者经过若干次的重传失败后放弃发送。

（2）虚拟载波监听（Virtual Carrier Sense）

虚拟载波监听的机制是让源站将它要占用信道的时间（包括目的站发回确认帧所需的时间）通知给所有其他站，以便使其他所有站在这一段时间都停止发送数据。这样就大大减少了碰撞的机会。"虚拟载波监听"表示其他站并没有监听信道，而是由于其他站收到了"源站的通知"才不发送数据。

这种效果好像是其他站都监听了信道。所谓"源站的通知"，就是源站在其 MAC 帧首部中的第二个字段"持续时间"中填入了本帧结束后还要占用信道的时间（以微秒为单位），包括目的站发送确认帧所需的时间。

当一个站检测到正在信道中传送的 MAC 帧首部的持续时间字段时，会调整自己的网络分配向量（Network Allocation Vector，NAV）。NAV 指出了必须经过多少时间才能完成数据帧的这次传输，才能使信道转入到空闲状态。

信道从忙态变为空闲时，任何一个站要发送数据帧，不仅要等待一个 DIFS 的间隔，而且还要进入争用窗口，并计算随机退避时间以便再次试图接入到信道。在信道从忙态转为空闲时，各站就要执行退避算法，从而减小发生碰撞的概率。802.11 使用二进制指数退避算法。

（3）二进制指数退避算法

第 i 次退避就在 2^{2+i} 个时隙中随机地选择一个。如第 1 次退避是在 8 个时隙（而不是 2 个）中随机选择一个，第 2 次退避是在 16 个时隙（而不是 4 个）中随机选择一个。

仅在检测到信道是空闲的，并且这个数据帧是要发送的第一个数据帧时不使用退避算法，除此以外的所有情况，都必须使用退避算法。即：

1）在发送第一个帧之前检测到信道处于忙态。

2）在每一次的重传后。

3）在每一次的成功发送后。

如图 6-28 所示，802.11 允许要发送数据的站对信道进行预约。

源站 A 在发送数据帧之前先发送一个短的控制帧，叫作请求发送（Request To Send，RTS），它包括源地址、目的地址和这次通信（包括相应的确认帧）所需的持续时间。

如图 6-29 所示，若媒体空闲，则目的站 B 就发送一个响应控制帧，叫作允许发送（Clear To Send，CTS），它包括这次通信所需的持续时间（从 RTS 帧中将此持续时间复制到 CTS 帧中）。

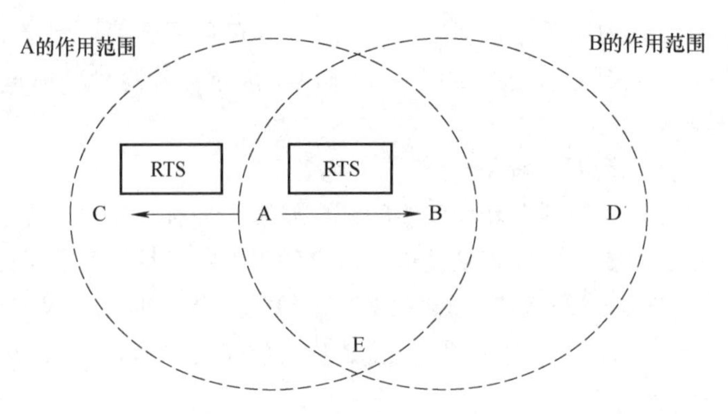

图 6-28　站对信道进行预约机制

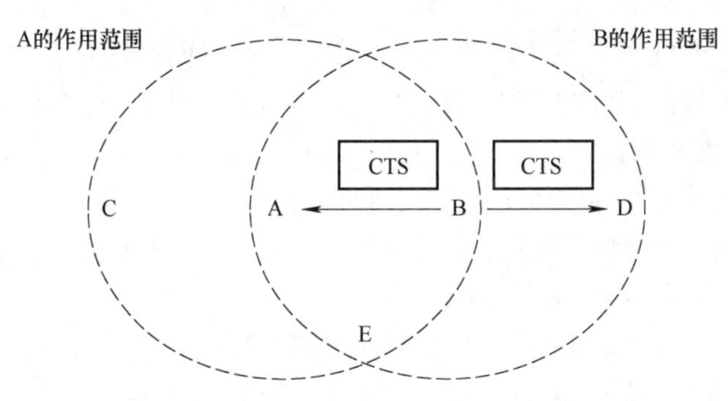

图 6-29　A 收到 CTS 帧后就可发送其数据帧

本章小结

通过本章学习，应清楚地理解局域网的基本概念、以太网的物理地址及 MAC 帧格式。熟练掌握以太网的工作原理及各种连接方法；熟练掌握扩展局域网的各种方法以及转发器、集线器、网桥及以太网交换机的知识；熟练掌握百兆、千兆以太网技术；基本掌握虚拟局域网、802.11 无线局域网知识。初步了解 10Gbit/s 以太网、其他种类的高速局域网、无线局域网 CSMA/CA 协议等内容。

习题

6-1　为什么 MAC 帧的最短长度为 64B?

6-2　阐述以太网的工作原理及以太网的两个标准、CSMA/CD 协议。

6-3　阐述传统以太网使用粗同轴电缆、细同轴电缆、双绞线等的连接方法。

6-4　阐述以太网的硬件地址、MAC 帧格式。

6-5　论述在数据链路层使用网桥、以太网交换机扩展局域网的方法及透明网桥技术。

6-6　现有五个站分别连接在三个局域网上，并且用两个网桥连接起来，如图 6-30 所示。每一个网桥的两个端口号都标明在图上。开始时，两个网桥中的转发表都是空的。以后有以下各站向其他的站发送了数据帧，即 H1 发送给 H5，H3 发送给 H2，H4 发送给 H3，

H2 发送给 H1。试将有关数据填写在表 6-1 中。

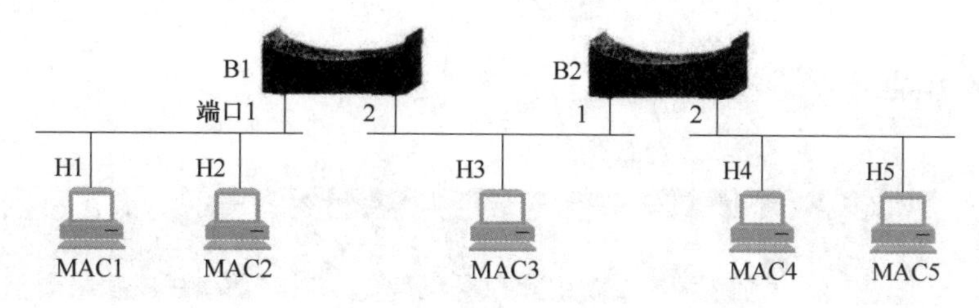

图 6-30　题图 6-6

表 6-1

发送的帧	网桥 B1 的转发表		网桥 B2 的转发表		网桥 B1 的处理 （转发？丢弃？登记？）	网桥 B2 的处理 （转发？丢弃？登记？）
	站地址	端口	站地址	端口		
H1→H5						
H3→H2						
H4→H3						
H2→H1						

6-7　论述 802.11 无线局域网的组成，如物理层、MAC 层，CSMA/CA 协议、信道预约。

6-8　名词解释

（1）MAC：即媒体接入控制（Medium Access Control）子层

（2）LLC：即逻辑链路控制（Logical Link Control）子层

（3）CSMA/CD

（4）10BASE5

（5）10BASE-T

（6）单播（unicast）

（7）广播（broadcast）

（8）多播（multicast）

（9）网桥

（10）虚拟局域网（Virtual LAN）

（11）载波延伸

（12）FDDI

（13）CSMA/CA

扩展阅读

查询检索 5G 或 6G 相关文献，总结梳理其信道复用技术和无线频谱资源调度的新技术有哪些？各有什么优缺点？

第 7 章 局域网组建实验

7.1 实验环境和基本操作

7.1.1 Cisco Packet Tracer 使用说明

Cisco Packet Tracer 是 Cisco 为网络初学者提供的一个学习用的模拟器，提供各种网络和终端设备，如路由器、交换机、防火墙、主机、服务器等，可以完成网络的规划、设计、配置和调试过程。用户可以在软件的图形用户界面上直接使用拖拽方法建立网络拓扑，并提供数据包在网络中的详细处理过程，观察网络实时运行情况，学习设备配置方法以及锻炼故障排查能力。

1. 功能介绍

（1）网络拓扑设计、设备配置和调试

通过 Cisco Packet Tracer 可以选择各种不同的网络设备，如路由器、交换机、防火墙等，来组成符合网络设计需求的网络拓扑结构，并对各种设备进行配置，完成配置后可启动分组端到端传输过程来检验网络中两个设备之间的传输过程。如果发现问题，可通过检查拓扑连接、端口情况、设备配置情况以及设备的控制信息（如交换机的转发表、路由器的路由表等）来寻找出现问题的原因，并加以解决。其配置方式与真实物理设备类似，而构建拓扑方式要简单得多，可以用于网络设计正式实施之前的试验环节，同时解决了网络学习者搭建真实环境所受的设备和场地限制，是网络教学中常用的仿真软件。

（2）模拟协议实现过程

网络中分组端到端传输过程是各种协议、各种网络技术相互作用的结果，初学者可以通过 Cisco Packet Tracer 提供的模拟操作模式来观察网络设备之间报文的传输过程、报文的类型、报文格式和处理流程等，能够较直观地学习并分析协议执行的过程。

2. 用户界面

启动 Cisco Packet Tracer7.2.2 并登录后，将出现图 7-1 所示的用户界面，软件的用户界面主要由菜单栏、主工具栏、公共工具栏、工作区、工作区选择栏、设备类型选择框、设备选择框、模式选择栏等组成。

菜单栏给出该软件提供的 7 个菜单，包括文件的新建、打开、存储命令以及对象的复制粘贴等功能；主工具栏给出了菜单栏中的一些用户常用命令，方便用户进行直接选择；公共工具栏给出了对工作区中的对象进行操作的工具，如选择、查看、注释、删除等，这里请重点关注查看工具和简单报文工具，其中查看工具用于检查网络设备生成的控制信息，如路由表、转发表等，而简单报文工具则用于在选中的发送终端与接收终端之间启动一次 ping 操作。

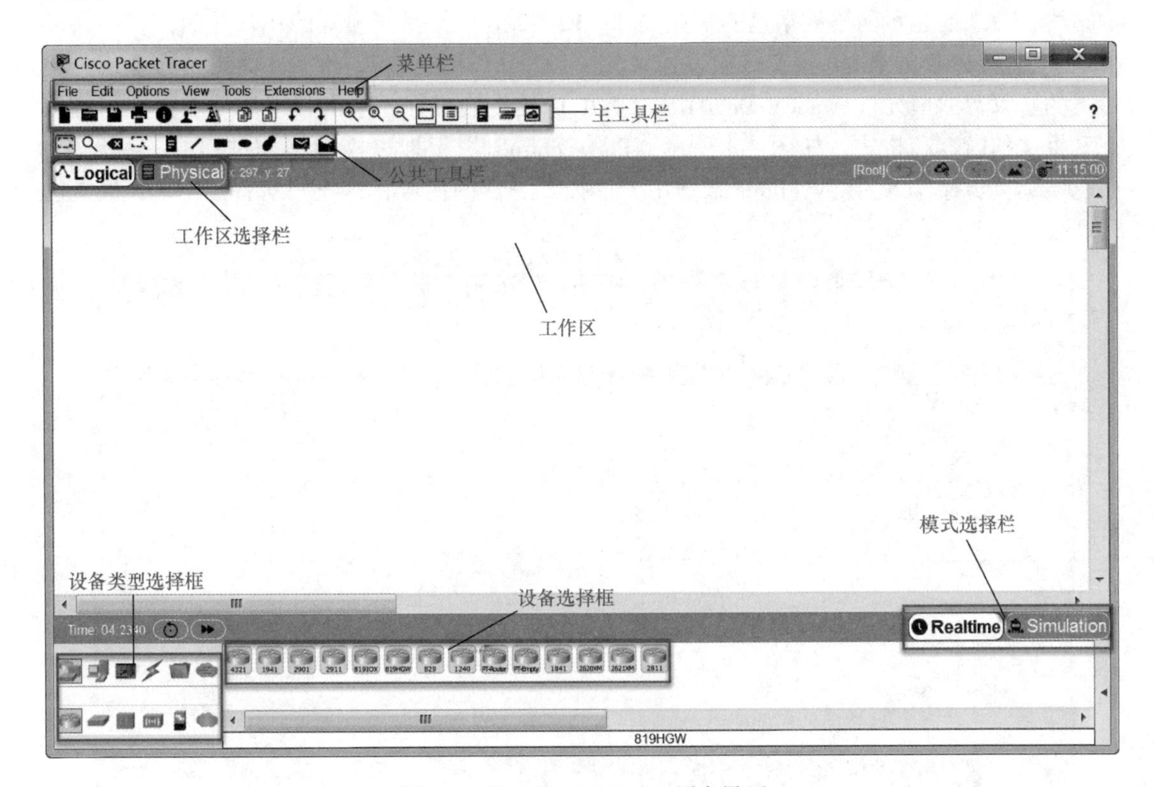

图 7-1 Cisco Packet Tracer 用户界面

工作区有逻辑工作区和物理工作区，可通过工作区选择栏进行选择。若选择逻辑工作区，则用于设计网络拓扑结构、配置网络设备、检测端到端连通性等；而选择物理工作区，则将给出城市布局、城市内建筑物布局和建筑物内配线间布局等。

模式选择栏用于选择实时操作模式和模拟操作模式：实时操作模式仿真网络实际运行过程；在模拟操作模式下，用户可观察、分析分组端到端传输过程中的每一个步骤，以及每一个步骤涉及的报文类型、报文格式等。

设备类型选择框和设备选择框用于选择不同类型的网络设备，模拟器目前支持的设备类型有路由器、交换机、集线器、无线设备、连接线、终端设备、安全设备、广域网仿真设备、定制设备等，可在设备类型选择框中选中需要的设备类型后，再在设备选择框中选择指定类型的网络设备型号。

3. 操作模式

Cisco Packet Tracer 的操作模式分为实时操作模式和模拟操作模式。

（1）实时操作模式

实时操作模式下，用户往往用来搭建网络拓扑、进行设备配置和检查，查看各种设备的状态或控制信息，如路由表、转发表等，并且通过发送分组检测设备之间的连通性。在该模式下，完成各种网络设备的配置后，这些设备将自动完成相关协议的执行过程。

（2）模拟操作模式

模拟操作模式可以通过生动的动画来表现数据包的传输过程，能清楚地看到数据包的传输路线，直观地显示网络数据包的来龙去脉。图 7-2 是模拟操作模式的用户界面，其中启动了从 PCA 到 PCB 的 ICMP 报文传输过程（ping 192. 168. 5. 2），Event List 给出了报文或分组形式的协议数据单元（Protocol Data Unit，PDU）的传输过程，单击其中的某个报文，可以查看报文的内容和格式，如图 7-3 所示。Play controls 用于推进模拟操作过程的一些设定，如速度、单步操作等，Edit Filters 按钮用于选择要查看的协议，这里只选择了 ICMP 报文进行观察。

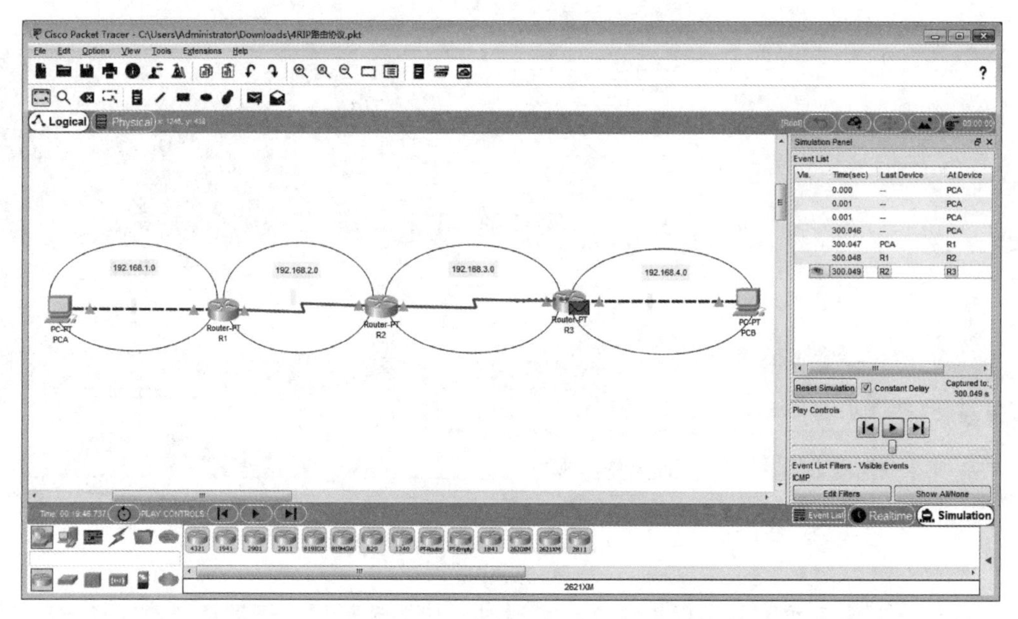

图 7-2　模拟操作模式

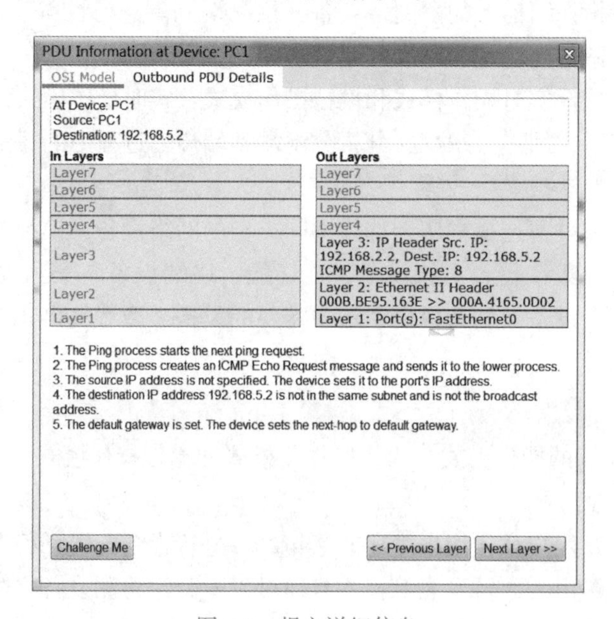

图 7-3　报文详细信息

如图7-3所示，在报文详细信息中，可以查看事件列表中每段传输路径中的报文或分组的详细信息，因此，有利于了解网络是否能正常工作并发现网络故障，也有利于学习者更加深入直接地理解网络协议的操作过程，这些信息在真实网络设备上是无法进行直接观察的。

4. 设备选择与配置

Cisco Packet Tracer 提供了设计复杂网络可能涉及的网络设备类型，如路由器、交换机、集线器、终端设备、无线设备、安全设备等，一般在逻辑工作区和实时操作模式下进行网络拓扑设计。用户首先在设备类型选择框中选择特定设备类型，如交换机，然后在设备选择框中选择特定型号的设备，如二层交换机 Cisco 2960，最后将其拖拽到工作区。

将设备拖拽到工作区后，单击该设备便可进入设备的配置界面，每一个设备通常有物理（Physical）、图形接口（Config）、命令行接口（CLI）三个配置选项。

物理配置用于为网络设备选择可选模块，为了将某个模块放入插槽，首先要关闭设备电源，然后将需要的模块拖拽到指定插槽中，最后启动设备电源即可生效。

图形接口为学习者提供了方便易用的设备配置方式，通过图形界面可以方便地配置各设备接口的 IP 地址、子网掩码，并配置某些协议，初学者不需要掌握操作命令就能完成一些基本的设备配置。

当然，最重要的配置方式是命令行配置，这是为网络设备配置一些复杂功能的基础，本书将重点对这种配置方式进行讨论，使读者对命令行配置方式有深入的理解。

7.1.2 交换机和路由器的使用

1. 交换机和路由器的介绍

交换机（Switch）是集线器的换代产品，其作用是将传输介质的线缆汇聚在一起，以实现计算机的连接。但集线器工作在 OSI 模型的物理层，而交换机工作在 OSI 模型的数据链路层。交换机在网络中最重要的应用是提供网络接口，所有网络设备的互联都必须借助交换机才能实现，如计算机设备、网络设备、打印机等外部设备。交换机连接的每个网段（每个接口）都是一个独立的冲突域，在一个网段上发生冲突，不会影响其他网段。

路由器（Router）是网络层的设备，用于连接多种不同类型的网络或子网段，它会根据收到的 IP 数据包中携带的控制信息，按照路由表将数据包从一个网络传送到另外一个网络。目前，路由器已经广泛应用于各种企业网的构建中，各种不同档次的路由器产品，已成为实现各种骨干网内部连接、骨干网互联的主力军。

2. 交换机和路由器的配置方式

为了通过命令行接口对交换机和路由器进行配置，必须使用基于字符的终端或远程登录方式连接到网络设备，常用的方式有以下4种。

（1）通过 Console 口进行连接

将终端登录到网络设备的 Console 口是一种最基本的连接方式，首次配置设备往往采用这种方式。交换机和路由器都提供了一个 Console 口，用户需要一台终端通过专用的 Console 线连接到网络设备的 Console 口上，然后通过终端访问命令行接口。在实际应用中，通过在计算机中安装终端仿真软件 PuTTY，可以方便地通过该软件登录设备进行配置。

（2）通过 AUX 口进行连接

网络设备提供的 AUX 口（Auxiliary port，辅助端口）通常用于对设备进行远程操作和配置，通过 AUX 口连接网络设备的方式如图 7-4 所示。在这种配置方式中，用户字符终端通过 PSTN（公共交换电话网络）建立拨号连接，接入网络设备的 AUX 口，网络设备的 AUX 口通过 AUX 电缆连接到 Modem，终端则用串口通过 Modem 线缆连接到 Modem。

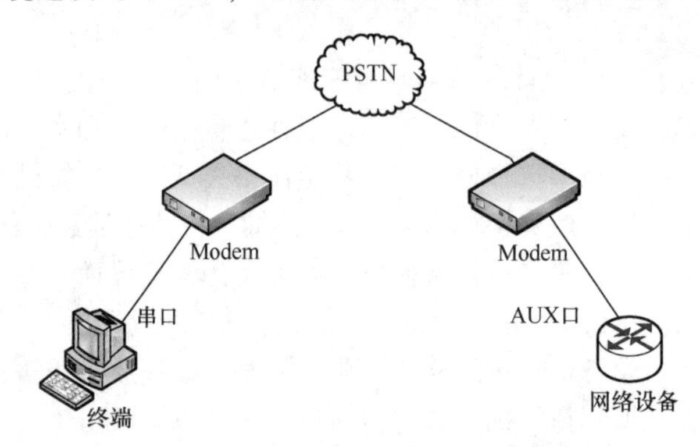

图 7-4　通过 AUX 口连接网络设备

（3）通过 Telnet 进行连接

Telnet 是基于 TCP 实现、用于主机或终端之间远程连接并进行数据交互的协议，它遵循客户机/服务器模型，网络设备作为 Telnet 服务器，用户本地计算机可作为 Telnet 客户端直接对网络设备发起登录，登录成功后即可对设备进行操作配置。

使用 Telnet 配置方式需要满足一些条件，首先，客户端与网络设备之间必须具备 IP 可达性，即该网络设备和客户端都必须配置了 IP 地址，并且它们之间的网络是连通的；其次，出于安全性考虑，网络设备必须具备一定的 Telnet 验证信息，如用户名、口令等；第三，中间网络还必须允许 TCP 和 Telnet 协议报文通过。

（4）通过 SSH 进行连接

SSH 连接方式和 Telnet 方式类似，只是 Telnet 远程连接配置设备时，所有的信息都是以明文方式在网络上传输的，而 SSH 则可以提供安全保障和强大的验证功能，以保护设备不受诸如 IP 地址欺诈、明文密码截取等攻击。

SSH 技术也是基于 TCP 实现的，使用端口号 22 进行连接，也采用客户机/服务器模型，因此用户可以从本地设备通过 SSH 登录到远程设备上。

3. 命令行配置方法

（1）命令模式

Cisco 网络设备可以看作是专用计算机系统，同样由硬件系统和软件系统组成，其核心系统软件是互联网操作系统（Internetwork Operating System，IOS）。IOS 用户界面是命令行接口界面，用户可以通过输入命令来实现对网络设备的配置和管理。为了安全，IOS 提供了三种命令行模式，即 User Mode（用户模式）、Privileged Mode（特权模式）、Global Mode（全局模式），不同模式下，用户具有不同的配置和管理网络设备的权限。

1）用户模式。

用户模式是权限最低的命令行模式，用户只能通过命令查看一些网络设备的状态，没有配置网络设备的权限，也不能修改网络设备状态和控制信息。用户登录网络设备后，立即进入用户模式，其命令提示符为：

```
Router >
```

其中，Router是默认的设备名，可在全局模式下通过命令hostname进行修改，“>”指明当前处在用户模式下。

在用户模式下可以使用的命令如图7-5所示。

```
Router>?
Exec commands:
  <1-99>      Session number to resume
  connect     Open a terminal connection
  disable     Turn off privileged commands
  disconnect  Disconnect an existing network connection
  enable      Turn on privileged commands
  exit        Exit from the EXEC
  logout      Exit from the EXEC
  ping        Send echo messages
  resume      Resume an active network connection
  show        Show running system information
  ssh         Open a secure shell client connection
  telnet      Open a telnet connection
  terminal    Set terminal line parameters
  traceroute  Trace route to destination
```

图7-5　用户模式下可用命令列表

2）特权模式。

通过在用户模式下输入命令enable，就可以进入特权模式，其可用命令列表如图7-6所示。特权模式下，用户可以修改网络设备的状态和控制信息，如交换机的MAC地址表等，但不能配置网络设备。特权模式下的命令提示符如下：

```
Router#
```

其中，Router是默认的设备名，“#”指明当前处在特权模式下。

```
Router#?
Exec commands:
  <1-99>      Session number to resume
  auto        Exec level Automation
  clear       Reset functions
  clock       Manage the system clock
  configure   Enter configuration mode
  connect     Open a terminal connection
  copy        Copy from one file to another
  debug       Debugging functions (see also 'undebug')
  delete      Delete a file
  dir         List files on a filesystem
  disable     Turn off privileged commands
  disconnect  Disconnect an existing network connection
  enable      Turn on privileged commands
  erase       Erase a filesystem
  exit        Exit from the EXEC
  logout      Exit from the EXEC
  mkdir       Create new directory
  more        Display the contents of a file
  no          Disable debugging informations
  ping        Send echo messages
  reload      Halt and perform a cold restart
  resume      Resume an active network connection
  rmdir       Remove existing directory
  send        Send a message to other tty lines
```

图7-6　特权模式下可用命令列表

```
setup          Run the SETUP command facility
show           Show running system information
ssh            Open a secure shell client connection
telnet         Open a telnet connection
terminal       Set terminal line parameters
traceroute     Trace route to destination
undebug        Disable debugging functions (see also 'debug')
vlan           Configure VLAN parameters
write          Write running configuration to memory, network, or terminal
```

图 7-6　特权模式下可用命令列表（续）

3）全局模式。

通过在特权模式下输入命令 configure terminal，可进入全局模式，其可用命令列表如图 7-7 所示。全局模式下的命令提示符如下：

```
Router(config)#
```

其中，Router 是默认的设备名，“（config）#”指明当前处在全局模式下。

```
Router(config)#?
Configure commands:
  aaa                  Authentication, Authorization and Accounting.
  access-list          Add an access list entry
  banner               Define a login banner
  bba-group            Configure BBA Group
  boot                 Modify system boot parameters
  cdp                  Global CDP configuration subcommands
  class-map            Configure Class Map
  clock                Configure time-of-day clock
  config-register      Define the configuration register
  crypto               Encryption module
  default              Set a command to its defaults
  do                   To run exec commands in config mode
  dot11                IEEE 802.11 config commands
  enable               Modify enable password parameters
  end                  Exit from configure mode
  exit                 Exit from configure mode
  flow                 Global Flow configuration subcommands
  hostname             Set system's network name
  interface            Select an interface to configure
  ip                   Global IP configuration subcommands
  ipv6                 Global IPv6 configuration commands
  key                  Key management
  license              Configure license features
  line                 Configure a terminal line
  lldp                 Global LLDP configuration subcommands
  logging              Modify message logging facilities
  login                Enable secure login checking
  mac-address-table    Configure the MAC address table
  no                   Negate a command or set its defaults
  ntp                  Configure NTP
  parameter-map        parameter map
  parser               Configure parser
  policy-map           Configure QoS Policy Map
  port-channel         EtherChannel configuration
  priority-list        Build a priority list
  privilege            Command privilege parameters
  queue-list           Build a custom queue list
  radius               RADIUS server configuration command
```

图 7-7　全局模式下可用命令列表

```
radius-server        Modify Radius query parameters
router               Enable a routing process
secure               Secure image and configuration archival commands
security             Infra Security CLIs
service              Modify use of network based services
snmp-server          Modify SNMP engine parameters
spanning-tree        Spanning Tree Subsystem
tacacs-server        Modify TACACS query parameters
username             Establish User Name Authentication
vpdn                 Virtual Private Dialup Network
vpdn-group           VPDN group configuration
zone                 FW with zoning
zone-pair            Zone pair command
```

图7-7　全局模式下可用命令列表（续）

全局模式下，用户可以对网络设备进行配置，如配置路由器的路由协议和参数，对交换机划分Vlan等。另外，如果需要对网络设备的部分功能块进行配置，则需要从全局模式通过命令进入这些功能块的配置模式，如配置路由器的FastEthernet0/0端口，需要通过以下命令进入路由器的接口配置模式进行配置：

```
Router(config)# interface fastethernet0/0
Router(config-if)#
```

（2）命令行帮助特性

熟练使用网络设备提供的在线帮助特性，可方便用户的操作和使用，减少出现错误的概率。

1）查找工具。

在命令行中直接输入“?”将获取该视图下所有的命令及其功能的简单描述，在某个命令后接以空格分隔的“?”，如果该位置为关键字，则列出全部关键字及简单描述，如果该位置为参数，则列出所有的参数描述。对于部分输入的字符串，在其后紧跟“?”，则列出以该字符串开头的所有命令。

2）自动补全工具。

对于命令和参数，只需要输入单词中开头的部分字符，按TAB键，如果以输入字母开头的关键字唯一，则可以显示出完整的关键字；如果不唯一，多次按下TAB键后，则可以显示出所有以输入字母开头的关键字；如果不存在以该字符串开头的命令，则不会补全字符，说明可能已经出现了输入错误。经常使用Tab键的自动补全功能，可以减少出错的概率。

3）历史命令工具。

命令行接口将缓存用户最近使用过的历史命令，用户可以通过上方向键“↑”或组合键Ctrl + P查找之前使用的命令，通过下方向键“↓”或组合键Ctrl + N向后翻看命令，然后通过左右箭头移动光标到命令需要修改的位置。

（3）常见错误提示信息

用户输入的命令如果能通过语法检查则可以执行，否则将向用户报告错误信息，常见的错误如表7-1所示。

表 7-1　常见错误提示信息

错误提示	错误原因
Unrecognized command	未识别的命令
Ambiguous command	无法唯一识别的命令
Incomplete command	输入命令不完整
Invalid input detected at '^' marker	用户输入命令错误，符号（^）指明了产生错误的单词的位置
Too many parameters	参数太多
Wrong parameter	输入参数错误

（4）常用命令

1）查看信息命令。

系统提供了丰富的信息查看命令，让用户可以查看系统运行状态和配置参数等信息，主要是通过 show 命令来完成。

例如，在配置路由器的过程中，往往要通过一些查看配置命令来观察配置是否正确，show running-config 可查看路由器当前配置，show ip route 可显示路由信息，show interfaces 可显示接口的状态信息，show ip interface brief 可显示接口的摘要信息。

2）取消配置命令。

在命令行接口配置模式下，如果输入的命令有错，或者想取消某个配置，需要用到 no 命令，在与原命令相同的命令提示符下，输入：

no 需要取消的命令

例如，取消路由器端口 FastEthernet0/1 口的 IP 地址的命令为：

```
Router(config)# interface fastethernet0/1
Router(config-if)# no ip address 192.168.1.1 255.255.255.0
```

4. 交换机的配置

下面将通过交换机的基本使用实验来介绍交换机的基本配置方法。

第 1 步：设备选型并连线。

设备类型选择框中选中交换机（Suitches）图标，设备选择框中会给出交换机的所有型号，选择 2960 型号，拖拽到工作区（快捷键是 Ctrl + Alt + S）。再选中终端设备，将 PC 拖拽到工作区。采用 RS232 配置线进行连线，PC 选择 RS232 方式，交换机选择 Console 口，如图 7-8 所示。

图 7-8　交换机配置连线组网图

第 2 步：熟悉交换机的配置模式。

PC 选择 Desktop -> Terminal 终端，出现默认参数信息，单击 OK 确认，进入到交换机命令行模式，如图 7-9 所示，在命令行提示符下可进行交换机的操作。

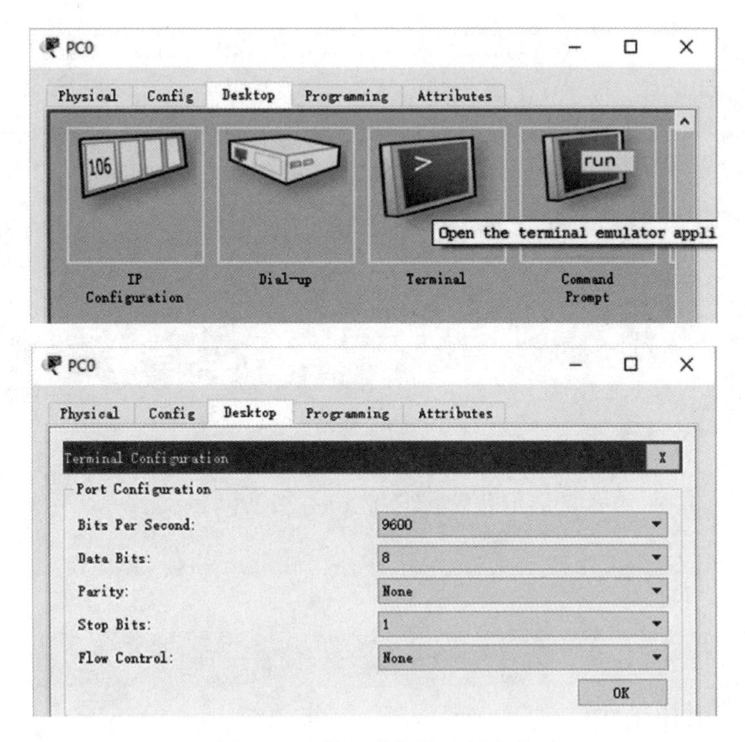

图 7-9　交换机的终端配置参数

交换机几种配置模式的操作命令如下：

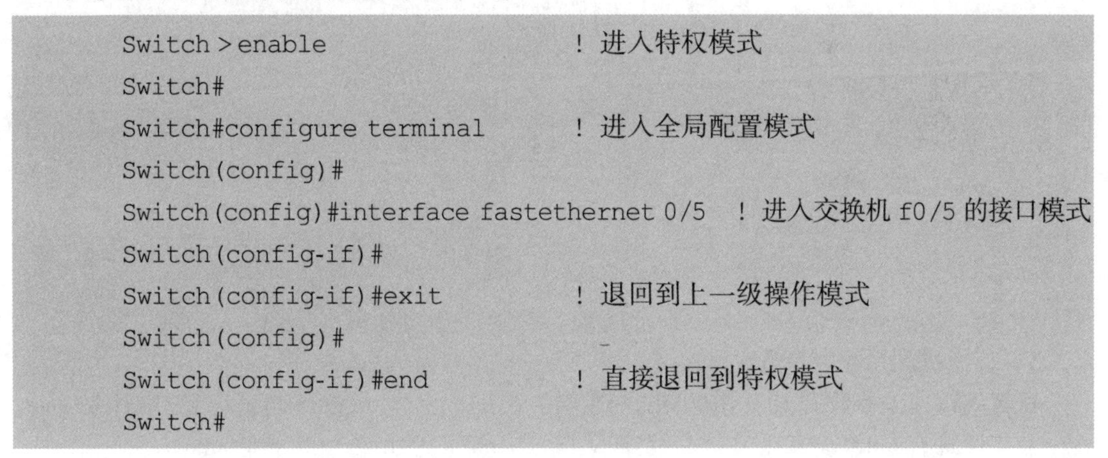

```
Switch>enable                          ! 进入特权模式
Switch#
Switch#configure terminal              ! 进入全局配置模式
Switch(config)#
Switch(config)#interface fastethernet 0/5   ! 进入交换机 f0/5 的接口模式
Switch(config-if)#
Switch(config-if)#exit                 ! 退回到上一级操作模式
Switch(config)#
Switch(config-if)#end                  ! 直接退回到特权模式
Switch#
```

第 3 步：命令行快捷指令。

熟练使用命令行的快捷指令可以大大简化用户操作，并且能够对设备的配置和状态进行查询，帮助用户快速检查配置、排除错误。

1）帮助信息：

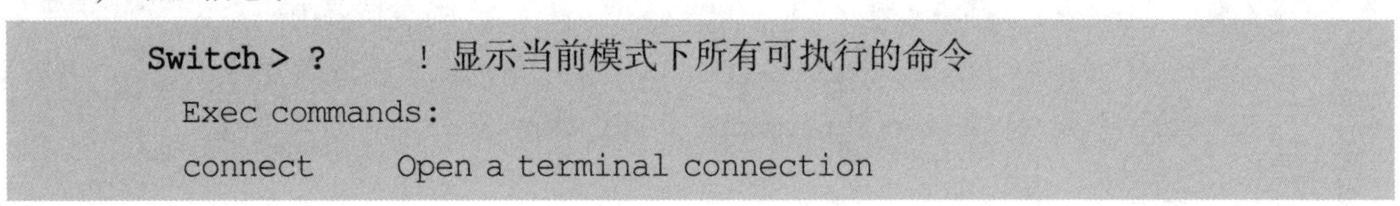

```
Switch> ?        ! 显示当前模式下所有可执行的命令
  Exec commands:
  connect     Open a terminal connection
```

```
    disable      Turn off privileged commands
    disconnect   Disconnect an existing network connection
    enable       Turn on privileged commands
    exit         Exit from the EXEC
    logout       Exit from the EXEC
    ping         Send echo messages
    resume       Resume an active network connection
    show         Show running system information
    telnet       Open a telnet connection
    terminal     Set terminal line parameters
    traceroute   Trace route to destination
  Switch#co?     ! 显示当前模式下所有 co 开头的指令
    configure   connect   copy
```

2）命令简写：

```
  Switch#conf ter      ! 代表命令 configure terminal
```

3）TAB 键自动补齐：

```
  Switch#conf + <TAB>自动补齐 configure 的拼写
  Switch#configure t + <TAB>
  Switch#configure terminal 自动补齐 terminal 的拼写
```

4）设备名称修改：

```
  Switch>
  Switch>enable
  Switch#conf t
  Switch(config)#hostname SW_A
  SW_A(config)#
```

5）交换机端口配置参数。

配置端口速率参数有 100（100Mbit/s）、10（10Mbit/s）、auto（自适应），默认是 auto。配置双工模式有 full（全双工）、half（半双工）、auto（自适应），默认是 auto。

```
  Switch>enable
  Switch#configure terminal
  Switch(config)#interface fastethernet 0/3     ! 进入 F0/3 的端口模式
  Switch(config-if)#speed 10              ! 配置端口速率为 10Mbit/s
  Switch(config-if)#duplex half       ! 配置端口的双工模式为半双工
  Switch(config-if)#no shutdown      ! 开启该端口,使端口转发数据
```

6）查看交换机端口的配置信息：

```
Switch #show interfaces fastEthernet 0/3
FastEthernet0/3 is down, line protocol is down (disabled)
  Hardware is Lance, address is 000b.be04.8b03 (bia 000b.be04.8b03)
  BW 10000 Kbit, DLY 1000 usec,
     reliability 255/255, txload 1/255, rxload 1/255
  Encapsulation ARPA, loopback not set
  Keepalive set (10 sec)
  Half-duplex, 10Mb/s
  input flow-control is off, output flow-control is off
  ARP type: ARPA, ARP Timeout 04:00:00
  Last input 00:00:08, output 00:00:05, output hang never
  Last clearing of "show interface" counters never
  Input queue: 0/75/0/0 (size/max/drops/flushes); Total output drops: 0
  Queueing strategy: fifo
  Output queue :0/40 (size/max)
  5 minute input rate 0 bits/sec, 0 packets/sec
  5 minute output rate 0 bits/sec, 0 packets/sec
     956 packets input, 193351 bytes, 0 no buffer
     Received 956 broadcasts, 0 runts, 0 giants, 0 throttles
     0 input errors, 0 CRC, 0 frame, 0 overrun, 0 ignored, 0 abort
     0 watchdog, 0 multicast, 0 pause input
     0 input packets with dribble condition detected
```

7）查看交换机各项信息：

```
Switch#show version              ! 查看交换机版本信息
Switch#show mac-address-table        ! 查看交换机的 MAC 地址表
Switch#show running-config       ! 查看当前生效的配置
```

8）使用 no 选项。

命令的 no 选项用来禁止某个特性或功能，或者执行与命令本身相反的操作。例如接口配置命令 no shutdown 意思为开启。

5. 路由器的配置

下面将通过路由器的基本使用实验来介绍路由器的基本配置方法。

第 1 步：设备选型并连线。

在图 7-1 的左下角设备类型选择框选中路由器（Routers）图标，选择 1941 型号的路由器拖拽到工作区（快捷键是 Ctrl + Alt + R）。再选中终端设备，将 PC 拖拽到工作区。采用 RS232 配置线进行连线，PC 选择 RS232 方式，路由器选择 Console 口，如图 7-10 所示。

图 7-10　路由器配置连线组网图

第 2 步：熟悉路由器的配置模式。

PC 选择 Desktop -> Terminal 终端，出现默认参数信息，单击 OK 确认，进入到路由器命令行模式，如图 7-11 所示。

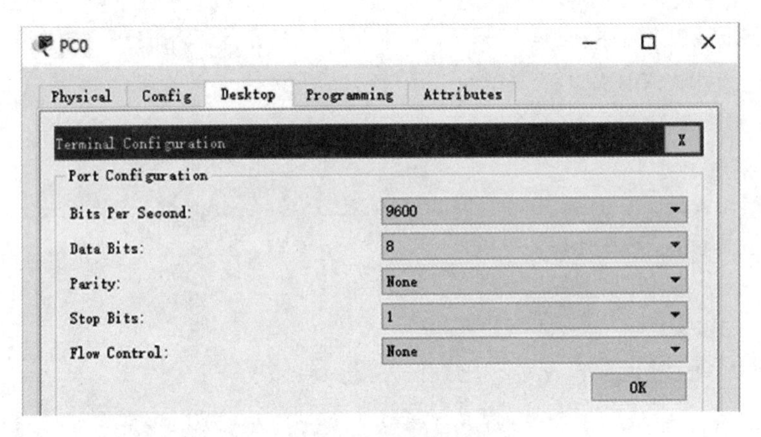

图 7-11　路由器的终端配置参数

如果询问是否采用对话模式进行配置，在如下命令中输入 no。

```
        --- System Configuration Dialog ---

Would you like to enter the initial configuration dialog? [yes/no]:
```

按回车键进入命令提示符操作，通过如下命令进入特权模式：

```
Router>enable                    ! 进入特权模式
Router#
```

在特权模式下，使用命令 show ip interface brief 查看路由器有哪些接口，以及接口的 IP 地址和状态，如图 7-12 所示。

```
Router#show ip interface brief
Interface              IP-Address      OK? Method Status
Protocol
GigabitEthernet0/0     unassigned      YES unset
administratively down down
GigabitEthernet0/1     unassigned      YES unset
administratively down down
Vlan1                  unassigned      YES unset
administratively down down
```

图 7-12　查看路由器接口

在全局配置模式下，再进入路由器接口配置模式，可为该路由器端口配置 IP 地址信息，命令如下：

```
Router#configure terminal              ！进入全局配置模式
Router(config)#
Router(config)#interface gigabitEthernet 0/1      ！进入路由器 gi0/1 接口模式
Router(config-if)#ip address 10.0.0.1 255.0.0.0    ！为以太口配置地址
Router(config-if)#no shutdown          ！开启端口
Router(config-if)#exit                 ！退回到上一级操作模式
Router(config)#
Router(config-if)#end                  ！直接退回到特权模式
Router#
```

再次使用命令 show ip interface brief 查看路由器的接口状态，Gi0/1 接口有了 IP 地址，如图 7-13 所示。

```
Router#show ip interface brief
Interface              IP-Address      OK? Method Status
Protocol
GigabitEthernet0/0     unassigned      YES unset
administratively down down
GigabitEthernet0/1     10.0.0.1        YES manual up
down
Vlan1                  unassigned      YES unset
administratively down down
```

图 7-13　查看配置后路由器接口

第 3 步：为路由器添加串口模块。

打开路由器 Physical 菜单，如图 7-14 所示，首先关闭路由器电源，将左侧 HWIC-2T 模块拖拽到路由器卡槽，再开启电源。HWIC-2T 模块为广域网模块，提供 2 个串口，如图 7-15 所示。

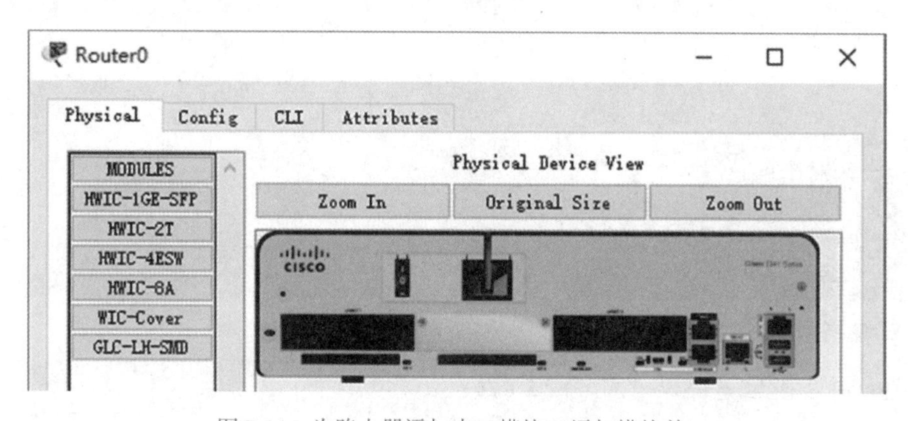

图 7-14　为路由器添加串口模块（添加模块前）

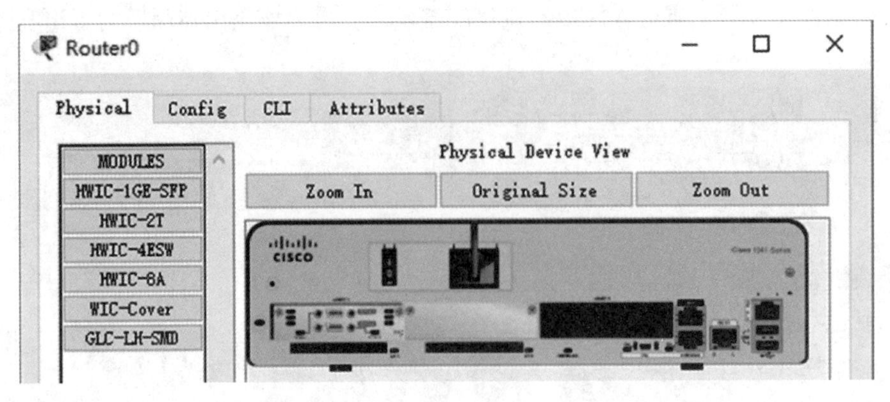

图 7-15　为路由器添加串口模块（添加模块后）

第 4 步：命令行快捷指令。

1）帮助信息：

```
Router > ?          ! 显示当前模式下所有可执行的命令
Exec commands:
 <1-99 > Session number to resume
 (……以下略……)
Router#co?          ! 显示当前模式下所有 co 开头的指令
configure   connect   copy
```

2）命令简写：

```
Router #conf ter      ! 代表命令 configure terminal
```

3）TAB 键自动补齐：

```
Router#conf  + < TAB > 自动补齐 configure 的拼写
Router#configure t + < TAB >
Router #configure terminal 自动补齐 terminal 的拼写
```

4）设备名称修改：

```
Router >
Router > enable
Router#conf t
Router (config) #hostname Router - A
Router - A (config) #
```

5）查看路由器端口详细信息：

```
Router #show interfaces gi 0/1
GigabitEthernet0/1 is administratively down, line protocol is down
(disabled)
```

```
    Hardware is CN Gigabit Ethernet, address is 0009.7cc8.0302 (bia
0009.7cc8.0302)
    (……以下略……)
```

6）查看路由器各项信息：

```
    Router#show version            ！查看版本信息
    Router#show ip route        ！查看路由表
    Router#show running - config      ！查看当前生效的配置
```

7）使用 no 选项。

命令的 no 选项用来禁止某个特性或功能，或者执行与命令本身相反的操作。如接口配置命令 no shutdown 意思为开启。

7.1.3 常用网络命令

1. ping

ping 是最常用的网络命令之一，实际上是基于 ICMP 协议开发的应用程序，用来测试两个设备之间的连通性。通过使用 ping 命令，可以检查指定地址的主机或设备是否可达，测试网络连接是否出现了故障，其命令格式为 ping 加主机名、域名或 IP 地址。ping 命令提供了丰富的可选参数供用户使用，如图 7-16 所示，其中常用的一些参数列举如下。

- ping 后面加-t 参数表示连续对 IP 地址执行 ping 命令，直到被用户以 Ctrl + C 中断。
- ping 后面加-l 参数指定 ping 命令中的特定数据长度 size，而不是缺省的 32 字节。
- ping 后面加-n 参数表示执行特定次数 count 的 ping 命令。

```
用法: ping [-t] [-a] [-n count] [-l size] [-f] [-i TTL] [-v TOS]
           [-r count] [-s count] [[-j host-list] | [-k host-list]]
           [-w timeout] [-R] [-S srcaddr] [-4] [-6] target_name

选项:
    -t             Ping 指定的主机，直到停止。
                   若要查看统计信息并继续操作 - 请键入 Control-Break;
                   若要停止 - 请键入 Control-C。
    -a             将地址解析成主机名。
    -n count       要发送的回显请求数。
    -l size        发送缓冲区大小。
    -f             在数据包中设置"不分段"标志(仅适用于 IPv4)。
    -i TTL         生存时间。
    -v TOS         服务类型(仅适用于 IPv4。该设置已不赞成使用，且
                   对 IP 标头中的服务字段类型没有任何影响)。
    -r count       记录计数跃点的路由(仅适用于 IPv4)。
    -s count       计数跃点的时间戳(仅适用于 IPv4)。
    -j host-list   与主机列表一起的松散源路由(仅适用于 IPv4)。
    -k host-list   与主机列表一起的严格源路由(仅适用于 IPv4)。
    -w timeout     等待每次回复的超时时间(毫秒)。
    -R             同样使用路由标头测试反向路由(仅适用于 IPv6)。
    -S srcaddr     要使用的源地址。
    -4             强制使用 IPv4。
    -6             强制使用 IPv6。
```

图 7-16 ping 命令的用法和参数

2. ipconfig

ipconfig 实用程序可用于显示当前 TCP/IP 配置的设置值。这些信息一般用来检验人工配置的 TCP/IP 设置是否正确。

当使用不带任何参数选项的 ipconfig 命令时，显示每个已经配置了的接口的 IP 地址、子网掩码和缺省网关值。

当使用 all 选项时，ipconfig 能显示它已配置且使用的所有附加信息，并且能够显示内置于本地网卡中的物理（MAC）地址。如果 IP 地址是从 DHCP 服务器租用的，ipconfig 将显示 DHCP 服务器分配的 IP 地址和租用地址预计失效的日期。

对于/release 和/renew 这两个附加选项，只能在向 DHCP 服务器租用 IP 地址的计算机中使用。如果输入 ipconfig/release，那么所有接口租用的 IP 地址会重新交付给 DHCP 服务器。如果用户输入 ipconfig/renew，那么本地计算机便设法与 DHCP 服务器取得联系，并租用一个 IP 地址，大多数情况下，网卡将被重新赋予和以前所赋予的相同的 IP 地址。

3. tracert

tracert 程序允许使用者跟踪从一台主机到世界上任意一台其他主机之间的路由，在该命令后面加上主机名或 IP 地址即可。当网络出现故障时，用户可以使用该命令分析出现故障的网络节点，其使用格式和参数说明如图 7-17 所示。

使用格式：

tracert [-d] [-h maximum_ hops] [-j host-list] [-w timeout] [-R] [-S srcaddr] [-4] [-6] target_ name

参数说明：

-d 表示不将地址解析成主机名

-h maximum_ hops 表示搜索目标的最大跃点数

-j host-list 表示与主机列表一起的松散源路由（仅适用于 IPv4）

-w timeout 表示等待每个回复的超时间（以毫秒为单位）

-R 表示跟踪往返行程路径（仅适用于 IPv6）

-S srcaddr 表示要使用的源地址（仅适用于 IPv6）

-4 和 **-6** 表示强制使用 IPv4 或者 IPv6

target_ name 表示目标主机的名称或者 IP 地址

图 7-17　tracert 命令的使用格式和参数说明

在命令行中输入 tracert 并在后面加入一个 IP 地址，可以查询从本机到该 IP 地址所在的设备要经过的路由器及其 IP 地址。如图 7-18 所示，从左到右的 5 条信息分别代表了“生存时间”（每途经一个路由器节点自增 1）、“三次发送的 ICMP 包返回时间”（共计 3 个，单位为毫秒 ms）和“途经路由器的 IP 地址”（如果有主机名，还会包含主机名）。如果返回消息是超时，则表示这个路由节点和当前我们使用的宽带是无法连通的，如果在测试时大量的都是 * 和返回超时，则说明这个 IP 地址在各个路由节点都有问题。也可以在 tracert 后面接一个网址，DNS 解析会自动将其转换为 IP 地址并探查出途经的路由器信息。

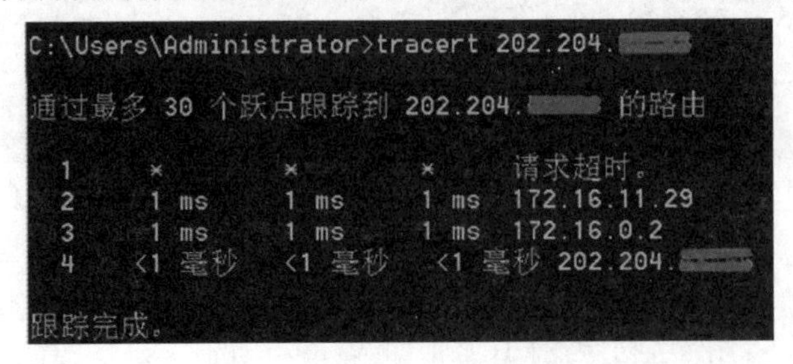

图 7-18　tracert 命令示意图

4. arp

使用arp命令，能够查看本地计算机或另一台计算机的ARP高速缓存中的当前内容。此外，使用arp命令可以使用人工方式设置静态的网卡物理地址/IP地址对，使用这种方式可以为缺省网关和本地服务器等常用主机进行本地静态配置，有助于减少网络上的信息量。

- arp -a：用于查看高速缓存中的所有项目。如果有多个网卡，那么使用arp -a加上接口的IP地址，就可以只显示与该接口相关的ARP缓存项目。
- arp -s IP地址 MAC地址：表示向ARP高速缓存中人工输入一个静态项目。该项目在计算机引导过程中将保持有效状态，或者在出现错误时，人工配置的物理地址将自动更新该项目。
- arp -d IP：使用本命令能够人工删除一个静态项目。

7.2 局域网组建

7.2.1 单台交换机划分Vlan

1. 实验目的

（1）了解Vlan的原理。

（2）熟练掌握二层交换机Vlan的划分方法。

（3）了解如何验证Vlan的划分。

（4）验证Vlan之间的通信情况。

2. 实验原理

虚拟局域网（Virtual Local Area Network，Vlan）是构建于局域网交换技术的一种网络管理方法，通过对一个实体局域网进行逻辑划分，划分成若干虚拟局域网，可以降低数据拥塞发生的概率，实现广播隔离。相同Vlan内的主机可以互相访问，不同Vlan间的主机必须经过路由转发才能互相访问。

基于交换机端口模式的虚拟局域网（Port Vlan）是实现Vlan的方式之一，这种方式的优点是简单、直观。另外，还可以将主机的MAC地址或者IP地址作为划分Vlan的基础。Port Vlan利用交换机的端口进行Vlan的划分，一个端口只能属于一个Vlan。交换机系统下都存在Vlan1，它不能被删除，默认情况下，所有端口都属于Vlan 1，通常将Vlan 1的IP作为交换机的管理地址。

删除某个Vlan时，使用no命令删除，例如：Switch（config）#no vlan 10。

本实验要在二层交换机根据端口号划分两个Vlan。

（1）创建Vlan

在全局模式下创建Vlan的命令如下：

```
Switch(config)# vlan 10
Switch(config-vlan)# name test
Switch(config-vlan)# exit
```

Vlan 10命令将创建一个Vlan ID为10的Vlan，并进入该Vlan的Vlan配置模式。在

Vlan 配置模式下，使用 name test 命令为该 Vlan 命名为 test，该名字往往用于表示该 Vlan 的物理位置或作用等。最后通过 exit 命令退出 Vlan 配置模式，返回到全局模式。

（2）将交换机端口分配给 Vlan

在全局模式下将某个交换机端口分配给某个 Vlan 的命令如下：

```
Switch(config)# interface fastethernet 0/1
Switch(config-if)# switchport mode access
Switch(config-if) switchport access vlan 10
Switch(config-if) exit
```

在全局模式下执行 interface fastethernet 0/1 命令，将进入交换机端口 fastethernet 0/1 的接口配置模式，不同交换机的端口编号不同，需要按实际情况进入某个端口的配置模式。进入接口配置模式后，switchport mode access 将该端口指定为 access 类型，该类型端口是非标记端口，从该端口输入输出的 MAC 帧不带 Vlan ID。switchport access vlan 10 是将指定的交换机端口作为接入端口划分到 Vlan 10 中，通过 exit 命令退出接口配置模式。

3. 实验设备

二层交换机 1 台，主机 4 台。

4. 实验拓扑

单台交换机划分 Vlan 拓扑如图 7-19 所示。

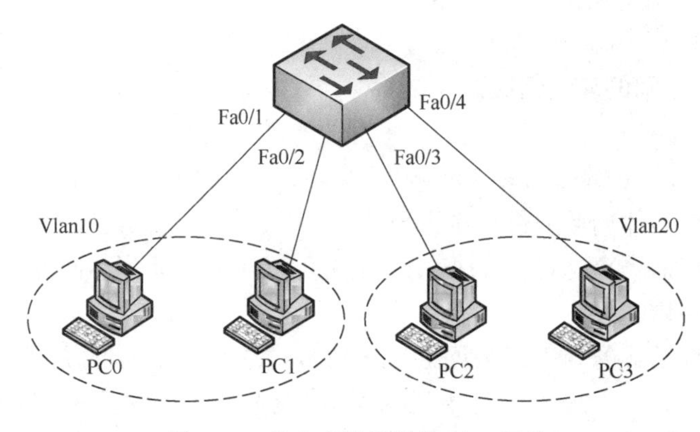

图 7-19　单台交换机划分 Vlan 拓扑

5. 实验步骤

第 1 步：设备选型并连线。

在图 7-1 中左下角的设备类型选择框选中交换机图标，会给出交换机的所有型号，在设备选择框中选择 2960 型号，拖拽到工作区，快捷键是 Ctrl + Alt + S。再选中终端设备，将 PC 拖拽到工作区，采用自动连接方式进行连线，如图 7-20 所示。

显示交换机的端口：在菜单栏选择 Options→Preference→选中 Always Show Port Labels in Logical Workspace，将在拓扑图中显示所有端口标签。

第 2 步：创建 Vlan。

单击交换机（Switch）图标，选中 CLI 命令行模式，回车后出现提示符，然后通过以下命令创建两个 Vlan。

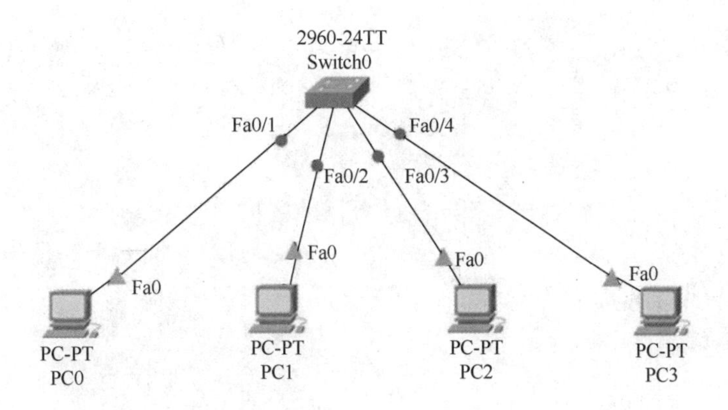

图 7-20　实验组网图

```
Switch > enable
Switch#configure terminal
Switch(config)#
Switch(config)#vlan 10      ! 创建 Vlan 10
Switch(config-vlan)#exit
Switch(config)#vlan 20! 创建 Vlan 20
Switch(config-vlan)#exit
Switch(config)#end
Switch#show vlan       ! 查看配置的 Vlan 信息
```

创建的 Vlan 信息如图 7-21 所示。

```
Switch#show vlan

VLAN Name                             Status    Ports
---- -------------------------------- ---------
-------------------------------
1    default                          active    Fa0/1, Fa0/2, Fa0/3, Fa0/4
                                                Fa0/5, Fa0/6, Fa0/7, Fa0/8
                                                Fa0/9, Fa0/10, Fa0/11,
Fa0/12
                                                Fa0/13, Fa0/14, Fa0/15,
Fa0/16
                                                Fa0/17, Fa0/18, Fa0/19,
Fa0/20
                                                Fa0/21, Fa0/22, Fa0/23,
Fa0/24
                                                Gig0/1, Gig0/2
10   VLAN0010                         active
20   VLAN0020                         active
1002 fddi-default                     act/unsup
1003 token-ring-default               act/unsup
1004 fddinet-default                  act/unsup
1005 trnet-default                    act/unsup
```

图 7-21　创建的 Vlan 信息

第 3 步：给 Vlan 添加端口，命令如下。

```
Switch(config)#interface fastEthernet 0/1! 将端口 Fa0/1 划分到 Vlan 10
Switch(config-if)#switchport mode access! 定义端口为访问连接模式
Switch(config-if)#switchport access vlan 10
Switch(config-if)#exit
Switch(config)#interface fastEthernet 0/2! 将端口 Fa0/2 划分到 Vlan 10
Switch(config-if)#switchport mode access! 定义端口为访问连接模式
Switch(config-if)#switchport access vlan 10
Switch(config-if)#exit
Switch(config)#interface fastEthernet 0/3! 将端口 Fa0/3 划分到 Vlan 20
Switch(config-if)#switchport mode access
Switch(config-if)#switchport access vlan 20
Switch(config-if)#exit
Switch(config)#interface fastEthernet 0/4! 将端口 Fa0/4 划分到 Vlan 20
Switch(config-if)#switchport mode access
Switch(config-if)#switchport access vlan 20
Switch(config-if)#exit
Switch(config)#exit
```

第 4 步：查看配置，命令如下。

```
Switch#show vlan
```

如图 7-22 所示为添加端口后的 Vlan 信息。可以看到交换机中有三个 Vlan，分别是：Vlan1，Vlan10，Vlan20。Vlan1 是系统默认存在的，没有被划分的端口默认属于 Vlan1，交换机的端口 Fa0/1、Fa0/2 属于 Vlan10，交换机的端口 Fa0/3、Fa0/4 属于 Vlan20。

```
Switch#show vlan

VLAN Name                             Status    Ports
---- -------------------------------- ---------
-------------------------------
1    default                          active    Fa0/5, Fa0/6,
Fa0/7, Fa0/8
                                                Fa0/9, Fa0/10,
Fa0/11, Fa0/12
                                                Fa0/13, Fa0/14,
Fa0/15, Fa0/16
                                                Fa0/17, Fa0/18,
Fa0/19, Fa0/20
                                                Fa0/21, Fa0/22,
Fa0/23, Fa0/24
                                                Gig0/1, Gig0/2
10   VLAN0010                         active    Fa0/1, Fa0/2
20   VLAN0020                         active    Fa0/3, Fa0/4
```

图 7-22　添加端口后的 Vlan 信息

第 5 步：配置 PC 网卡地址，选择 Desktop，采用静态地址。

配置 PC0 网卡的 IP 地址为：192. 168. 2. 10/24，网关 192. 168. 2. 1。

配置 PC1 网卡的 IP 地址为：192.168.2.11/24，网关 192.168.2.1。

配置 PC2 网卡的 IP 地址为：192.168.2.12/24，网关 192.168.2.1。

配置 PC3 网卡的 IP 地址为：192.168.2.13/24，网关 192.168.2.1。

在 PC 命令行下输入 ipconfig 命令，查看本地 IP 地址的设置是否生效。PC0 的 IP 地址配置如图 7-23 所示。

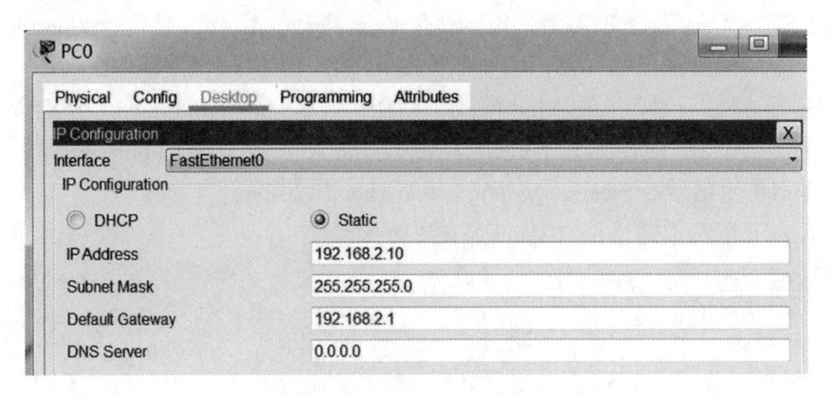

图 7-23　PC0 的 IP 地址配置

第 6 步：验证。

打开 PC 的 Command Prompt，验证两个终端的连通性。记录实验现象，并将结果填写在表 7-2 中。

表 7-2　Vlan 验证结果

		ping 命令	能否 ping 通
同一 Vlan 中	PC0 ping PC1		
	PC2 ping PC3		
不同 Vlan 中	PC1 ping PC2		
	PC3 ping PC0		

6. 思考讨论

(1) 默认情况下，交换机上的所有端口属于哪个 Vlan？

(2) 通过本次实验，你学到了哪些知识点？实验过程中遇到了什么问题？你是怎样解决的？

7.2.2　跨交换机 Vlan 访问

1. 实验目的

(1) 了解 IEEE 802.1q 的实现方法。

(2) 理解交换机端口的访问连接端口和干路连接端口。

(3) 验证 Vlan 之间的通信情况。

2. 实验原理

交换机通过 MAC 地址进行数据转发，而引入 Vlan 后，在 MAC 地址表中增加 Vlan 信息，也就是说交换机对每个 Vlan 都维护一个本地 Vlan 的 MAC 地址表。在数据转发时，先在同一个 Vlan 的 MAC 地址表中，根据数据帧的目的 MAC 地址进行查找，若找到，则进行转发；若找不到，则向此 Vlan 的网关发送，由此网关向其他网段（不同 Vlan）进行路由转发。

引入 Vlan 后，交换机的端口按用途分为访问连接端口（Access Link）和干路连接端口（Trunk Link）。访问连接端口（Access Link）连接 PC，只属于某一个 Vlan；干路连接端口（Trunk Link）连接交换机和交换机，属于所有 Vlan 共有，除了属于本地 Vlan 的 MAC 帧外，还有其他从该端口输入输出的 MAC 帧携带该 MAC 帧所属 Vlan 的 Vlan ID。

取消 Vlan 下的某个端口，在 Vlan 模式下使用 no switchport interface f 0/X 命令，如取消 Vlan10 下的 F0/5 端口，使用命令 Switch（config-vlan10）#no switchport interface fastethernet 0/5。取消 Vlan10 使用命令 Switch（config）#no vlan 10。

在全局模式下配置干路连接（Trunk）端口的命令如下：

```
Switch(config)# interface fastethernet 0/1
Switch(config-if)# switchport mode trunk
Switch(config-if)# switchport trunk allowed vlan 10 -13,20
Switch(config-if)# exit
```

首先在全局模式下通过 interface fastethernet 0/1 命令进入该端口的接口配置模式，在接口配置模式下，switchport mode trunk 是将特定端口 fastethernet 0/1 指定为 Trunk 端口，switchport trunk allowed vlan 10 – 13，20 是指定共享 fastethernet 0/1 端口的 Vlan 集合，这里有 10、11、12、13 和 20 五个 Vlan 共享该端口，最后通过 exit 命令退出接口配置模式。

3. 实验设备

二层交换机 2 台，主机 4 台，直连线或交叉线（5 条）。

4. 实验拓扑

跨交换机 Vlan 访问拓扑如图 7-24 所示。

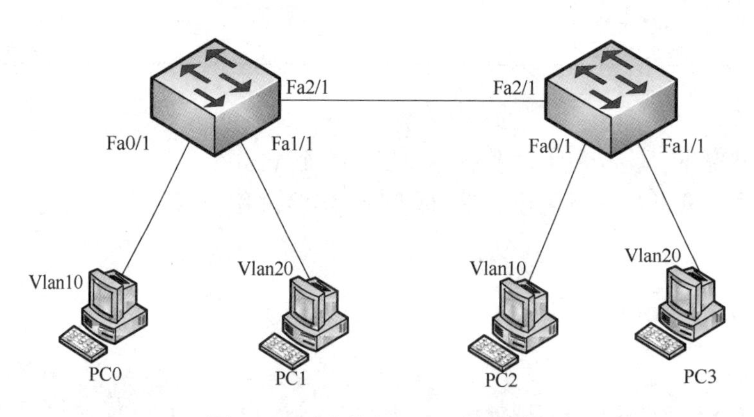

图 7-24　跨交换机 Vlan 访问拓扑

5. 实验步骤

第 1 步：连线如图 7-25 所示。

将 PC0 和 Switch0 的 Fa0/1 端口相连；将 PC1 和 Switch0 的 Fa1/1 端口相连；将 PC2 和 Switch1 的 Fa0/1 端口相连；将 PC3 和 Switch1 的 Fa1/1 端口相连；

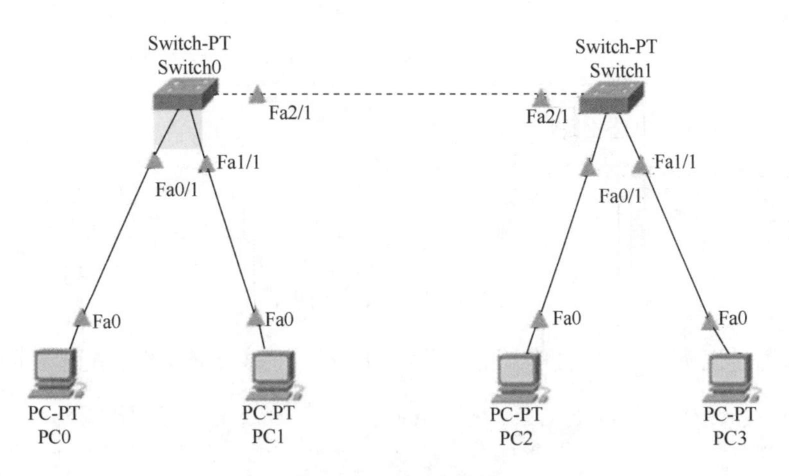

图7-25 实验组网图

第2步：通过以下命令创建Vlan，两个交换机的配置相同。

```
Switch>enable
Switch#config terminal
Switch(config)#
Switch(config)#vlan 10          ! 创建Vlan 10
Switch(config-vlan)#exit
Switch(config)#vlan 20          ! 创建Vlan 20
Switch(config-vlan)#exit
Switch(config)#end
```

第3步：通过以下命令给Vlan添加端口，两个交换机的配置相同。

```
Switch(config)#
Switch(config)#interface fastEthernet 0/1   ! 将端口Fa0/1划分到
Vlan 10
Switch(config-if)#switchport mode access
Switch(config-if)#switchport access vlan 10
Switch(config-if)#exit
Switch(config)# interface fastEthernet 1/1   ! 将端口Fa1/1划分到Vlan
20
Switch(config-if)#switchport mode access
Switch(config-if)#switchport access vlan 20
Switch(config-if)#exit
Switch(config)#exit
```

第4步：通过以下命令查看Vlan配置，Vlan划分结果如图7-26所示。

```
Switch#show vlan
```

```
Switch#show vlan

VLAN Name                             Status    Ports
---- -------------------------------- --------- -------------------------------
1    default                          active    Fa2/1, Fa3/1, Fa4/1, Fa5/1
10   VLAN0010                         active    Fa0/1
20   VLAN0020                         active    Fa1/1
1002 fddi-default                     active
1003 token-ring-default               active
1004 fddinet-default                  active
1005 trnet-default                    active
```

图 7-26　Vlan 划分结果

第 5 步：通过以下命令在交换机上配置 Trunk 端口，两个交换机的配置相同。

```
Switch (config) #interface fastEthernet 2/1  ! 将端口 Fa2/1 配置为 Trunk 类型
Switch (config-if)#switchport mode trunk
Switch (config-if)#switchport trunk allowed vlan all
Switch (config-if)#exit
Switch (config)#exit
Switch#show vlan
```

配置 Trunk 端口后 Vlan 划分结果如图 7-27 所示。可以发现，交换机配置为 Trunk 端口的 Fa2/1 不出现在 Vlan 中。

```
Switch#show vlan

VLAN Name                             Status    Ports
---- -------------------------------- --------- -------------------------------
1    default                          active    Fa3/1, Fa4/1, Fa5/1
10   VLAN0010                         active    Fa0/1
20   VLAN0020                         active    Fa1/1
1002 fddi-default                     active
1003 token-ring-default               active
1004 fddinet-default                  active
1005 trnet-default                    active
```

图 7-27　配置 Trunk 端口后 Vlan 划分结果

第 6 步：设置 PC 的地址。

配置 PC0 的 IP 地址为 192.168.2.10/24；PC1 的 IP 地址为 192.168.3.10/24；PC2 的 IP 地址为 192.168.2.12/24；PC3 的 IP 地址为 192.168.3.12/24。

第 7 步：验证连通性。

打开 PC 的 Command Prompt，验证两个终端的连通性。记录实验现象，并将结果填写在表 7-3 中。

表 7-3　Vlan 验证结果

		ping 命令	能否 ping 通
同一 Vlan 中	PC0 ping PC2		
	PC2 ping PC3		
不同 Vlan 中	PC1 ping PC0		
	PC3 ping PC2		

6. 思考讨论

(1) 交换机的 Trunk 端口和 Access 端口有什么区别？交换机 Access 端口和 Trunk 端口 2 种模式如何选择？

(2) 在模拟操作模式下，观察不同链路上的数据链路层报文有何区别？

7.2.3 链路聚合配置

1. 实验目的

(1) 掌握链路聚合的配置过程。

(2) 理解链路聚合的基本作用。

2. 实验原理

为了提高交换机之间的传输带宽，可以将交换机之间多个端口互联，将多条链路聚合成一条逻辑链路，该逻辑链路的带宽是这些物理链路的带宽之和，而且链路之间能够冗余备份，当任意一条链路断开时，不影响其他链路转发数据。但是在实际应用时，要求先完成交换机端口聚合的配置，再将两台交换机连接起来，如果先连线再配置，会产生广播风暴，影响交换机的正常工作，实际中，常常与 Vlan、生成树协议等一起工作。

(1) 链路聚合控制协议（Link Aggregation Control Protocol，LACP）

LACP 为交换数据的设备提供一种标准的协商方式，以供系统根据自身配置自动形成聚合链路并启动聚合链路收发数据。聚合链路形成以后，负责维护链路状态。在聚合条件发生变化时，自动调整或解散链路聚合。LACP 通过在以太网端口间交换 LACP 包，使得自动创建以太网通道变得更加容易。

(2) 创建并分配端口

要将交换机的端口 FastEthernet0/1 ~ FastEthernet0/3 分配给编号为 1 的聚合接口，需要通过如下命令：

```
Switch(config)# interface range fastEthernet0/1-fastEthernet0/3
Switch(config-if - range)# channel-group 1 mode on
```

全局模式下使用 interface range fastEthernet0/1-fastEthernet0/3 进入一组交换机端口配置特性的接口配置模式，在该接口配置模式下完成的配置对这一范围内的交换机端口都将有效，该范围包含了 FastEthernet0/1、FastEthernet0/2、FastEthernet0/3 三个端口。

进入接口配置模式后，channel-group 1 mode on 命令首先创建了编号为 1 的聚合通道，然后将当前的交换机端口分配给该聚合通道，这里包含了端口 FastEthernet0/1、FastEthernet0/2、FastEthernet0/3，最后指定 on 为分配给该聚合通道的交换机端口的激活模式。交换机端口的激活模式与使用的链路聚合控制协议有关，表 7-4 给出了不同的激活模式与链路聚合控制协议的关系。

表 7-4 激活模式与链路聚合控制协议的关系

激活模式	链路聚合控制协议
active	通过 LACP 协商过程激活端口，物理链路的另外一端的模式是 active 或 passive
passive	通过 LACP 协商过程激活端口，物理链路的另外一端的模式必须是 active

（续）

激活模式	链路聚合控制协议
auto	通过 PAgP 协商过程激活端口，物理链路的另外一端模式必须是 desirable。PAgP 是 Cisco 专用的链路聚合控制协议
desirable	通过 PAgP 协商过程激活端口，物理链路的另外一端模式是 desirable 或 auto
on	手工激活，物理链路两端模式必须都是 on。由于不使用链路聚合控制协议，因此，无法自动监测物理链路另一端口的状态

3. 实验设备

二层交换机 2 台，PC 2 台。

4. 实验拓扑

链路聚合配置拓扑图如图 7-28 所示。

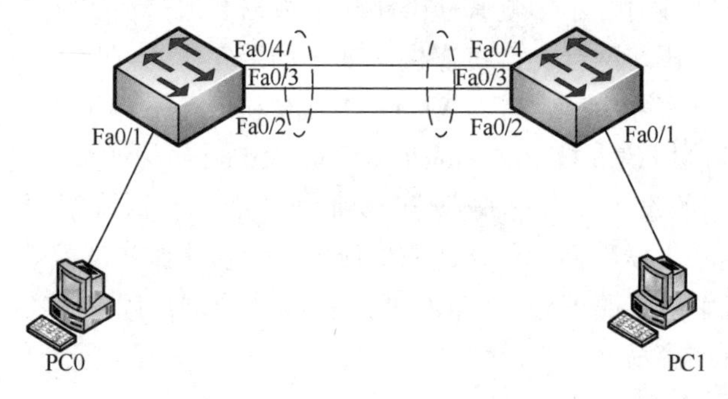

图 7-28　链路聚合配置拓扑图

5. 实验步骤

第 1 步：连线组网。

选择 Cisco 交换机 2960 两台和 PC 两台，按拓扑图连线组网如图 7-29 所示。

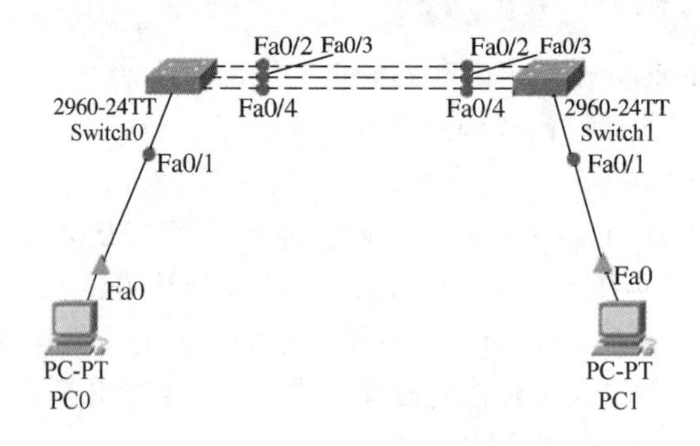

图 7-29　连线组网图

第 2 步：在 Switch0 中创建编号为 1 的聚合通道，将交换机端口 FastEthernet0/2 ~ FastEthernet0/4 分配给该聚合通道，并将端口激活模式指定为 on，其配置过程如下：

```
Switch > enable
Switch# configure terminal
Switch(config)# interface range FastEthernet0/2 - FastEthernet0/4
Switch(config-if - range)# channel - group 1 mode on
Switch(config-if - range)# exit
```

第3步：配置PC的IP地址，并测试连通性。

PC0的IP地址为192.168.1.10/24，PC1的IP地址为192.168.1.11/24。配置完成后，测试它们之间的连通性。

第4步：查看链路聚合结果，命令如下：

```
Switch(config)# exit
Switch# show etherchannel summary
```

链路聚合总体情况如图7-30所示。可在特权模式下，在show etherchannel后接其他参数查看详细信息，如图7-31所示。

```
Switch#show etherchannel summary
Flags:  D - down        P - in port-channel
        I - stand-alone s - suspended
        H - Hot-standby (LACP only)
        R - Layer3      S - Layer2
        U - in use      f - failed to allocate aggregator
        u - unsuitable for bundling
        w - waiting to be aggregated
        d - default port


Number of channel-groups in use: 1
Number of aggregators:           1

Group  Port-channel  Protocol    Ports
------+-------------+-----------
+----------------------------------------------

1      Po1(SU)           -      Fa0/2(P) Fa0/3(P) Fa0/4(P)
```

图7-30　链路聚合总体情况

```
Switch#show etherchannel ?
  load-balance   Load-balance/frame-distribution scheme among ports in
                 port-channel
  port-channel   Port-channel information
  summary        One-line summary per channel-group
```

图7-31　链路聚合其他查看命令

第5步：模拟现实中一条链路断开，测试PC之间的连通性。

将Switch0的FastEthernet0/2口的状态设置为关闭，命令如下：

```
Switch(config)#interface FastEthernet0/2
Switch(config-if)#shutdown
```

此时测试PC0和PC1之间的连通性，主机之间是否连通？有没有报文丢失？将结果保存下来。

6. 思考讨论

（1）链路聚合的优点有哪些？

（2）链路聚合控制协议和生成树协议有什么区别？

7.3 Vlan 间通信

根据前面的实验可知，两台计算机即使连接在同一台交换机上，只要所属的 Vlan 不同，就无法直接通信。接下来学习如何在不同的 Vlan 间进行路由，使分属不同 Vlan 的主机能够互相通信。

首先来复习一下为什么不同 Vlan 间不通过路由就无法通信。在 Vlan 内的通信，必须在数据帧头中指定通信目标的 MAC 地址。而为了获取 MAC 地址，TCP/IP 使用的是 ARP。ARP 解析 MAC 地址的方法，则是通过广播。也就是说，如果广播报文无法到达，那么就无从解析 MAC 地址，亦即无法直接通信。

计算机分属不同的 Vlan，也就意味着分属不同的广播域，自然收不到彼此的广播报文。因此，属于不同 Vlan 的计算机之间无法直接互相通信。为了能够在 Vlan 间通信，需要利用 OSI 参考模型中更高一层——网络层的信息（IP 地址）来进行路由。

路由功能一般主要由路由器提供。但在今天的局域网里，我们也经常利用带有路由功能的交换机——三层交换机（Layer 3 Switch）来实现。接下来就分别看看使用路由器和三层交换机进行 Vlan 间路由时的情况。

7.3.1 单臂路由

1. 实验目的

（1）验证单臂路由器的配置过程。

（2）验证用单个路由器物理接口实现 Vlan 互联的机制。

（3）验证 Vlan 间 IP 分组传输过程。

2. 实验原理

在使用路由器进行 Vlan 间路由时，需要考虑交换机与路由器如何进行连接的问题。路由器和交换机的接线方式，大致有以下两种：

（1）将路由器与交换机上的每个 Vlan 分别连接。

（2）不论 Vlan 有多少个，路由器与交换机都只用一条网线连接。

对于第一种方式，将交换机上用于和路由器互联的每个端口设为访问链接，然后分别用网线与路由器上的独立接口互联。然而，每增加一个新的 Vlan，都需要消耗路由器的接口和交换机上的访问链接，而且还需要重新布设一条网线。而路由器通常不会带有太多接口，所以通常采用第二种方法进行连接。

单臂路由（router-on-a-stick）是指在路由器的一个接口上通过配置子接口（或“逻辑接口”，并不存在真正物理接口）的方式，实现原来相互隔离的不同 Vlan 之间的互联互通。

路由器物理接口将被划分为多个逻辑接口，每一个逻辑接口连接一个 Vlan，因此，定义逻辑接口时，需要指定该逻辑接口连接的 Vlan 的 Vlan ID，可以为逻辑接口分配 IP 地址和子网掩码，以下是该过程的配置命令。

```
Router(config)# interface fastethernet 0/0.1
Router(config-subif)# encapsulation dot1q 2
Router(config-subif)# ip address 192.168.1.254 255.255.255.0
Router(config-subif)# exit
```

在全局模式下，使用命令 interface FastEthernet 0/0.1 在物理接口 FastEthernet0/0 的基础上定义子接口编号为 1 的逻辑接口，并进入该逻辑接口的接口配置模式，用 FastEthernet 0/0.1 表示在物理接口 FastEthernet0/0 基础上定义的子接口编号为 1 的逻辑接口。

在逻辑接口配置模式下，使用命令 encapsulation dot1q 2 配置以太网子接口 Vlan ID（这里 Vlan ID = 2），将该逻辑接口输入输出的 MAC 帧封装成 802.1q 的格式，这样就建立了逻辑接口 interface FastEthernet 0/0.1 和 Vlan 2 之间的联系。然后通过 ip address 命令为该逻辑接口配置 IP 地址和子网掩码。

3. 实验设备

路由器 1 台，交换机 1 台，主机 3 台。

4. 实验拓扑

单臂路由拓扑如图 7-32 所示。

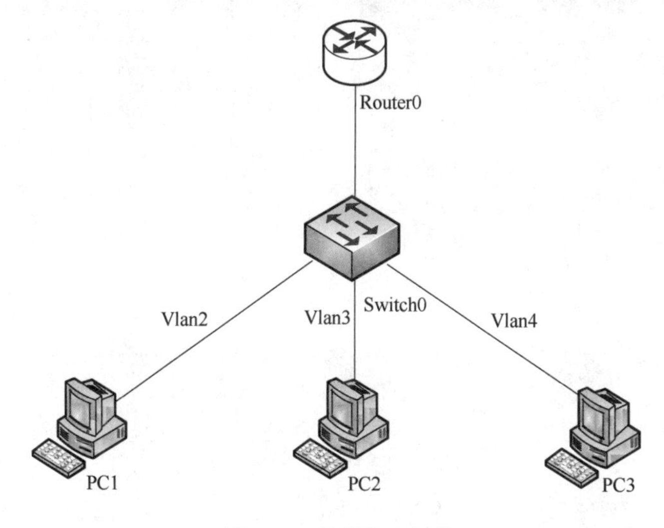

图 7-32　单臂路由拓扑

5. 实验步骤

第 1 步：连线组网，按照如图 7-33 所示的组网图完成设备的选择和连线。

配置 PC1 的 IP 地址为 192.168.2.11，子网掩码为 255.255.255.0；配置 PC2 的 IP 地址为 192.168.3.11，子网掩码为 255.255.255.0；配置 PC3 的 IP 地址为 192.168.4.11，子网掩码为 255.255.255.0，其中 PC1 的配置如图 7-34 所示。

第 2 步：划分 Vlan，PC1 属于 Vlan 2，PC2 属于 Vlan 3，PC 3 属于 Vlan 4，在 Switch0 中完成 Vlan 的创建并将相关端口分配给对应的 Vlan，将 FastEthernet0/4 口配置为 Trunk 链路，允许 Vlan 2、Vlan 3 和 Vlan 4 的报文通过。配置如下：

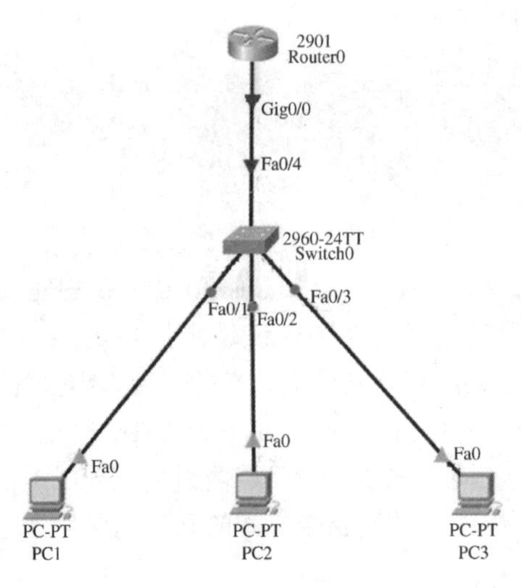

图 7-33　连线组网图

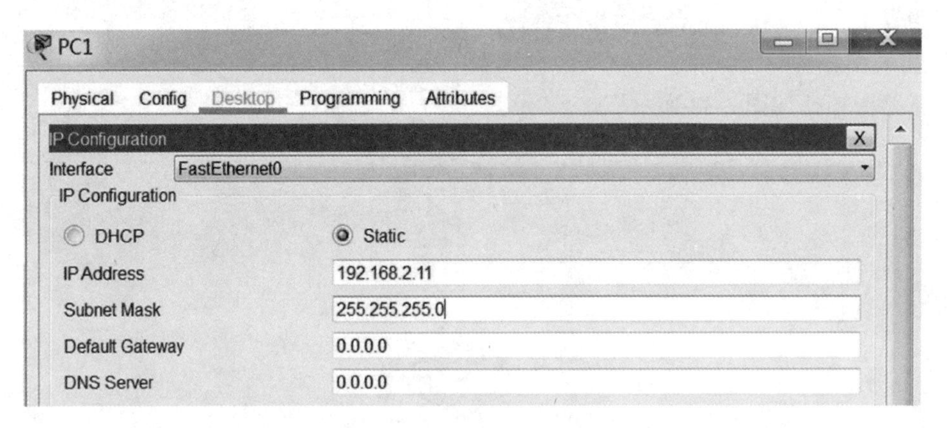

图 7-34　PC1 的 IP 和子网掩码配置

```
Switch(config)# vlan 2
Switch(config-vlan)# exit
Switch(config)# interface fastethernet0/1
Switch(config-if)# switchport mode access
Switch(config-if)# switchport access vlan 2
Switch(config-if)# exit
Switch(config)# vlan 3
Switch(config-vlan)# exit
Switch(config)# interface fastethernet0/2
Switch(config-if)# switchport mode access
Switch(config-if)# switchport access vlan 3
Switch(config-if)# exit
Switch(config)# vlan 4
```

```
Switch(config-vlan)# exit
Switch(config)# interface fastethernet0/3
Switch(config-if)# switchport mode access
Switch(config-if)# switchport access vlan 4
Switch(config-if)# exit
Switch(config)# interface fastethernet0/4
Switch(config-if)# switchport mode trunk
Switch(config-if)# switchport trunk allowed vlan 2,3,4
Switch(config-if)# exit
```

查看 Vlan 的配置，结果如图 7-35 所示。

```
Switch#show vlan

VLAN Name                             Status    Ports
---- -------------------------------- --------- -------------------------------
1    default                          active    Fa0/4, Fa0/5, Fa0/6, Fa0/7
                                                Fa0/8, Fa0/9, Fa0/10, Fa0/11
                                                Fa0/12, Fa0/13, Fa0/14, Fa0/15
                                                Fa0/16, Fa0/17, Fa0/18, Fa0/19
                                                Fa0/20, Fa0/21, Fa0/22, Fa0/23
                                                Fa0/24, Gig0/1, Gig0/2
2    VLAN0002                         active    Fa0/1
3    VLAN0003                         active    Fa0/2
4    VLAN0004                         active    Fa0/3
1002 fddi-default                     active
1003 token-ring-default               active
1004 fddinet-default                  active
1005 trnet-default                    active
```

图 7-35　Vlan 的配置结果

第 3 步：测试不同 Vlan 之间的连通性。

通过 ping 命令测试不同 Vlan 之间的连通性，将结果保存下来。

第 4 步：配置路由器，在路由器的物理接口 GigabitEthernet0/0 口基础上，定义逻辑接口 GigabitEthernet0/0. 1、GigabitEthernet0/0. 2 和 GigabitEthernet0/0. 3，将这三个逻辑接口分别和 Vlan 2、Vlan 3 和 Vlan 4 建立关联，并为它们分配 IP 地址和子网掩码，配置过程如下。

```
Router(config)# interface gigabitEthernet 0/0.1
Router(config-subif)# encapsulation dot1q 2
Router(config-subif)# ip address 192.168.2.1 255.255.255.0
Router(config-subif)# exit
Router(config)# interface gigabitEthernet 0/0.2
Router(config-subif)# encapsulation dot1q 3
Router(config-subif)# ip address 192.168.3.1 255.255.255.0
Router(config-subif)# exit
Router(config)# interface gigabitEthernet 0/0.3
```

```
Router(config-subif)# encapsulation dot1q 4
Router(config-subif)# ip address 192.168.4.1 255.255.255.0
Router(config-subif)# exit
Router(config)# interface gigabitEthernet 0/0
Router(config-if)# no shutdown
Router(config-if)# exit
```

完成配置后，查看路由器的路由表如图 7-36 所示，可以发现 Router0 自动生成了直连路由项。此时，不同 Vlan 之间是否可以连通？为什么？

```
Router#show ip route
Codes: L - local, C - connected, S - static, R - RIP, M - mobile, B - BGP
       D - EIGRP, EX - EIGRP external, O - OSPF, IA - OSPF inter area
       N1 - OSPF NSSA external type 1, N2 - OSPF NSSA external type 2
       E1 - OSPF external type 1, E2 - OSPF external type 2, E - EGP
       i - IS-IS, L1 - IS-IS level-1, L2 - IS-IS level-2, ia - IS-IS inter area
       * - candidate default, U - per-user static route, o - ODR
       P - periodic downloaded static route

Gateway of last resort is not set

     192.168.2.0/24 is variably subnetted, 2 subnets, 2 masks
C       192.168.2.0/24 is directly connected, GigabitEthernet0/0.1
L       192.168.2.1/32 is directly connected, GigabitEthernet0/0.1
     192.168.3.0/24 is variably subnetted, 2 subnets, 2 masks
C       192.168.3.0/24 is directly connected, GigabitEthernet0/0.2
L       192.168.3.1/32 is directly connected, GigabitEthernet0/0.2
     192.168.4.0/24 is variably subnetted, 2 subnets, 2 masks
C       192.168.4.0/24 is directly connected, GigabitEthernet0/0.3
L       192.168.4.1/32 is directly connected, GigabitEthernet0/0.3
```

图 7-36　Router0 路由表

第 5 步：配置 PC 的默认网关，与 PC 连接的 Vlan 关联的逻辑接口的 IP 地址就是该终端的默认网关地址，其中 PC1 的配置如图 7-37 所示。

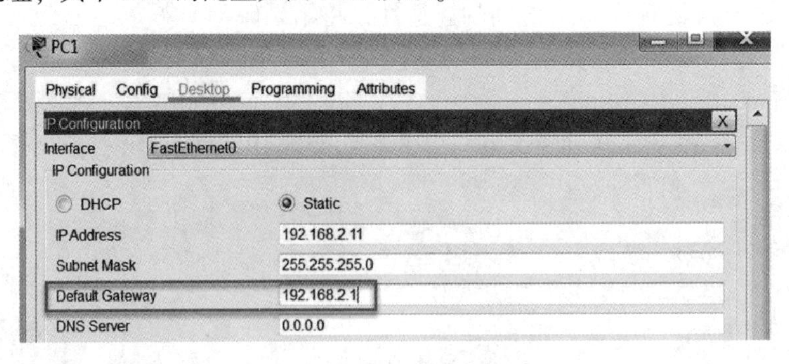

图 7-37　PC1 的网关地址配置

第 6 步：测试连通性，通过 ping 命令测试不同 Vlan 之间的连通性，将测试结果保存下来。

6. 思考讨论

（1）总结单臂路由的配置过程和实现原理。

（2）在第 6 步中启动模拟操作模式，启动 IP 分组 PC1 至 PC3 的传输过程，在 Switch0

到 Router0 的这一段，分析其 MAC 帧格式，并完成表 7-5。

表 7-5　使用路由器的 MAC 帧内容

从逻辑接口 GigabitEthernet 0/0.1 输入的 MAC 帧	源 MAC：
	目的 MAC：
	Vlan ID：
从逻辑接口 GigabitEthernet 0/0.3 输出的 MAC 帧	源 MAC：
	目的 MAC：
	Vlan ID：

7.3.2　三层交换机实现 Vlan 间通信

1. 实验目的

（1）验证三层交换机的路由功能。

（2）验证三层交换机的交换功能。

（3）验证三层交换机实现 Vlan 间通信的过程。

2. 实验原理

通过上面的实验可知，只要能提供 Vlan 间路由，就能够使分属不同 Vlan 的计算机互相通信。但是，如果使用路由器进行 Vlan 间路由，随着 Vlan 之间流量的不断增加，很可能导致路由器成为整个网络的瓶颈。

三层交换机具备网络层的功能，实现 Vlan 相互访问的原理是：利用三层交换机的路由功能，通过识别数据包的 IP 地址，查找路由表进行选路转发。在三层交换机中跨 Vlan 路由，需要使用交换虚拟接口（Switch Virtual Interface，SVI），SVI 是指为交换机中的 Vlan 创建的虚拟接口，并且配置 IP 地址。SVI 是联系二层 Vlan 的 IP 接口，一个 SVI 只能和一个 Vlan 相联系。

通过以下命令可以定义 Vlan 10 关联的 IP 接口，并为该 IP 接口分配 IP 地址和子网掩码。

```
Switch(config)# interface vlan 10
Switch(config-if)# ip address 192.168.1.1 255.255.255.0
Switch(config-if)# exit
Switch(config)# ip routing
```

在全局模式下，使用 interface vlan 10 命令定义 Vlan 10 对应的 IP 接口，并进入 IP 接口配置模式。IP 接口类似于前面路由器的逻辑接口，三层交换机路由模块通过不同的 IP 接口连接不同的 Vlan，连接在某个 Vlan 上的终端必须建立与该 Vlan 对应的 IP 接口之间的交换路径（与某个 Vlan 关联的 IP 接口的 IP 地址作为该 Vlan 中终端的默认网关地址），该终端发送给其他 Vlan 中终端的 IP 分组封装成 MAC 帧后，通过 Vlan 内该终端与 IP 接口之间的交换路径发送给 IP 接口，然后通过路由功能将该 IP 分组送往目标 Vlan 中。通过 ip routing 命令启用三层交换机路由功能。

由于三层交换机中可以定义大量的 Vlan，因此其路由模块可以看作是存在大量逻辑接口的路由器，且接口数量可以随着需要定义 IP 接口的 Vlan 数量的变化而变化。

3. 实验设备

三层交换机 1 台，二层交换机 2 台，主机 4 台。

4. 实验拓扑

三层交换机实现 Vlan 间通信拓扑如图 7-38 所示。

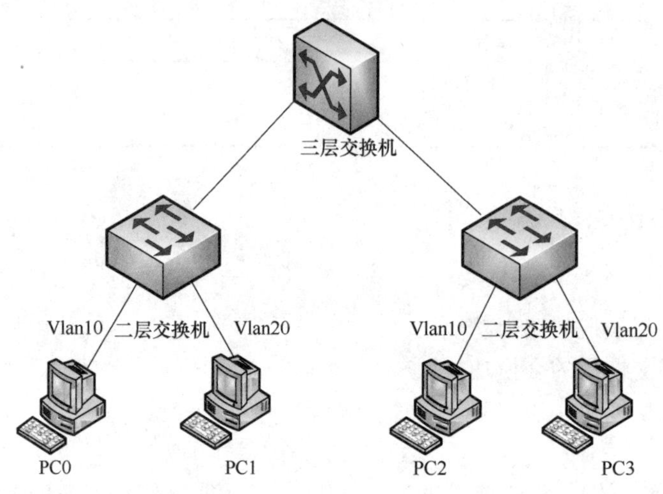

图 7-38　三层交换机实现 Vlan 间通信拓扑

5. 实验步骤

第 1 步：连线组网，按照如图 7-39 所示的组网图完成设备的选择和连线。

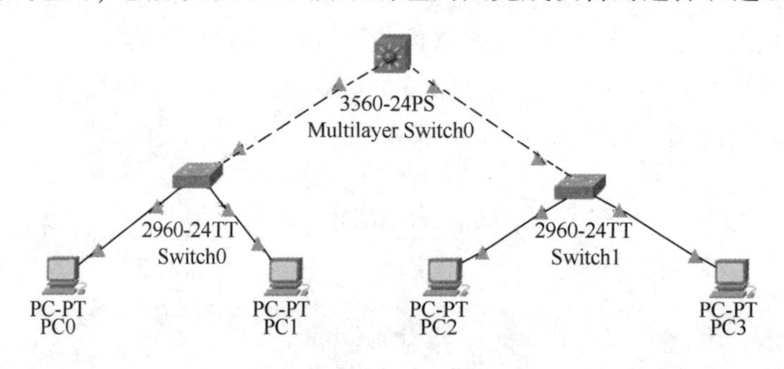

图 7-39　连线组网图

配置各主机的 IP 地址和子网掩码：PC0 的 IP 地址为 192. 168. 10. 2，子网掩码为 255. 255. 255. 0；PC1 的 IP 地址为 192. 168. 20. 2，子网掩码为 255. 255. 255. 0；PC2 的 IP 地址为 192. 168. 10. 3，子网掩码为 255. 255. 255. 0；PC3 的 IP 地址为 192. 168. 20. 3，子网掩码为 255. 255. 255. 0。

第 2 步：完成 Vlan 的划分，其中 PC0 和 PC2 属于 Vlan 10，PC1 和 PC3 属于 Vlan 20，在交换机上完成 Vlan 的创建和端口的分配，其配置过程如下。

二层交换机配置：

```
Switch(config)# vlan 10
Switch(config-vlan)# exit
```

```
Switch(config)# interface fastethernet 0/1
Switch(config-if)# switchport mode access
Switch(config-if)# switchport access vlan 10
Switch(config-if)# exit
Switch(config)# vlan 20
Switch(config-vlan)# exit
Switch(config)# interface fastethernet 0/2
Switch(config-if)# switchport mode access
Switch(config-if)# switchport access vlan 20
Switch(config-if)# exit
Switch(config)# interface fastethernet 0/3
Switch(config-if)# switchport mode trunk
Switch(config-if)# switchport trunk allowed vlan 10,20
Switch(config-if)# exit
```

三层交换机配置：

```
Switch(config)# vlan 10
Switch(config-vlan)# exit
Switch(config)# vlan 20
Switch(config-vlan)# exit
Switch(config)# interface fastethernet 0/1
Switch(config-if)# switchport trunk encapsulation dot1q! 以 dot1q 封装端口
Switch(config-if)# switchport mode trunk
Switch(config-if)# switchport trunk allowed vlan 10,20
Switch(config-if)# exit
Switch(config)# interface fastethernet 0/2
Switch(config-if)# switchport trunk encapsulation dot1q  ! 以 dot1q 封装端口
Switch(config-if)# switchport mode trunk
Switch(config-if)# switchport trunk allowed vlan 10,20
Switch(config-if)# exit
```

第 3 步：此时已经配置完成，Vlan 内可以通信，Vlan 间通信隔离，例如，测试 PC1 和 PC0（不同 Vlan）、PC1 和 PC3（同一 Vlan）的连通性，结果如图 7-40 所示。

第 4 步：在三层交换机上配置 SVI，分别为编号 10 和 20 的 Vlan 定义 IP 接口，并为其设置 IP 地址和子网掩码，配置过程如下。

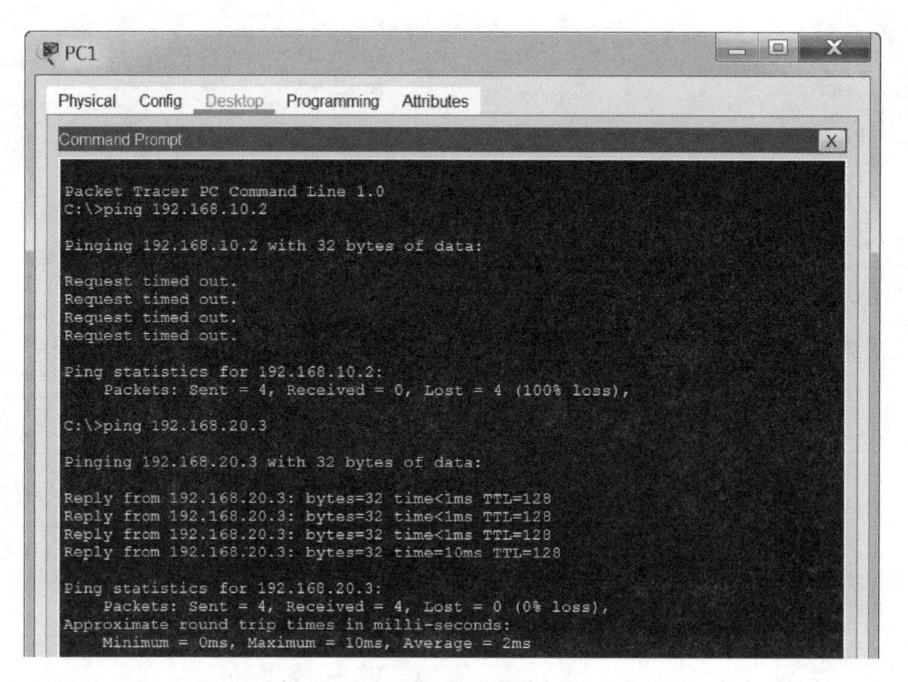

图 7-40　PC1 和 PC0、PC1 和 PC3 的连通性

```
Switch > enable
Switch#configure terminal
Switch(config)# interface vlan 10
Switch(config-if)# ip address 192.168.10.1 255.255.255.0
Switch(config-if)# no shutdown
Switch(config-if)# exit
Switch(config)# interface vlan 20
Switch(config-if)#
Switch(config-if)# ip address 192.168.20.1 255.255.255.0
Switch(config-if)# no shutdown
Switch(config-if)# exit
Switch(config)# ip routing          ! 在三层交换机中开启路由功能
```

第 5 步：配置各台 PC 的网关地址，PC0 和 PC2 的网关地址配置为 Vlan 10 对应的 IP 接口的 IP 地址，即 192.168.10.1，PC1 和 PC3 的网关地址配置为 Vlan 20 对应的 IP 接口的 IP 地址，即 192.168.20.1。

第 6 步：测试不同 Vlan 之间 PC 的连通性。

6. 思考讨论

（1）在第 6 步中开启模拟操作模式，启动 IP 分组从 PC0 到 PC3 的传输过程，观察数据包的传送路径，完成表 7-6。

表 7-6 使用三层交换机的 MAC 帧内容

Vlan 10 内的 MAC 帧	源 MAC：
	目的 MAC：
Vlan 20 内的 MAC 帧	源 MAC：
	目的 MAC：

（2）交换机虚拟接口（Switch Virtual Interface，SVI），也称为 Vlan 接口，是一种逻辑的三层接口，类似路由器子接口，其接口 IP 地址作为对应 Vlan 主机的默认网关。三层交换机如何配置 Vlan 的 IP 地址？

（3）总结三层交换机实现 Vlan 间通信的原理和配置过程。

第 8 章

路由器组网配置与安全技术实验

8.1 路由器组网

8.1.1 最简网络互联

1. 实验目的

(1) 了解路由器的配置方法。

(2) 理解直连网络的概念。

(3) 查看路由器当前配置信息，理解路由表信息。

2. 实验原理

路由器用于实现不同网络之间的互联，路由器转发 IP 分组的基础是路由表，路由表中的路由项根据产生的来源可分为直连路由项、静态路由项和动态路由项。通过配置路由器接口 IP 地址和子网掩码自动生成的是直连路由项。通过手工配置的是静态路由项，通过动态路由协议生成的是动态路由项。

最简网络互联结构，即直连网络拓扑如图 8-1 所示，路由器（Router）的两个接口分别连接两个以太网，这两个以太网是不同的网络，需要分配不同的网络地址。为路由器接口配置的 IP 地址和子网掩码决定了该接口连接的网络的地址。例如，为路由器的接口 1 配置的 IP 地址为 192.168.1.1，子网掩码为 255.255.255.0，则接口 1 所连接的网络地址为 192.168.1.0/24，连接在该网络中的设备必须分配该网段的 IP 地址，并且以接口 1 的 IP 地址 192.168.1.1 作为默认网关地址。由于路由器不同接口连接的网络不同，路由器接口 2 的 IP 地址不能属于 192.168.1.0/24 网段，需要为其分配其他网段的 IP 地址。

在路由器某个接口分配 IP 地址并开启该接口的命令如下：

```
Router(config)# interface fastEthernet 0/1
Router(config-if)# ip address 192.168.1.1 255.255.255.0
Router(config-if)# no shutdown
Router(config-if)# exit
```

首先在全局模式下，通过使用命令 interface fastEthernet 0/1 进入该接口的配置模式，然后通过 ip address 命令给出该接口的 IP 地址和子网掩码，再通过 no shutdown 开启该接口（接口默认状态是关闭），最后通过 exit 命令退出接口配置模式。

3. 实验设备

路由器 1 台，主机 2 台。

4. 实验拓扑

直接网络拓扑如图 8-1 所示。

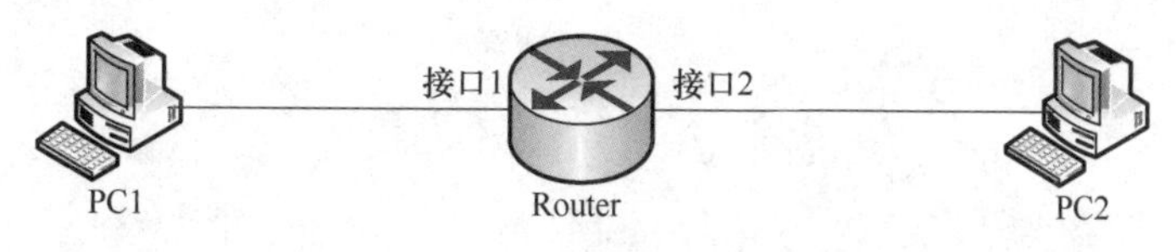

图 8-1　直连网络拓扑

5. 实验步骤

第 1 步：按如图 8-2 所示完成设备选择和连线组网，通过如下命令配置路由器接口地址。

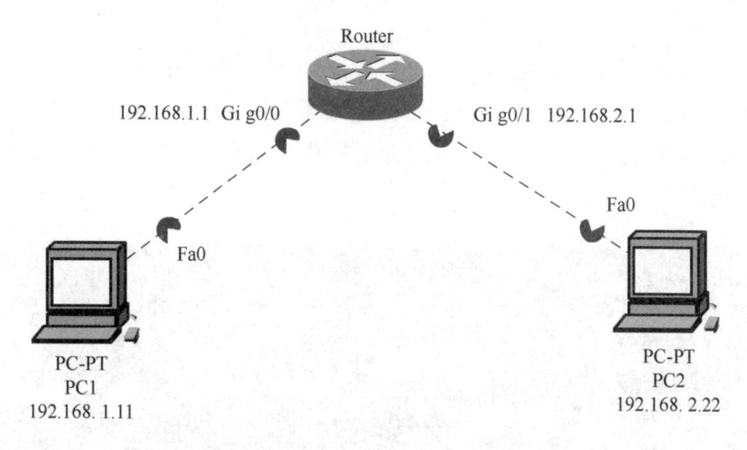

图 8-2　连线组网图

```
Router>enable
Router# configure terminal
Router(config)# interface gigabitEthernet 0/0
Router(config-if)# ip address 192.168.1.1 255.255.255.0
Router(config-if)# no shutdown
Router(config-if)# exit
Router(config)# interface gigabitEthernet 0/1
Router(config-if)# ip address 192.168.2.1 255.255.255.0
Router(config-if)# no shutdown
```

第 2 步：通过如下命令查看路由器接口配置信息和路由表。

```
Router#show ip interface brief
Interface            IP-Address    OK? Method Status               Protocol
GigabitEthernet0/0   192.168.1.1   YES  manual   up                  up
GigabitEthernet0/1   192.168.2.1   YES  manual   up                  up
vlan1                unassigned    YES  unset  administratively down
                                                                     down
```

```
Router#show ip route

        192.168.1.0/24 is variably subnetted, 2 subnets, 2 masks
C       192.168.1.0/24 is directly connected, GigabitEthernet0/0
L       192.168.1.1/32 is directly connected, GigabitEthernet0/0
        192.168.2.0/24 is variably subnetted, 2 subnets, 2 masks
C       192.168.2.0/24 is directly connected, GigabitEthernet0/1
L       192.168.2.1/32 is directly connected, GigabitEthernet0/1
```

第3步：配置PC网卡地址，选择Desktop，采用静态地址。相连的路由器接口地址为PC的网关。

配置PC1网卡的IP地址为192.168.1.11，掩码为255.255.255.0，网关为192.168.1.1。

配置PC2网卡的IP地址为192.168.2.22，掩码为255.255.255.0，网关为192.168.2.1。

第4步：连通性测试，最好采用由近及远的原则，逐段去测试，PC1和PC2之间的测试结果如图8-3所示。

```
C:\>ping 192.168.2.22

Pinging 192.168.2.22 with 32 bytes of data:

Request timed out.
Reply from 192.168.2.22: bytes=32 time<1ms TTL=127
Reply from 192.168.2.22: bytes=32 time<1ms TTL=127
Reply from 192.168.2.22: bytes=32 time<1ms TTL=127

Ping statistics for 192.168.2.22:
    Packets: Sent = 4, Received = 3, Lost = 1 (25% loss),
```

图8-3　PC1 ping PC2连通性测试结果

第5步：修改路由器Gi0/1的地址为192.168.1.3/24，如图8-4所示。

```
Router(config)#int gi 0/1
Router(config-if)#ip address 192.168.1.3 255.255.255.0
% 192.168.1.0 overlaps with GigabitEthernet0/0
Router(config-if)#
```

图8-4　修改IP地址提示

再次查看端口配置信息，如图8-5所示，会发现Gi0/1的地址没有变成192.168.1.3。

```
Router#show ip interface brief
Interface              IP-Address      OK? Method Status                Protocol
GigabitEthernet0/0     192.168.1.1     YES manual up                    up
GigabitEthernet0/1     192.168.2.1     YES manual up                    up
Vlan1                  unassigned      YES unset  administratively down down
Router#
```

图8-5　查看端口配置信息

6. 思考讨论

（1）总结路由器接口IP地址的配置原则？

(2) PC 的默认网关应该如何配置?

8.1.2 静态路由

1. 实验目的

(1) 深入掌握 IP 协议和路由原理。

(2) 掌握静态路由配置方法。

2. 实验原理

在图 8-6 所示的网络拓扑中,对于 Router0 来讲,最右边的网段不是其直接连接的网络,因此,无法自动生成通往该网段的路由项,同样对于 Router1,最左边的网段不是直接连接的网络,也无法生成通往该网段的路由项,此时一种方法是由网络管理员告诉路由器如何通往该网段,这就是静态路由的方式。

静态路由是指由用户或网络管理员手工配置的路由,当网络拓扑结构或链路状态发生变化时,需要手工去修改路由表的相关信息。在默认情况下,静态路由是私有的,不会传递给其他路由器,也不会通过路由器发通告消息,从而节省网络带宽和路由器的运算资源。

静态路由是单向的,适合小型网络或结构比较稳定的网络。

静态路由的配置命令:

```
Router(config)# ip route [目的地 IP][目的地掩码] [转发路径] [管理距离]
Router(config)# ip route [destination-address] [mask] [next-hop-address/ exit-interface] [distance]
```

- destination-address:目的网络地址。
- mask:目的网络子网掩码。
- next-hop-address/ exit-interface:有两种描述方式用于指明去往目的网络的转发路径,一种是 next-hop-address(下一跳地址),是指通往目的地的邻居路由器入口 IP 地址;另一种是 exit-interface(本地送出接口),是指通往目的地的本地路由器的出口名称。
- distance:静态路由条目的管理距离,默认值为 1,取值范围为 1~255。

3. 实验设备

路由器 2 台,主机 2 台。

4. 实验拓扑

非直连网络拓扑如图 8-6 所示。

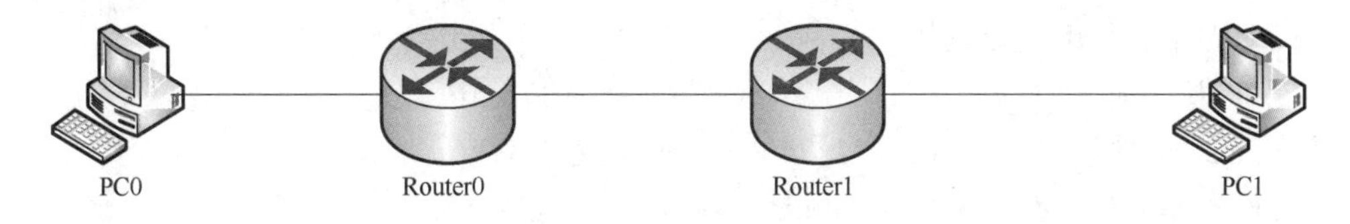

图 8-6 非直连网络拓扑

5. 实验步骤

第 1 步:为路由器添加串口模块。

(1) 添加 2 台路由器和 2 台 PC 到工作区,按图 8-7 连线组网,单击路由器图标,找到路由器电源开关，关闭电源。

（2）将左侧 HWIC-2T 模块拖拽到路由器空余卡槽，再开启路由器电源。选择“自动连接类型线”来连接 2 台路由器，路由器会优先选择串口专用线缆进行连接。

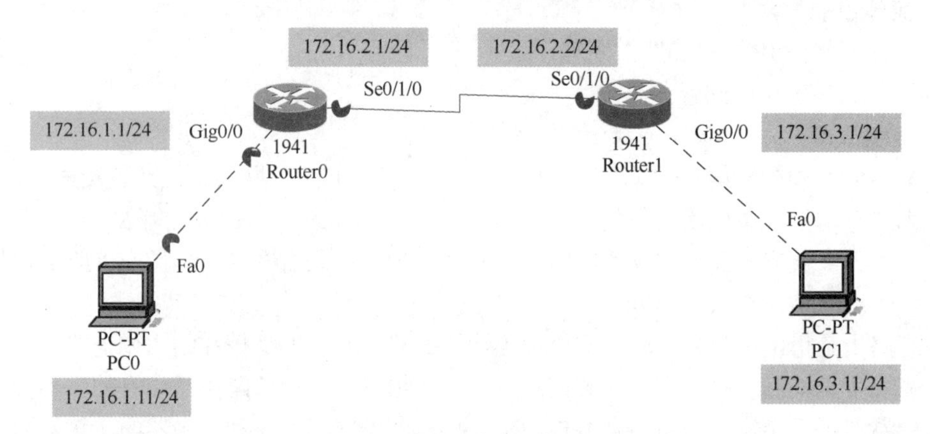

图 8-7　静态路由连线组网图

第 2 步：配置路由器接口地址。

配置 Router0 的 Gig0/0 以太网口地址为 172. 16. 1. 1，子网掩码为 255. 255. 255. 0；配置 Router0 的串口 Serial0/1/0 地址为 172. 16. 2. 1，子网掩码为 255. 255. 255. 0；串口需要配置时钟频率。

Router1 的配置与 Router0 类似。Router0 的配置命令如下：

```
Router0 > enable
Router0# configure terminal
Router0 (config)# interface gigabitEthernet 0/0
Router0(config-if)# ip address 172. 16. 1. 1 255. 255. 255. 0
Router0 (config-if)# no shutdown
Router0 (config)# interface serial 0/1/0
Router0 (config-if)# ip address 172. 16. 2. 1 255. 255. 255. 0
Router0 (config-if)# clock rate 64000   ! 配置 Router0 的时钟频率(DCE)
Router0 (config-if)# no shutdown
```

第 3 步：PC 的 IP 地址配置。

配置 PC0 的地址为 172. 16. 1. 11/24，网关地址为 172. 16. 1. 1。

配置 PC2 的地址为 172. 16. 3. 11/24，网关地址为 172. 16. 3. 1。

在 PC 的命令行状态下执行 ipconfig 命令查看配置是否生效。

第 4 步：测试连通性。

在 PC0 命令行下输入命令 ping 172. 16. 3. 11，在 PC1 命令行下输入命令 ping 172. 16. 1. 11，观察现象，记录是否连通。

在路由器上的 Router#模式（特权用户模式）下，使用 show ip route 命令查看路由器的路由表；截图记录，分析该路由表的表项。

第 5 步：配置静态路由。

在 Router0 上配置静态路由：

```
Router0(config)# ip route 172.16.3.0  255.255.255.0  172.16.2.2
```

在 Router1 上配置静态路由：

```
Router1(config)# ip route 172.16.1.0  255.255.255.0  172.16.2.1
```

第 6 步：分段进行连通性测试。

在 PC 上执行 ping 命令测试，由近至远测试哪些接口可 ping 通，哪些接口 ping 不通。

在路由器上执行 ping 命令测试，由近至远测试哪些接口可 ping 通，哪些接口 ping 不通。

第 7 步：查看路由表。

在路由器上的 Router#模式（特权用户模式）下，使用 show ip route 命令查看路由器的路由表；截图记录，对比此时的路由表和配置静态路由表之前的路由表有何异同。

6. 思考讨论

（1）步骤 4 中 PC0 ping PC1，能否成功？为什么？此时路由表中有几个条目？

（2）步骤 7 中，路由表中有几个条目？与步骤 4 中的路由表有什么不同？

（3）静态路由实验，拓扑结构为 PC1-Router0-Router1-PC2。路由是双向的，如果只在 Router0 上配置了静态路由，在 Router1 上取消静态路由，使用如下 no 命令清除：

Router1（config）# no ip route 172.16.1.0 255.255.255.0 172.16.2.1

PC1 ping PC2，会有什么现象？截图显示。

PC2 ping PC1，又会有什么现象？截图显示。

（4）图 8-8 中，路由器的每个接口都给了 IP 地址，使用静态路由连接每个网段，请给出每个路由器上静态路由的配置命令。

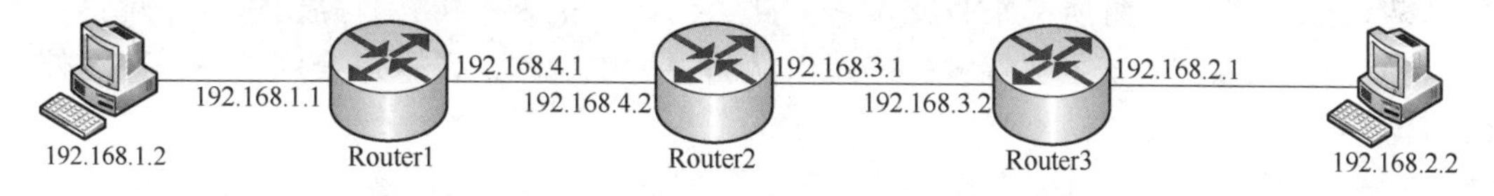

图 8-8　非直连网络拓扑图

8.2　动态路由协议

8.2.1　RIP 基本配置

1. 实验目的

（1）学习动态路由的基本原理。

（2）掌握距离向量算法的基本原理。

（3）熟悉 RIP 协议的配置。

2. 实验原理

前面通过静态路由的方法说明了非直连网段的路由信息，然而静态路由不适合网络拓扑经常变化且网络规模较大的情况，如果有一种方法能够自动获取非直连网段的路由信息构建路由表，这将大大减轻管理员的工作量，这就是动态路由，常用的动态路由协议有路由信息协议（Routing Information Protocol，RIP）和最短路径优先协议（Open Shortest Path First，OSPF）等。

RIP 是一种应用广泛的内部网关协议，在路由器数量小于 10 台的企业规模网络中比较适用。RIP 采用距离矢量算法，计算比较简单，从一个路由器到直接相连的网络的距离定义为 1；到非直接相连的网络距离定义为，每经过一个路由器则距离加 1。“距离”也称为“跳数”，它以到目的网络的跳数最小作为路由选择的度量标准，而不是在链路的带宽和延迟的基础上进行选择的。RIP 允许一条路径最多只能包含 15 个路由器，因此，距离等于 16 时即为不可达。

面向 IPv4，RIP 有 RIPv1 和 RIPv2 两个版本，RIPv1 在 RFC 1058 文档中定义，提出的较早，有许多缺陷；RIPv2 在 RFC 2453 文档中定义，对前一个版本进行了改进。RIP 使用 UDP 报文封装，报文的源端口和目的端口都是 520。RIP 定义了两种报文，分别是请求（Request）报文和响应（Response）报文，RIPv1 和 RIPv2 在协议报文的某些字段存在差异，这些差异主要是由两个版本的工作机制不同造成的。Request 报文用于向邻居请求全部或部分路由信息，Response 报文用于发送路由更新，同时携带路由条目的度量值等信息。

一旦路由器的某个接口开启了 RIP，该接口立即发送一个 Request 报文和 Response 报文，开始侦听 RIP 的报文。随后路由器接口开始周期性地发送 Response 报文。RIPv1 使用广播地址 255. 255. 255. 255 作为协议报文的目的 IP 地址，RIPv2 采用组播地址 224. 0. 0. 9 作为协议报文的目的 IP 地址。路由器收到 Request 报文后，使用 Response 报文进行回复，报文携带对方所请求的路由信息。路由器收到 Response 报文后，会解析该报文携带的路由信息，如果路由条目是新增的，并且度量值有效，路由器就会将该路由条目加载进路由表，同时为这条路由关联度量值、下一跳、出接口等信息。

通常情况下，RIP 每隔 30s 向外发送一次更新报文。如果设备经过 180s 没有收到来自对端的路由更新报文，则将所有来自此设备的路由信息标记为不可达，路由进入不可达状态后，120s 内仍未收到更新报文就将这些路由从路由表中删除。以下命令用于完成路由器的 RIP 配置：

```
Router(config)# router rip
Router(config-router)# version 2
Router(config-router)# no auto-summary
Router(config-router)# network 192.168.3.0
Router(config-router)# network 192.168.4.0
```

在全局模式下，使用命令 router rip 将进入 RIP 配置模式，在 RIP 配置模式下可完成 RIP 相关参数的配置过程，version 2 命令用于启动 RIPv2（默认为 RIPv1），no auto-summary 的作用是取消路由聚合功能。路由聚合是将同一个自然网段内的不同子网聚合成一个网段，例如，通过划分 C 类网络 192. 168. 1. 0 产生三个子网 192. 168. 1. 0/26、192. 168. 1. 64/26 和 192. 168. 1. 128/25，如果进行路由聚合，可以用一条 192. 168. 1. 0/24 的路由项取代上面三条路由项。RIPv1 只支持分类编址，必须启动路由聚合功能，RIPv2 由于支持无分类编址，可以启动路由聚合功能，也可以取消路由聚合功能。

network 192. 168. 3. 0 命令有两个作用：一是启动所有接口 IP 地址属于网络 192. 168. 3. 0

的路由器接口的 RIP 功能，允许这些接口接收和发送 RIP 路由消息，二是如果 192. 168. 3. 0 网络是该路由器的直连网络，则 192. 168. 3. 0 网络对应的直连路由项参与 RIP 建立动态路由项的过程，即其他路由器中会生成到 192. 168. 3. 0 网络的传输路径的路由项。

3. 实验设备

路由器 3 台，主机 3 台。

4. 实验拓扑

RIP 基本配置拓扑如图 8-9 所示。

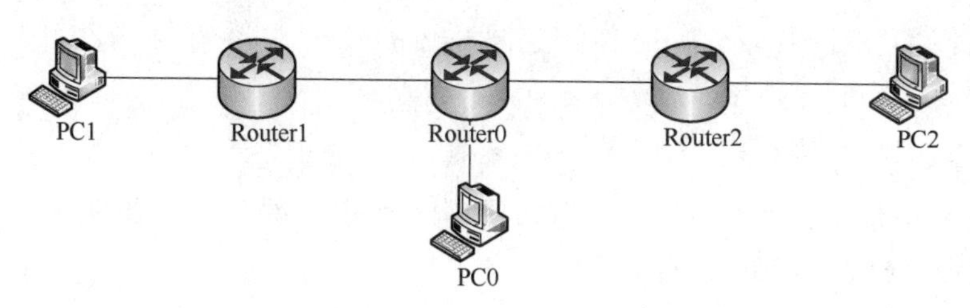

图 8-9 RIP 基本配置拓扑

5. 实验步骤

第 1 步：连线组网。

为路由器添加串口模块，按照拓扑图正确组网，如图 8-10 所示。

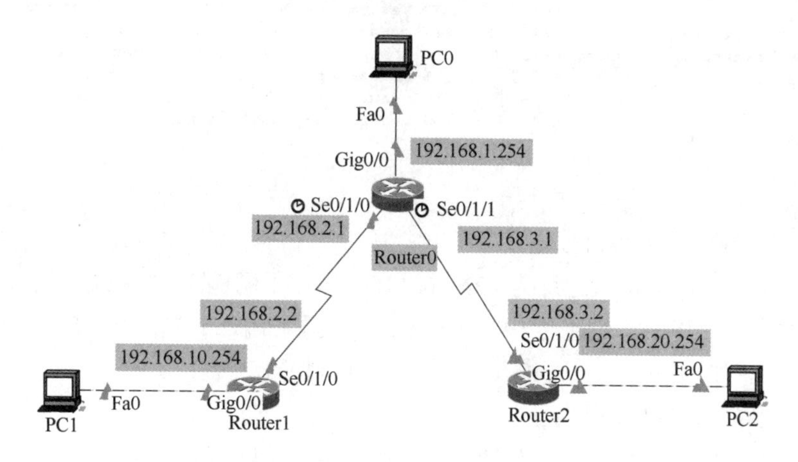

图 8-10 RIP 连线组网图

第 2 步：配置路由器（Router0）各接口地址。

Router0 的 Gi0/0 以太网口地址为 192. 168. 1. 254，子网掩码 255. 255. 255. 0。

Router0 的串口 Se0/1/0 地址为 192. 168. 2. 1，子网掩码 255. 255. 255. 0。

Router0 的串口 Se0/1/1 地址为 192. 168. 3. 1，子网掩码 255. 255. 255. 0。

通过以下命令配置完成后，使用 show ip interface brief 命令进行检查。

```
Router0 > enable
Router0# configure terminal
Router0 (config)# interface gigabitEthernet 0/0
```

```
Router0 (config-if)# ip address 192.168.1.254  255.255.255.0
Router0 (config-if)# no shutdown
Router0 (config)# interface serial 0/1/0
Router0 (config-if)# ip address 192.168.2.1  255.255.255.0
Router0(config-if)# clock rate 64000
Router0 (config-if)# no shutdown
Router0 (config)# interface serial 0/1/1
Router0 (config-if)# ip address 192.168.3.1  255.255.255.0
Router0(config-if)# clock rate 64000
Router0 (config-if)# no shutdown
```

Router0 配置完成后，查看各接口状态如图 8-11 所示，重点检查 IP 地址、串口状态等。链路另一端配置完成后，down 会自动变成 up。

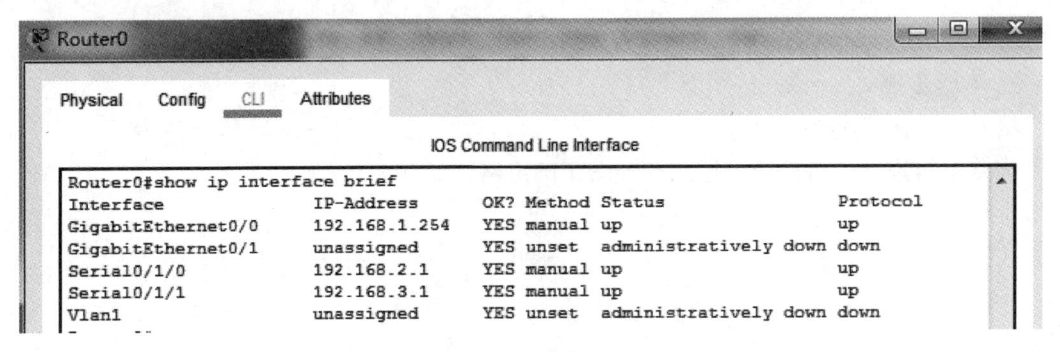

图 8-11　查看各接口状态

第 3 步：配置 Router1 接口地址。

Router1 的 Gi0/0 以太网口地址为 192.168.10.254，子网掩码 255.255.255.0。

Router1 的串口 Se0/1/0 地址为 192.168.2.2，子网掩码 255.255.255.0。

配置完成后，使用 show ip interface brief 命令进行检查。

第 4 步：配置 Router2 接口地址。

Router2 的 Gi0/0 以太网口地址为 192.168.20.254，子网掩码 255.255.255.0。

Router2 的串口 Se0/1/0 地址为 192.168.3.2，子网掩码 255.255.255.0。

配置完成后，使用 show ip interface brief 命令进行检查。

第 5 步：PC 的 IP 地址配置。

配置 PC0 的 IP 地址为 192.168.1.11/24，网关地址为 192.168.1.254。

配置 PC1 的 IP 地址为 192.168.10.11/24，网关地址为 192.168.10.254。

配置 PC2 的 IP 地址为 192.168.20.11/24，网关地址为 192.168.20.254。

在 PC 的命令行状态下执行 ipconfig 命令查看配置是否生效。

第 6 步：动态路由协议 RIP 设置。

1）RIP 配置之前，使用命令 show ip route 查看当前路由表，以 Router0 为例，其路由表如图 8-12 所示，可以发现路由器的当前路由表只有直连链路的信息，没有 192.168.10.0 和

192.168.20.0 网段。

```
Codes: L - local, C - connected, S - static, R - RIP, M - mobile, B - BGP
       D - EIGRP, EX - EIGRP external, O - OSPF, IA - OSPF inter area
       N1 - OSPF NSSA external type 1, N2 - OSPF NSSA external type 2
       E1 - OSPF external type 1, E2 - OSPF external type 2, E - EGP
       i - IS-IS, L1 - IS-IS level-1, L2 - IS-IS level-2, ia - IS-IS inter area
       * - candidate default, U - per-user static route, o - ODR
       P - periodic downloaded static route

Gateway of last resort is not set

     192.168.1.0/24 is variably subnetted, 2 subnets, 2 masks
C       192.168.1.0/24 is directly connected, GigabitEthernet0/0
L       192.168.1.254/32 is directly connected, GigabitEthernet0/0
     192.168.2.0/24 is variably subnetted, 2 subnets, 2 masks
C       192.168.2.0/24 is directly connected, Serial0/1/0
L       192.168.2.1/32 is directly connected, Serial0/1/0
     192.168.3.0/24 is variably subnetted, 2 subnets, 2 masks
C       192.168.3.0/24 is directly connected, Serial0/1/1
L       192.168.3.1/32 is directly connected, Serial0/1/1
```

图 8-12　Router0 的路由表

2）Router0 上 3 个网段在 RIP 路由区域，其配置过程如下：

```
Router0(config)# router rip                          ! 进入 RIP 路由模式
Router0(config-router)# version 2                    ! 启用 RIPv2
Router0(config-router)# no auto-summary              ! 关闭自动汇总功能
Router0(config-router)# network 192.168.1.0
Router0(config-router)# network 192.168.2.0
Router0(config-router)# network 192.168.3.0
```

Router1 上 2 个网段在 RIP 路由区域，其配置过程如下：

```
Router1(config)# router rip
Router1(config-router)# version 2
Router1(config-router)# no auto-summary
Router1(config-router)# network 192.168.10.0
Router1(config-router)# network 192.168.2.0
```

Router2 上 2 个网段在 RIP 路由区域，其配置过程如下：

```
Router2(config)# router rip
Router2(config-router)# version 2
Router2(config-router)# no auto-summary
Router2(config-router)# network 192.168.20.0
Router2(config-router)# network 192.168.3.0
```

3）路由配置完毕后，如果输入 debug ip rip 命令能看到路由器上的交互信息，则进行路由条目的更新，如图 8-13 所示。结束 debug 模式，输入命令 no debug ip rip。

```
RIP protocol debugging is on
R0#RIP: received v2 update from 192.168.3.2 on Serial0/1/1
      192.168.20.0/24 via 0.0.0.0 in 1 hops
RIP: sending  v2 update to 224.0.0.9 via GigabitEthernet0/0 (192.168.1.254)
RIP: build update entries
      192.168.2.0/24 via 0.0.0.0, metric 1, tag 0
      192.168.3.0/24 via 0.0.0.0, metric 1, tag 0
      192.168.10.0/24 via 0.0.0.0, metric 2, tag 0
      192.168.20.0/24 via 0.0.0.0, metric 2, tag 0
RIP: sending  v2 update to 224.0.0.9 via Serial0/1/0 (192.168.2.1)
RIP: build update entries
      192.168.1.0/24 via 0.0.0.0, metric 1, tag 0
      192.168.3.0/24 via 0.0.0.0, metric 1, tag 0
      192.168.20.0/24 via 0.0.0.0, metric 2, tag 0
RIP: sending  v2 update to 224.0.0.9 via Serial0/1/1 (192.168.3.1)
RIP: build update entries
      192.168.1.0/24 via 0.0.0.0, metric 1, tag 0
      192.168.2.0/24 via 0.0.0.0, metric 1, tag 0
      192.168.10.0/24 via 0.0.0.0, metric 2, tag 0
```

图 8-13　RIP debug 信息

第 7 步：查看路由表。

Router0、Router1、Router2 全部配置完成后，大约 30s 之后，路由表学习到了网络上全部网段，此时用命令 show ip route 再次查看路由表。如图 8-14 所示是配置 RIP 后 Router0 的路由表，与 RIP 配置之前的路由表进行比较，看看增加了什么内容。

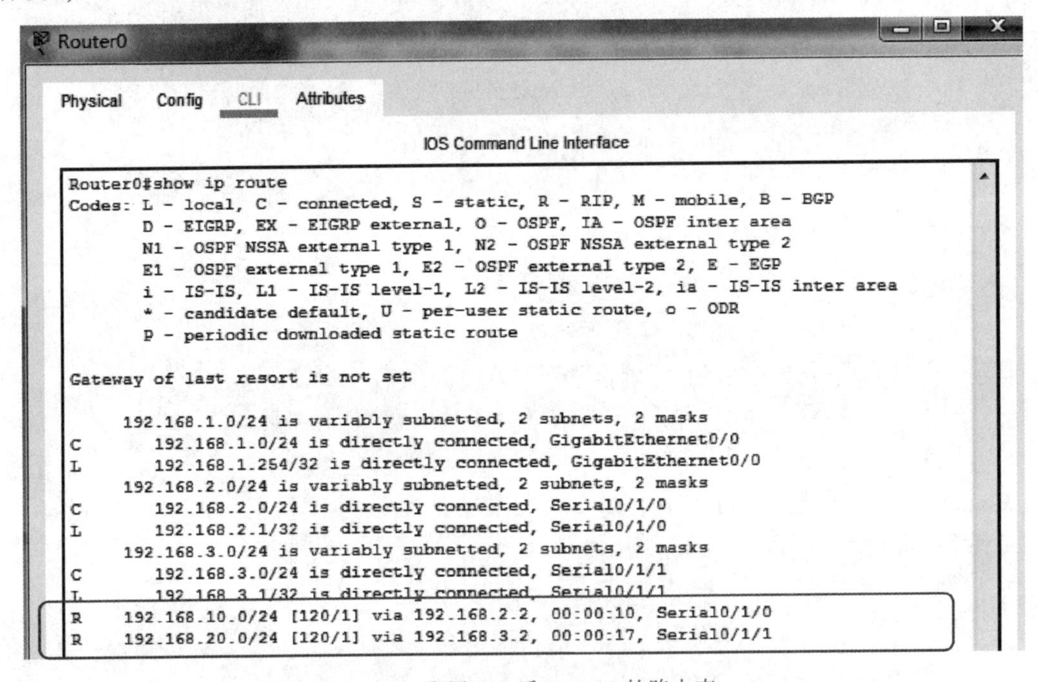

图 8-14　配置 RIP 后 Router0 的路由表

由图 8-14 可知，192. 168. 10. 0 网段和 192. 168. 20. 0 网段是 Router0 的非直连网段，它们是通过 RIP 学习到的。

第 8 步：ping 命令测试连通性，按照由近及远的原则进行测试。

1）在路由器进行ping测试，如图8-15所示，为Router0到PC1和PC2的连通性测试命令。

```
Router0# ping 192.168.10.11

Type escape sequence to abort.
Sending 5, 100-byte ICMP Echos to 192.168.10.11, timeout is 2 seconds:
.!!!!
Success rate is 80 percent (4/5), round-trip min/avg/max = 1/1/1 ms

Router0# ping 192.168.20.11

Type escape sequence to abort.
Sending 5, 100-byte ICMP Echos to 192.168.20.11, timeout is 2 seconds:
.!!!!
Success rate is 80 percent (4/5), round-trip min/avg/max = 1/1/1 ms
```

图8-15　Router0到PC1和PC2的连通性测试

2）在PC上进行ping测试，先保证主机能ping通网关，再由近及远ping其他地址。对PC0来说，按照192.168.1.254、192.168.2.1、192.168.2.2、192.168.10.254、192.168.10.11的顺序依次进行ping测试，如图8-16所示。

```
C:\>ping 192.168.10.11

Pinging 192.168.10.11 with 32 bytes of data:

Reply from 192.168.10.11: bytes=32 time=5ms TTL=126
Reply from 192.168.10.11: bytes=32 time=8ms TTL=126
Reply from 192.168.10.11: bytes=32 time=4ms TTL=126
Reply from 192.168.10.11: bytes=32 time=1ms TTL=126

Ping statistics for 192.168.10.11:
    Packets: Sent = 4, Received = 4, Lost = 0 (0% loss),
Approximate round trip times in milli-seconds:
    Minimum = 1ms, Maximum = 8ms, Average = 4ms
```

图8-16　PC0到PC1的连通性测试

6. 思考讨论

（1）给出Router1在RIP配置之前的截图和RIP配置之后的截图；进行比较，Router1通过RIP学习到几个路由条目？

（2）对比静态路由配置的路由表和RIP路由配置的路由表，有何不同？

8.2.2　单区域OSPF

1. 实验目的

（1）学习动态路由的基本原理。

（2）掌握链路状态路由算法的基本原理。

（3）熟悉OSPF单区域配置。

2. 实验原理

OSPF为IETF OSPF工作组开发的一种基于链路状态的内部网关路由协议，与RIP相比，OSPF是链路状态协议，而RIP是距离矢量协议。每一台OSPF路由器只有一个Router ID，Router ID可以以IP地址的形式表示，也可以手工指定。路由器之间通过通告网络接口的状态，包括 IP 地址、子网掩码、网络类型、度量值等信息，来建立链路状态数据库，然后生成最短路径树，每个 OSPF 路由器使用这些最短路径构造路由表。

OSPF 是专为 IP 开发的路由协议，直接运行在 IP 层上面，协议号为 89，采用组播方式进行 OSPF 包交换，组播地址为 224.0.0.5（全部 OSPF 设备）和 224.0.0.6（指定设备）。当 OSPF 路由域规模较大时，为了控制链路状态信息（LSA）泛洪的范围、减小链路状态数据库（LSDB）的大小、改善网络的可扩展性、快速地收敛，一般采用分层结构，即将 OSPF 路由域分割成几个区域（AREA），当网络包含多个区域时，OSPF 协议规定，必须有一个 Area 0 区域，通常也叫做骨干区域，其他所有区域都必须与骨干区域物理或逻辑上相连，区域之间交换路由信息摘要，减少需要传递的路由信息。

OSPF 适用于各种规模的网络，收敛速度快，能够在最短的时间内将路由变化传递到整个自治系统。

OSPF 网络中的每个路由器维护一个相同的链路状态数据库（LSDB），即每台路由器都保存了整个网络的拓扑结构。依据链路状态数据库，利用最短路径优先 SPF 算法，路由器就能构造路由表。

OSPF 有以下特点：

1）可适应大规模网络，不受物理跳数的限制。对于小规模网络，RIP 是首选路由协议，当网络规模扩大，具有 10 台以上路由器时，就需要 OSPF 了。

2）OSPF 路由变化收敛速度快，协议自身网络开销较小。

3）最短路径采用 SPF 算法，避免了路由环路。

4）以开销作为度量值，带宽越高，开销越小。

5）支持区域划分。

配置 OSPF 路由的过程：①创建一个 OSPF 路由进程，每个路由器创建一个自身的进程号，范围是 1～65535；②配置 Router ID。Router ID 是一个 32 位无符号整数，用于标识路由器，要求全局唯一，Router ID 可以手工配置，也可以自动生成。Router ID 默认使用路由器活动接口的最大 IP 地址；③定义关联的 IP 地址范围及区域，配置命令如下：

```
Router(config)# router ospf 10
Router(config-router)# network 172.16.1.0 0.0.0.255 area 0
Router(config-router)# network 172.16.2.0 0.0.0.255 area 0
```

全局配置模式下，使用 router ospf 10 命令，启用 OSPF，指定进程号为 10，进程号的范围为 1～65535；network 命令用来指明本路由器 OSPF 进程作用的网络范围，第 2 行和第 3 行指令表示在 Router0 上，172.16.1.0 和 172.16.2.0 网段都在 OSPF 10 进程的作用范围内，同时这 2 个网段都属于区域 0（area 0）；子网掩码采用反掩码，子网掩码写成二进制后，其中的 0 变成 1、1 变成 0，如子网掩码 255.255.255.0 的反掩码就是 0.0.0.255。

特权模式下，使用 show ip ospf neighbor 查看邻居表；使用命令 show ip ospf database 查看链路状态数据库。

3. 实验设备

路由器 2 台，三层交换机 1 台，主机 2 台。

4. 实验拓扑

单区域 OSPF 拓扑如图 8-17 所示。

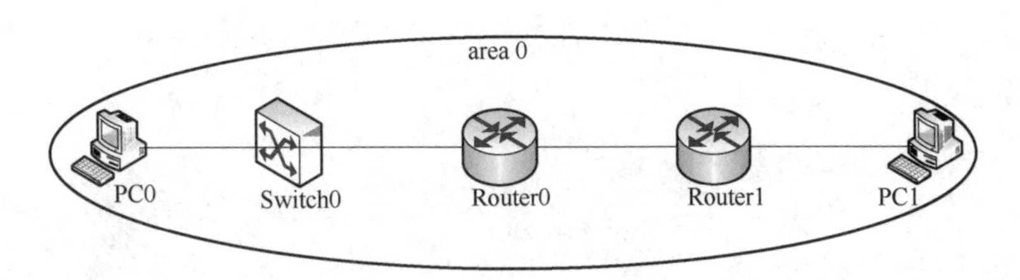

图 8-17　单区域 OSPF 拓扑

5. 实验步骤

第 1 步：连线组网。

为路由器添加串口模块，按照拓扑图正确组网，如图 8-18 所示。

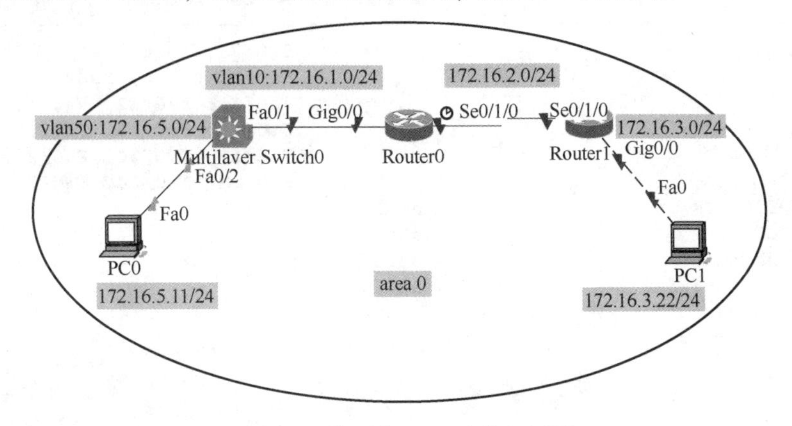

图 8-18　单区域 OSPF 连线组网图

第 2 步：配置三层交换机。

首先创建 Vlan 50 和 Vlan 10，为 Vlan 50 和 Vlan 10 分别划分端口。

Vlan 50 设置地址为 172. 16. 5. 1，子网掩码 255. 255. 255. 0。

Vlan 10 设置地址为 172. 16. 1. 1，子网掩码 255. 255. 255. 0。

按如下命令进行配置

```
Switch(config)# vlan 50
Switch(config-vlan)# exit
Switch(config)# vlan 10
Switch(config-vlan)# exit
Switch(config)# interface fastEthernet 0/2
Switch(config-if)# switchport access vlan 50
Switch(config-if)# exit
Switch(config)# interface fastEthernet 0/1
Switch(config-if)# switchport access vlan 10
Switch(config-if)# exit
Switch(config)# interface vlan 50
Switch(config-if)# ip address 172.16.5.1 255.255.255.0
```

```
Switch(config-if)# no shutdown
Switch(config-if)# exit
Switch(config)# interface vlan 10
Switch(config-if)# ip address 172.16.1.1 255.255.255.0
Switch(config-if)# no shutdown
Switch(config-if)# exit
```

交换机配置完成后，使用命令 show vlan 查看交换机 Vlan 设置，如图 8-19 所示。

```
Switch#show vlan

VLAN Name                             Status    Ports
---- -------------------------------- --------- -------------------------------
1    default                          active    Fa0/3, Fa0/4, Fa0/5, Fa0/6
                                                Fa0/7, Fa0/8, Fa0/9, Fa0/10
                                                Fa0/11, Fa0/12, Fa0/13, Fa0/14
                                                Fa0/15, Fa0/16, Fa0/17, Fa0/18
                                                Fa0/19, Fa0/20, Fa0/21, Fa0/22
                                                Fa0/23, Fa0/24, Gig0/1, Gig0/2
10   VLAN0010                         active    Fa0/1
50   VLAN0050                         active    Fa0/2
1002 fddi-default                     active
1003 token-ring-default               active
1004 fddinet-default                  active
1005 trnet-default                    active
```

图 8-19　查看 Vlan 配置

交换机配置完成后，使用 show ip interface brief 命令查看交换机 Vlan IP 地址，如图 8-20 所示。

Multilayer Switch0

Physical　Config　CLI　Attributes

IOS Command Line Interface

```
FastEthernet0/22       unassigned      YES unset  down                    down
FastEthernet0/23       unassigned      YES unset  down                    down
FastEthernet0/24       unassigned      YES unset  down                    down
GigabitEthernet0/1     unassigned      YES unset  down                    down
GigabitEthernet0/2     unassigned      YES unset  down                    down
Vlan1                  unassigned      YES unset  administratively down down
Vlan10                 172.16.1.1      YES manual up                      up
Vlan50                 172.16.5.1      YES manual up                      up
```

图 8-20　查看 Vlan 的 IP 地址

第 3 步：按如下命令配置 Router0 接口地址。

Router0 的 Gi0/0 以太网口地址为 172.16.1.2，子网掩码 255.255.255.0。

Router0 的串口 Se0/1/0 地址为 172.16.2.1，子网掩码 255.255.255.0。

```
Router0(config)# interface gigabitEthernet 0/0
Router0(config-if)# ip address 172.16.1.2 255.255.255.0
Router0(config-if)# no shutdown
Router0(config-if)# exit
```

```
Router0(config)# interface serial 0/1/0
Router0(config-if)# ip address 172.16.2.1 255.255.255.0
Router0(config-if)# clock rate 64000
Router0(config-if)# no shutdown
```

配置完成后，使用 show ip interface brief 命令进行检查，如图 8-21 所示。

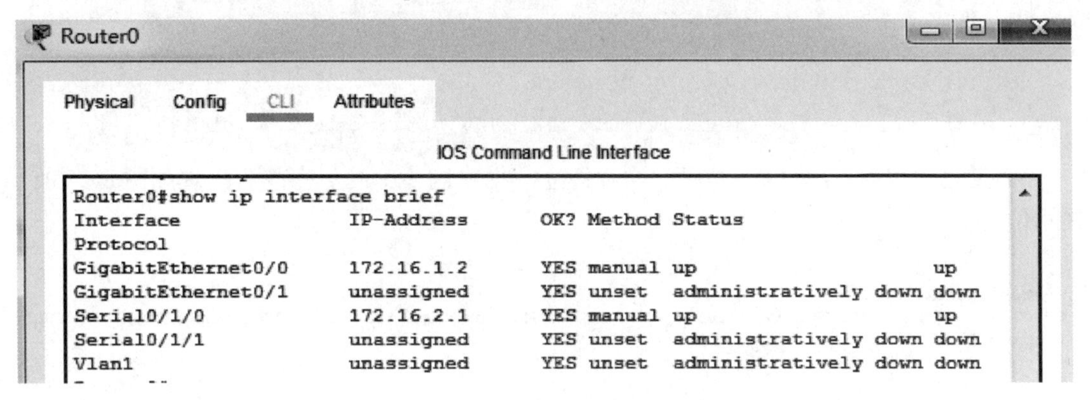

图 8-21　查看 Router0 接口信息

第 4 步：参照 Router0 配置 Router1 接口地址。

Router1 的 Gi0/0 以太网口地址为 172.16.3.1，子网掩码 255.255.255.0。

Router1 的串口 Se0/1/0 地址为 172.16.2.2，子网掩码 255.255.255.0。

配置完成后，使用 show ip interface brief 命令进行检查。

第 5 步：PC 的 IP 地址配置。

配置 PC0 的 IP 地址为 172.16.5.11/24，网关地址为 172.16.5.1。

配置 PC1 的 IP 地址为 172.16.3.22/24，网关地址为 172.16.3.1。

在 PC 的命令行状态下执行 ipconfig 命令，查看配置是否生效。

第 6 步：动态路由协议 OSPF 设置。

1）路由协议 OSPF 配置之前，使用命令 show ip route 查看当前路由表，以 Router0 为例，如图 8-22 所示，可以发现路由器当前路由表只有直连链路的信息，没有 172.16.5.0 和 172.16.3.0 网段。

```
     172.16.0.0/16 is variably subnetted, 4 subnets, 2 masks
C       172.16.1.0/24 is directly connected, GigabitEthernet0/0
L       172.16.1.2/32 is directly connected, GigabitEthernet0/0
C       172.16.2.0/24 is directly connected, Serial0/1/0
L       172.16.2.1/32 is directly connected, Serial0/1/0
```

图 8-22　Router0 的路由表

2）三层交换机上 2 个网段在 OSPF 路由区域 0，其配置过程如下：

```
Switch(config)# ip routing
Switch(config)# router ospf 10
Switch(config-router)# network 172.16.5.0 0.0.0.255 area 0
Switch(config-router)# network 172.16.1.0 0.0.0.255 area 0
```

Router0 上 2 个网段在 OSPF 路由区域 0，其配置过程如下：

```
Router0(config)# router ospf 10
Router0(config-router)# network 172.16.1.0 0.0.0.255 area 0
Router0(config-router)# network 172.16.2.0 0.0.0.255 area 0
```

Router1 上 2 个网段在 OSPF 路由区域 0，其配置过程如下：

```
Router1(config)# router ospf 10
Router1(config-router)# network 172.16.2.0 0.0.0.255 area 0
Router1(config-router)# network 172.16.3.0 0.0.0.255 area 0
```

3）路由协议 OSPF 配置完成后，自动建立数据库同步，同步完成后出现如图 8-23 所示提示信息。

```
Router0(config-if)#ex
00:07:27: %OSPF-5-ADJCHG: Process 10, Nbr 172.16.5.1 on GigabitEthernet0/0 from LOADING to FULL,
Loading Done
it
Router0(config)#
```

图 8-23　数据库同步信息

4）如果输入 debug ip ospf events 命令能看到路由器上的交互信息，则进行路由条目的更新。结束 debug 模式，输入命令 no debug ip ospf events，如图 8-24 所示。

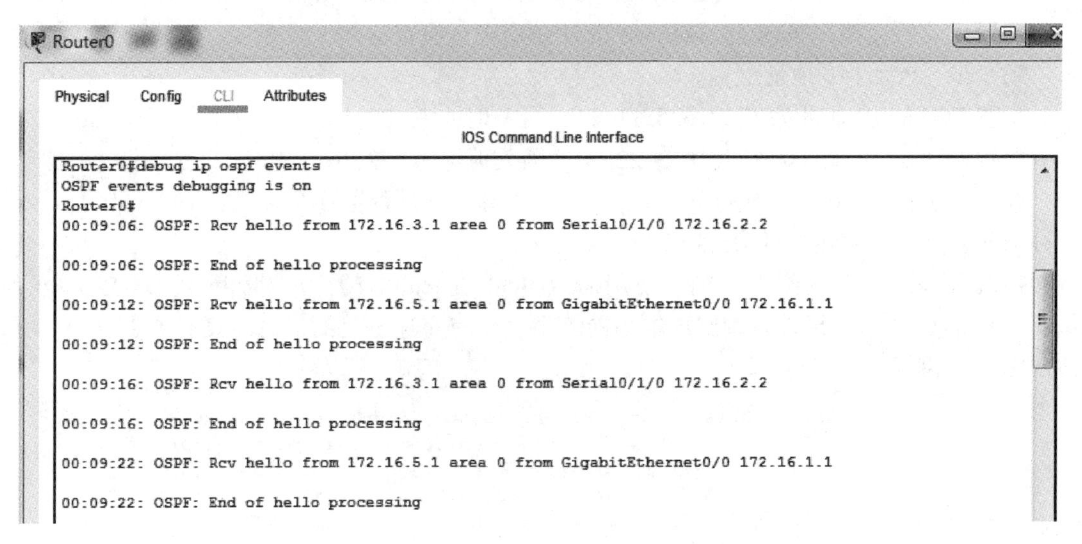

图 8-24　debug 模式输出信息

第 7 步：查看路由表。

Switch、Router1、Router2 全部配置完成后，大约 30s 之后，路由表学习到了网络上全部网段，此时用命令 show ip route 再次查看 Router0 的路由表，如图 8-25 所示，与 OSPF 配置之前的路由表进行比较，看看增加了什么内容。

```
     172.16.0.0/16 is variably subnetted, 6 subnets, 2 masks
C       172.16.1.0/24 is directly connected, GigabitEthernet0/0
L       172.16.1.2/32 is directly connected, GigabitEthernet0/0
C       172.16.2.0/24 is directly connected, Serial0/1/0
L       172.16.2.1/32 is directly connected, Serial0/1/0
O       172.16.3.0/24 [110/65] via 172.16.2.2, 00:12:50, Serial0/1/0
O       172.16.5.0/24 [110/2] via 172.16.1.1, 00:05:33, GigabitEthernet0/0
```

图 8-25　路由器 Router0 的路由表

由 Router0 的路由表可知，172. 16. 3. 0 网段和 172. 16. 5. 0 网段是 Router0 的非直连网段，它是通过 OSPF 学习到的。Router1 会学习到哪几个网段？

第 8 步：ping 命令测试连通性，按照由近及远的原则。

1）在交换机或路由器进行 ping 测试。如图 8-26 所示为在交换机上执行 ping 操作。

```
Switch#ping 172.16.3.22

Type escape sequence to abort.
Sending 5, 100-byte ICMP Echos to 172.16.3.22, timeout is 2 seconds:
.!!!!
Success rate is 80 percent (4/5), round-trip min/avg/max = 1/1/3 ms
```

图 8-26　在交换机上执行 ping 操作

2）在 PC 上进行 ping 测试，先保证主机能 ping 通网关，再由近及远，ping 其他地址。如图 8-27 所示 PC0 ping PC1 成功。

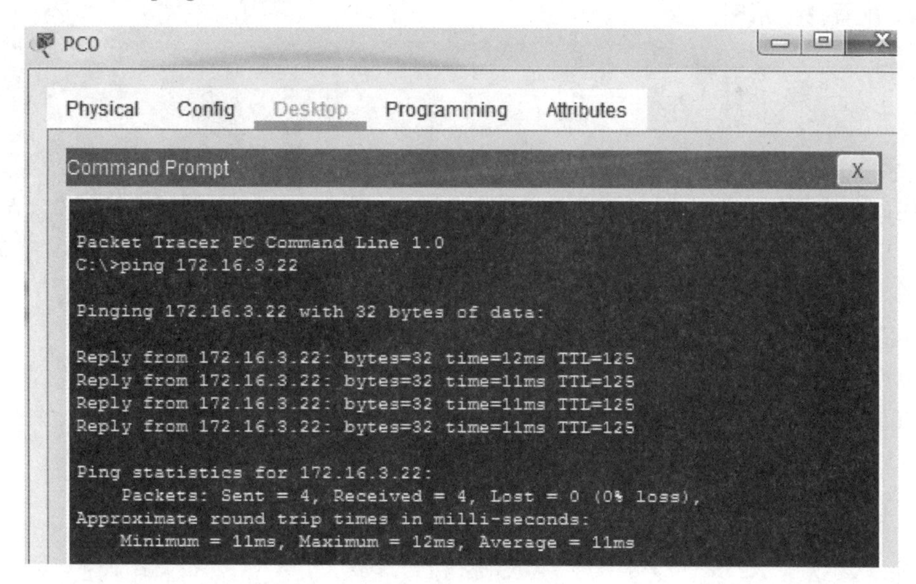

图 8-27　PC0 ping PC1 成功

6. 思考讨论

（1）给出 Router1 在 OSPF 配置之前截图和 OSPF 配置之后的截图，并进行比较；Router1 通过 OSPF 学习到几个路由条目？

（2）怎样理解同一个区域内，OSPF 的 LSDB 是相同的？

8.2.3 多区域 OSPF

1. 实验目的

（1）掌握多区域 OSPF 配置技术。

（2）理解区域的概念。

2. 实验原理

为了使 OSPF 能够作用于规模很大的网络，OSPF 将一个自治系统划分为若干个更小的范围，叫作区域。每个区域都有一个 32 位的区域标识符（点分十进制表示），一个区域不能太大，最好不超过 200 个路由器。

使用多区域划分网络时，区域划分要与 IP 地址规划相结合，确保一个区域的地址空间是连续的，这样有助于使用网络汇总功能，将多个 IP 子网汇总成一条路由通告给主干区域。划分区域的好处是利用洪泛法交换链路状态信息时，可以将范围限定在一个区域而不是整个自治系统，减少了网络上的通信量。一个区域内部的路由器，只需要知道本区域的完整网络拓扑，不需要知道其他区域的网络拓扑情况。为了使每一个区域都能与本区域以外的其他区域进行通信，OSPF 使用层次结构的区域划分。

主干区域的标识符为 0.0.0.0，区域 1 可以写成 0.0.0.1，主干区域的作用是连接其他下层区域。其他区域发来的信息都由区域边界路由器（area border router）进行路由汇总，每个区域至少有一个边界路由器，本实验中的路由器 Router1 即为区域边界路由器。

OSPF 配置命令示例：

```
Router(config)# router ospf 10
Router(config-router)# network 192.168.1.0  0.0.0.255 area 0
Router(config-router)# network 192.168.2.0  0.0.0.255 area 1
```

上述命令表示，在路由器上开启 OSPF 路由进程，192.168.1.0 网段在区域 0（Area 0），192.168.2.0 在区域 1（Area 1）。如果 network 写错网段，可以使用 no network + 错误网段，删除该网段。

3. 实验设备

路由器 2 台，三层交换机 1 台，主机 2 台。

4. 实验拓扑

多区域 OSPF 拓扑如图 8-28 所示。

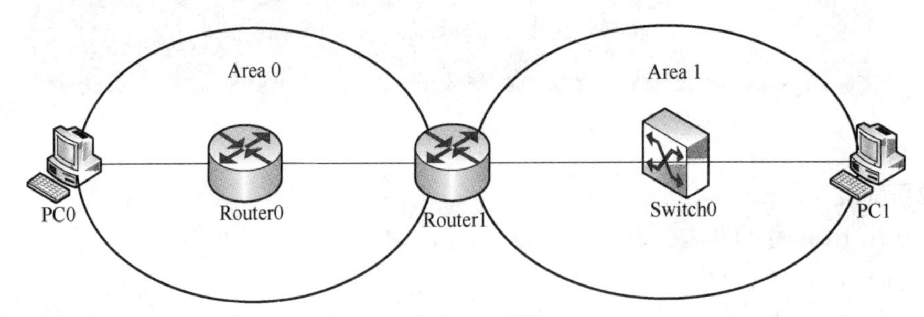

图 8-28　多区域 OSPF 拓扑

5. 实验步骤

第 1 步：连线组网。

为路由器添加 HWIC-2T 串口模块，按照拓扑图正确组网，如图 8-29 所示。

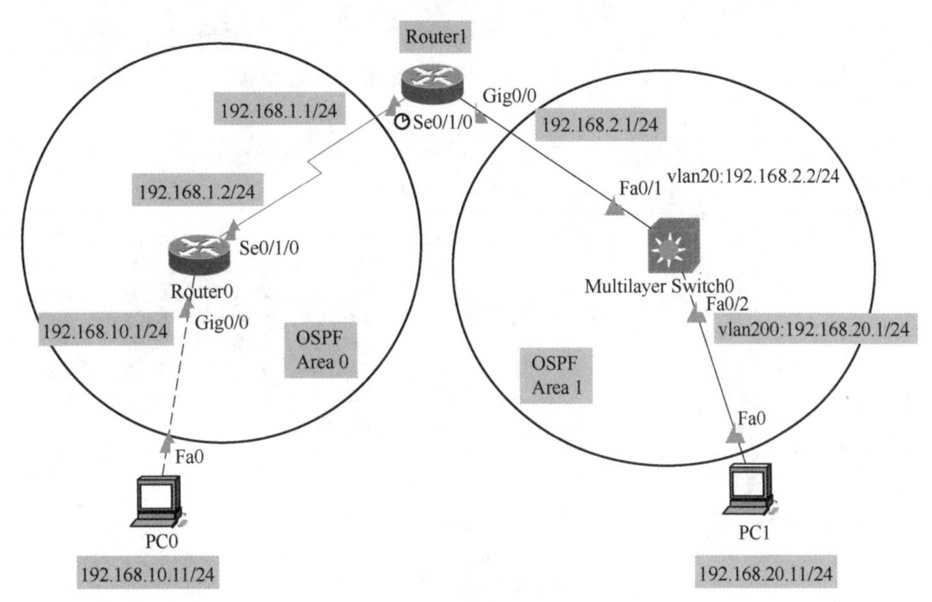

图 8-29　多区域 OSPF 连线组网图

第 2 步：配置三层交换机。

首先创建 Vlan 20 和 Vlan 200，为 Vlan 20 和 Vlan 200 分别划分端口。

Vlan 20 设置地址为 192. 168. 2. 2，子网掩码 255. 255. 255. 0。

Vlan 200 设置地址为 192. 168. 20. 1，子网掩码 255. 255. 255. 0。

使用如下命令进行配置：

```
Switch(config)# vlan 20
Switch(config-vlan)# exit
Switch(config)# vlan 200
Switch(config-vlan)# exit
Switch(config)# interface fastEthernet 0/1
Switch(config-if)# switchport access vlan 20
Switch(config-if)# exit
Switch(config)# interface fastEthernet 0/2
Switch(config-if)# switchport access vlan 200
Switch(config-if)# exit
Switch(config)# interface vlan 20
Switch(config-if)# ip address 192.168.2.2 255.255.255.0
Switch(config-if)# no shutdown
Switch(config-if)# exit
```

```
Switch(config)# interface vlan 200
Switch(config-if)# ip address 192.168.20.1 255.255.255.0
Switch(config-if)# no shutdown
Switch(config-if)# exit
```

交换机配置完成后，使用命令 show vlan 查看交换机 Vlan 设置，如图 8-30 所示。

```
Switch#show vlan

VLAN Name                             Status    Ports
---- -------------------------------- --------- -------------------------------
1    default                          active    Fa0/3, Fa0/4, Fa0/5, Fa0/6
                                                Fa0/7, Fa0/8, Fa0/9, Fa0/10
                                                Fa0/11, Fa0/12, Fa0/13, Fa0/14
                                                Fa0/15, Fa0/16, Fa0/17, Fa0/18
                                                Fa0/19, Fa0/20, Fa0/21, Fa0/22
                                                Fa0/23, Fa0/24, Gig0/1, Gig0/2
20   VLAN0020                         active    Fa0/1
200  VLAN0200                         active    Fa0/2
1002 fddi-default                     active
1003 token-ring-default               active
1004 fddinet-default                  active
1005 trnet-default                    active
```

图 8-30　查看 Vlan 配置

交换机配置完成后，使用命令 show ip interface brief 查看交换机 Vlan IP 地址，如图 8-31 所示。

```
Switch#show ip interface brief
```

```
Vlan1                  unassigned       YES unset  administratively down down
Vlan20                 192.168.2.2      YES manual up                    up
Vlan200                192.168.20.1     YES manual up                    up
```

图 8-31　查看 Vlan IP 地址

第 3 步：配置 Router0 接口地址。

Router0 的 Gi0/0 以太网口地址为 192.168.10.1，子网掩码 255.255.255.0；Router0 的串口 Se0/1/0 地址为 192.168.1.2，子网掩码 255.255.255.0。配置命令如下：

```
Router0(config)# interface gigabitEthernet 0/0
Router0(config-if)# ip address 192.168.10.1 255.255.255.0
Router0(config-if)# no shutdown
Router0(config-if)# exit
Router0(config)# interface serial 0/1/0
Router0(config-if)# ip address 192.168.1.2 255.255.255.0
Router0(config-if)# clock rate 64000
Router0(config-if)# no shutdown
```

配置完成后，使用 show ip interface brief 命令进行检查，如图 8-32 所示。

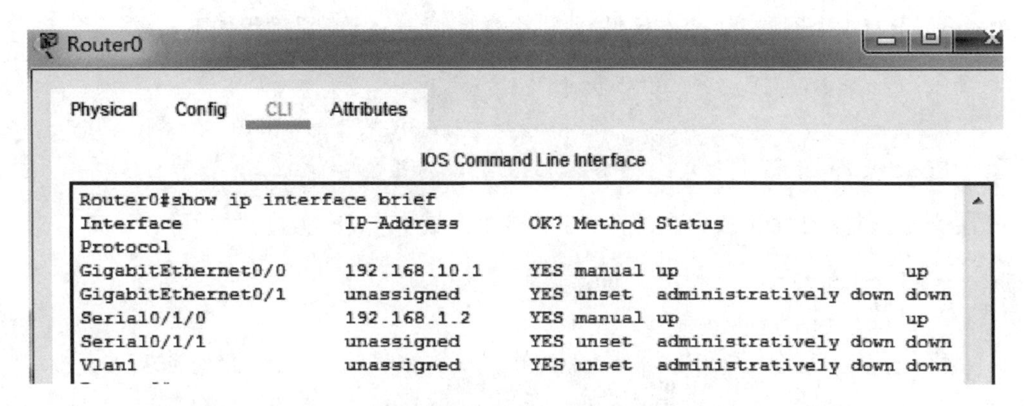

图 8-32　Router0 interface 信息

第 4 步：参照 Router0 配置 Router1 接口地址。

Router1 的 Gi0/0 以太网口地址为 192. 168. 2. 1，子网掩码 255. 255. 255. 0。

Router1 的串口 Se0/1/0 地址为 192. 168. 1. 1，子网掩码 255. 255. 255. 0。

配置完成后，使用 show ip interface brief 命令进行检查。

第 5 步：PC 的 IP 地址配置。

配置 PC0 的 IP 地址为 192. 168. 10. 11/24，网关地址为 192. 168. 10. 1。

配置 PC1 的 IP 地址为 192. 168. 20. 11/24，网关地址为 192. 168. 20. 1。

在 PC 的命令行状态下执行 ipconfig 命令查看配置是否生效。

第 6 步：动态路由协议 OSPF 设置。

1）路由协议 OSPF 配置之前，使用命令 show ip route 查看当前路由表，以 Router0 为例，如图 8-33 所示，可以发现路由器或者交换机当前路由表中只有直连链路的信息，没有非直连网段的信息。

```
Codes: L - local, C - connected, S - static, R - RIP, M - mobile, B - BGP
       D - EIGRP, EX - EIGRP external, O - OSPF, IA - OSPF inter area
       N1 - OSPF NSSA external type 1, N2 - OSPF NSSA external type 2
       E1 - OSPF external type 1, E2 - OSPF external type 2, E - EGP
       i - IS-IS, L1 - IS-IS level-1, L2 - IS-IS level-2, ia - IS-IS inter area
       * - candidate default, U - per-user static route, o - ODR
       P - periodic downloaded static route

Gateway of last resort is not set

     192.168.1.0/24 is variably subnetted, 2 subnets, 2 masks
C       192.168.1.0/24 is directly connected, Serial0/1/0
L       192.168.1.2/32 is directly connected, Serial0/1/0
     192.168.10.0/24 is variably subnetted, 2 subnets, 2 masks
C       192.168.10.0/24 is directly connected, GigabitEthernet0/0
L       192.168.10.1/32 is directly connected, GigabitEthernet0/0
```

图 8-33　Router0 的路由表

2）Router0 上有 2 个网段，全部在 OSPF 路由区域 0，其配置过程如下：

```
Router0(config)# router ospf 10
Router0(config-router)# network 192.168.1.0  0.0.0.255 area 0
Router0(config-router)# network 192.168.10.0  0.0.0.255 area 0
```

Router1 上有 2 个网段，1 个在区域 0，1 个在区域 1，其配置过程如下：

```
Router1(config)# router ospf 10
Router1(config-router)# network 192.168.1.0  0.0.0.255 area 0
Router1(config-router)# network 192.168.2.0  0.0.0.255 area 1
```

三层交换机上有 2 个网段，全部在 OSPF 路由区域 1，其配置过程如下：

```
Switch(config)# ip routing
Switch(config)# router ospf 10
Switch(config-router)# network 192.168.2.0  0.0.0.255 area 1
Switch(config-router)# network 192.168.20.0  0.0.0.255 area 1
```

路由协议 OSPF 配置完成后，自动建立数据库同步，同步完成后会出现图 8-34 所示提示信息。

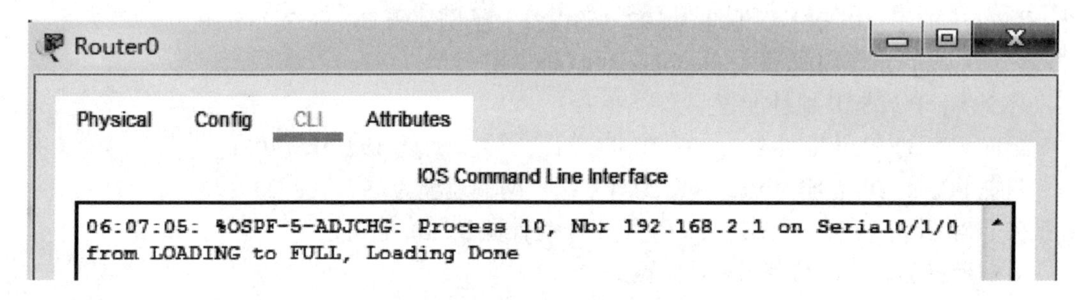

图 8-34　数据库同步信息

如果输入 debug ip ospf events 命令能看到路由器上的交互信息，则进行路由条目的更新。结束 debug 模式，输入命令 no debug ip ospf events，如图 8-35 所示。

Router0

Physical　Config　CLI　Attributes

IOS Command Line Interface

```
Router0#debug ip ospf events
OSPF events debugging is on
Router0#
06:08:25: OSPF: Rcv hello from 192.168.2.1 area 0 from Serial0/1/0 192.168.1.1

06:08:25: OSPF: End of hello processing

06:08:35: OSPF: Rcv hello from 192.168.2.1 area 0 from Serial0/1/0 192.168.1.1

06:08:35: OSPF: End of hello processing

06:08:45: OSPF: Rcv hello from 192.168.2.1 area 0 from Serial0/1/0 192.168.1.1

06:08:45: OSPF: End of hello processing
```

图 8-35　debug 模式输出信息

第7步：查看路由表。

Switch、Router0、Router1 路由部分全部配置完成后，大约30s之后，路由表学习到了网络上全部网段，此时在Router0上用命令 show ip route 再次查看路由表，与OSPF配置之前的路由表进行比较，看看增加了什么内容。

图8-36是OSPF配置后Router0上的路由表，192.168.2.0网段和192.168.20.0网段是Router0的非直连网段，它是通过OSPF学习到的。

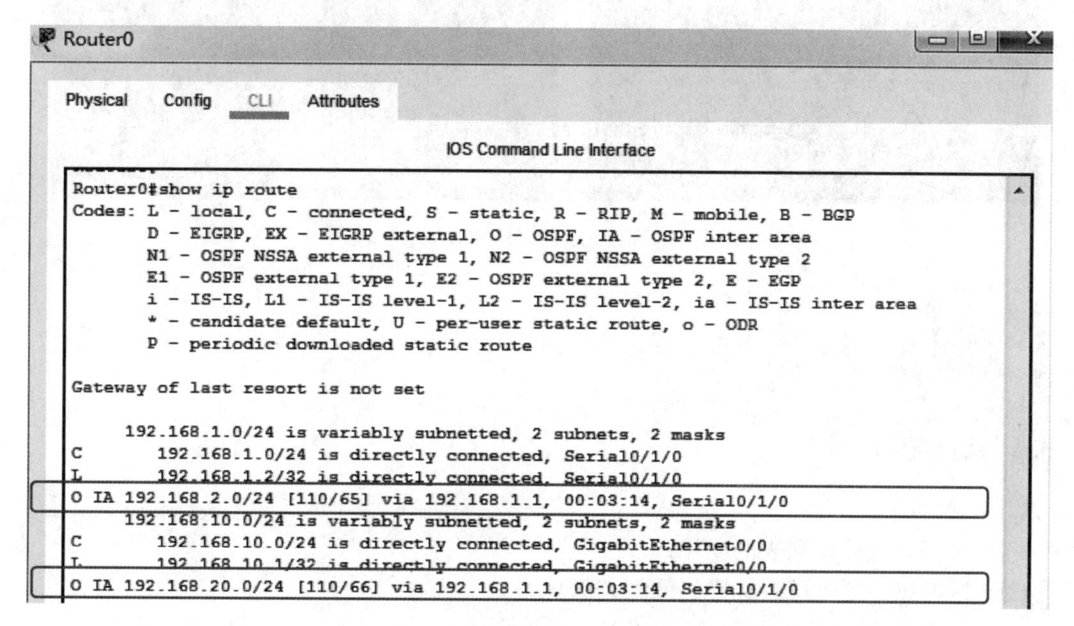

图8-36　查看Router0的路由表

第8步：ping命令测试连通性，按照由近及远的原则。

1）在交换机或路由器进行ping测试，命令如下：

```
Router0# ping 192.168.20.11
```

如图8-37所示为在路由器上执行的ping操作。

```
Type escape sequence to abort.
Sending 5, 100-byte ICMP Echos to 192.168.20.11, timeout is 2 seconds:
.!!!!
Success rate is 80 percent (4/5), round-trip min/avg/max = 1/2/4 ms
```

图8-37　在路由器上执行的ping操作

2）在PC0上进行ping测试，先保证主机能ping通网关，再由近及远ping其他地址，部分结果如图8-38所示。

6. 思考讨论

（1）给出Router1在OSPF配置之前的截图和OSPF配置之后的截图，进行比较；Router1通过OSPF学习到几个路由条目？

（2）本次实验，若将4个网段都划入到区域10，是否能实现PC0和PC1之间的连通？

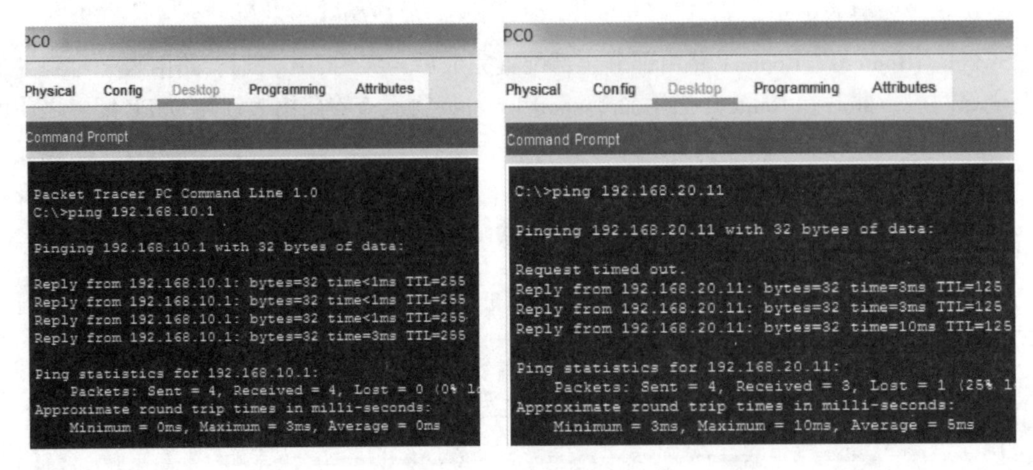

图 8-38　PC0 上执行 ping 操作

8.3　网络安全技术

8.3.1　访问控制列表

1. 实验目的

（1）了解访问控制列表的应用。

（2）掌握路由器上配置标准访问列表的规则。

2. 实验原理

访问控制列表（Access Control List，ACL）是指根据一定的规则对流经路由器或交换机的数据包进行过滤，从而提高网络的可管理性和安全性。

访问控制列表分为两种：标准访问控制列表和扩展访问控制列表。标准访问控制列表根据数据包的源 IP 地址定义规则，按照规则进行数据包的过滤；扩展访问控制列表可以根据数据包的源 IP、目的 IP、源端口、目的端口、协议等信息定义规则，再进行数据包的过滤。

访问控制列表基于接口进行规则应用，分为入栈应用和出栈应用。入栈应用是指外部数据经该端口进入路由器进行过滤；出栈应用是指路由器从该接口向外转发数据时进行数据包过滤。

标准访问控制列表一般绑定在离目标最近的接口；扩展访问控制列表一般绑定在离源较近的地方。标准访问控制列表编号范围是 1 ~ 99、1300 ~ 1999，扩展访问控制列表编号范围是 100 ~ 199、2000 ~ 2699。

访问控制列表配置命令示例：

```
Router(config)# access-list 1 deny 172.16.2.0  0.0.0.255
Router(config)# access-list 1 permit 172.16.1.0  0.0.0.255
Router(config)# interface gigabitEthernet 0/0
Router(config-if)# ip access-group 1 out
```

第 1 行表示标准访问控制列表 access-list 1 拒绝来自 172. 16. 2. 0 的数据通过，第 2 行表示 access-list 1 允许来自 172. 16. 1. 0 的数据通过，第 3 行进入以太网口 Gi 0/0，第 4 行表示控制列表 access-list 1 所有指令构成的指令组，在以太网口 Gi 0/0 出栈时调用。

如图 8-39 所示，本实验 PC1 代表经理部门的主机，PC2 代表销售部门的主机，PC3 代表财务部门的主机，要实现经理部门 PC1 能够访问财务部 PC3，而销售部 PC2 不能访问财务部 PC3。

3. 实验设备

路由器 2 台，V. 35 线缆 1 对，主机 3 台。

4. 实验拓扑

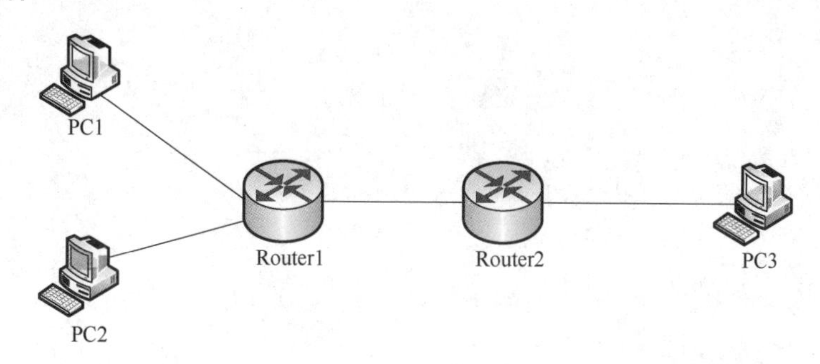

图 8-39　ACL 实验拓扑

5. 实验步骤

第 1 步：连线组网，如图 8-40 所示。

关闭 Router1 和 Router2 的电源，为其添加串口模块 HWIC-2T，连接串口。

将主机 PC1 与 Router1 的 Gig0/0 口相连；将主机 PC2 与 Router1 的 Gig0/1 口相连；将主机 PC3 和 Router2 的 Gi0/0 口相连。

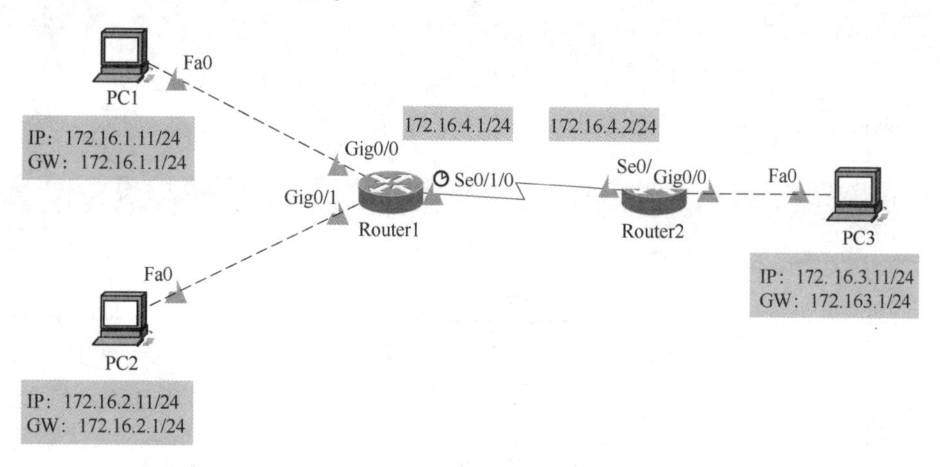

图 8-40　ACL 连线组网图

第 2 步：配置 PC 网卡地址。

主机 PC1 配置网卡地址为 172. 16. 1. 11/24，网关设为 172. 16. 1. 1。

主机 PC2 配置网卡地址为 172. 16. 2. 11/24，网关设为 172. 16. 2. 1。

主机 PC3 配置网卡地址为 172. 16. 3. 11/24，网关设为 172. 16. 3. 1。

第 3 步：Router1 的配置，命令如下：

```
Router1 (config)# interface gigabitEthernet 0/0
Router1 (config-if)# ip address 172.16.1.1   255.255.255.0
Router1 (config-if)# no shutdown
Router1 (config-if)# exit
Router1 (config)# interface gigabitEthernet 0/1
Router1 (config-if)# ip address 172.16.2.1   255.255.255.0
Router1 (config-if)# no shutdown
Router1 (config-if)# Vexit
Router1 (config)# interface serial 0/1/0
Router1 (config-if)# ip address 172.16.4.1   255.255.255.0
Router1 (config-if)# clock rate 64000
Router1 (config-if)# no shutdown
Router1 (config-if)# exit
```

Router2 上的配置，命令如下：

```
Router2 (config)# interface gigabitEthernet 0/0
Router2 (config-if)# ip address 172.16.3.1   255.255.255.0
Router2 (config-if)# no shutdown
Router2 (config-if)# exit
Router2 (config)# interface serial 0/1/0
Router2 (config-if)# ip address 172.16.4.2   255.255.255.0
Router1 (config-if)# clock rate 64000
Router2 (config-if)# no shutdown
```

通过 show ip interface brief 查看 Router1 的接口状态，如图 8-41 所示。

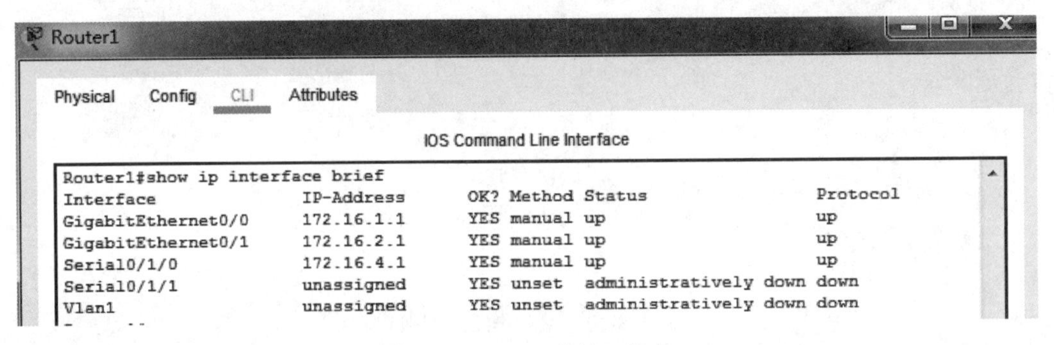

图 8-41　Router1 的接口状态

通过 show ip interface brief 查看 Router2 的接口状态，如图 8-42 所示。

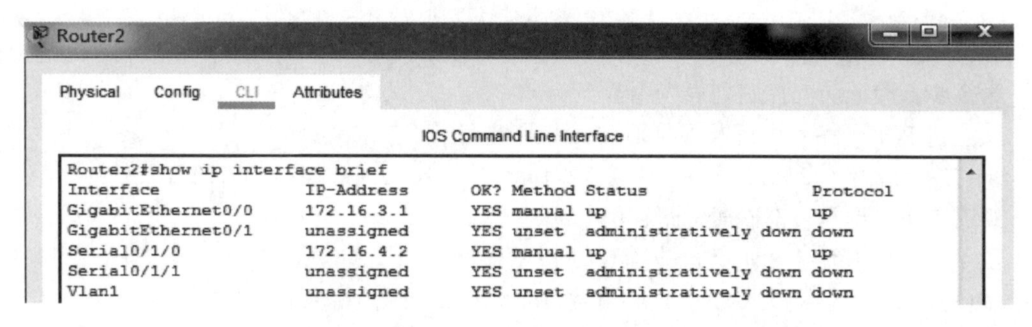
Router2#show ip interface brief

Interface	IP-Address	OK?	Method	Status	Protocol
GigabitEthernet0/0	172.16.3.1	YES	manual	up	up
GigabitEthernet0/1	unassigned	YES	unset	administratively down	down
Serial0/1/0	172.16.4.2	YES	manual	up	up
Serial0/1/1	unassigned	YES	unset	administratively down	down
Vlan1	unassigned	YES	unset	administratively down	down

图 8-42 Router2 的接口状态

第 4 步：配置默认路由，其配置过程如下：

```
Router1 (config)# ip route 172.16.3.0  255.255.255.0  172.16.4.2
Router2 (config)# ip route 172.16.1.0  255.255.255.0  172.16.4.1
Router2 (config)# ip route 172.16.2.0  255.255.255.0  172.16.4.1
```

在 Router1、Router2 上查看路由表，观察路由表中各个网段是否都存在。
第 5 步：验证网络的连通性。
从主机 PC1 开始，由近及远分别 ping 以下地址：
①172.16.2.1 ②172.16.4.1 ③172.16.4.2 ④172.16.3.1 ⑤172.16.3.11
从主机 PC2 开始，由近及远分别 ping 以下地址：
①172.16.2.1 ②172.16.4.1 ③172.16.4.2 ④172.16.3.1 ⑤172.16.3.11
保证网络的各个节点的连通性。
第 6 步：在 Router2 上配置访问控制列表，网络掩码采用反掩码，其配置过程如下：

```
Router2 (config)# access-list 1 deny 172.16.2.0  0.0.0.255
! 拒绝来自 172.16.2.0 的数据通过
Router2 (config)# access-list 1 permit 172.16.1.0  0.0.0.255
! 允许来自 172.16.1.0 的数据通过
Router2 (config)# interface gigabitEthernet 0/0
Router2 (config-if)# ip access-group 1 out  ! 出栈调用访问控制列表
Router2 (config-if)# end
```

第 7 步：采用如下命令查看访问控制列表，Router2 的访问控制列表如图 8-43 所示。

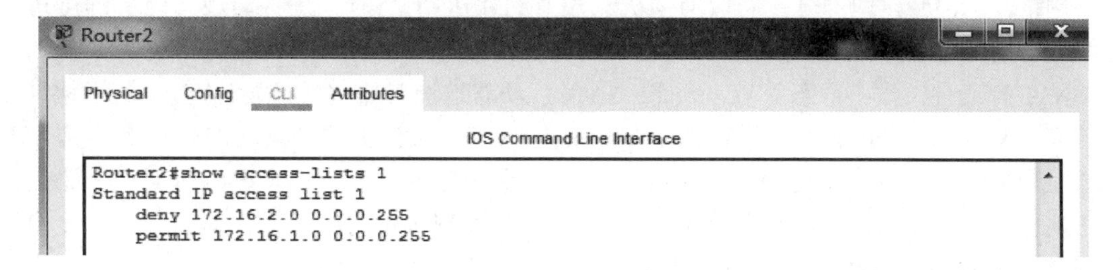
```
Router2#show access-lists 1
Standard IP access list 1
    deny 172.16.2.0 0.0.0.255
    permit 172.16.1.0 0.0.0.255
```

图 8-43 Router2 的访问控制列表

```
Router2# show access-lists 1
```

第 8 步：验证访问控制列表应用。

从主机 PC1 开始，由近及远分别 ping 以下地址：

①172. 16. 2. 1　②172. 16. 4. 1　③172. 16. 4. 2　④172. 16. 3. 1　⑤172. 16. 3. 11

观看各个节点是否都连通？图 8-44 所示为连通成功。

从主机 PC2 开始，由近及远分别 ping 以下地址：

①172. 16. 2. 1　②172. 16. 4. 1　③172. 16. 4. 2　④172. 16. 3. 1　⑤172. 16. 3. 11

观看各个节点是否都连通？

```
C:\>ping 172.16.3.11

Pinging 172.16.3.11 with 32 bytes of data:

Reply from 172.16.3.11: bytes=32 time=6ms TTL=126
Reply from 172.16.3.11: bytes=32 time=1ms TTL=126
Reply from 172.16.3.11: bytes=32 time=6ms TTL=126
Reply from 172.16.3.11: bytes=32 time=4ms TTL=126

Ping statistics for 172.16.3.11:
    Packets: Sent = 4, Received = 4, Lost = 0 (0% loss),
```

图 8-44　PC1 ping PC3 成功

6. 思考讨论

(1) 标准访问控制列表和扩展访问控制列表有哪些区别？

(2) 标准 ACL 应该部署在距离分组的目的网络近的位置，扩展 ACL 应该部署在距离分组发送者近的位置，原因是什么？

8. 3. 2　网络地址转换

1. 实验目的

(1) 掌握如何向外网发布内网的服务器。

(2) 掌握 NAT 源地址转换和目的地址转换的区别。

2. 实验原理

网络地址转换（Network Address Translation，NAT）能帮助解决 IP 地址资源紧缺的问题，而且使得内外网隔离，提高了网络的安全性。NAT 将网络划分为内部网络（inside）和外部网络（outside）两部分。局域网主机利用 NAT 访问网络时，是将局域网内部的本地地址转换为全局地址（互联网合法 IP 地址）后转发数据包。

NAT 有三种类型：静态 NAT（Static NAT）、动态地址 NAT（Pooled NAT）、网络地址端口转换（Network Address Port-Level Translation，NAPT）。静态 NAT 实现的是一个内部私有 IP 地址对应一个公网合法地址。动态地址 NAT 实现的是多个内部私有 IP 地址对应一个公网合法地址池，地址池含有若干个全局地址。NAPT 是实现多个内部私有 IP 地址对应一个全局公网合法 IP 地址，并用不同的端口号进行区分。

网络地址转换关键命令说明：

ip nat {inside | outside}：定义内部接口和外部接口。

ip nat inside source static local-ip global-ip：全局配置命令。在对内部局部地址使用静态地址转换时，用该命令进行地址定义。

access-list access-list-number {permit | deny} local-ip-address：使用该命令为内部网络定义一个标准 IP 访问列表。

ip nat pool pool-name start-ip end-ip netmask netmask [type rotary]：使用该命令为内部网络定义一个 NAT 地址池。

ip nat inside source list access-list-number pool pool-name [overload]：使用该命令定义访问控制列表与 NAT 内部全局地址池之间的映射。

ip nat outside source list access-list-number pool pool-name [overload]：使用该命令定义访问控制列表与 NAT 外部局部地址池之间的映射。

ip nat inside destination list access-list-number pool pool-name：使用该命令定义访问控制列表与终端 NAT 地址池之间的映射。

show ip nat translations：显示当前存在的 NAT 转换信息。

show ip nat statistics：查看 NAT 的统计信息。

Clear ip nat translations *：删除 NAT 映射表中的所有内容。

在传统的路由交换网络中可以使用路由器实现 NAT，而近年来大多使用防火墙来完成。使用路由器实现 NAT 时，常常发现路由器的性能会下降，这是因为每一个经过路由器的数据包都要进行 NAT，这必然消耗系统的 CPU 资源，而且转换的中间结果还要暂时保存在内存中，以便于回应数据的恢复。防火墙的主要功能是完成这种复杂任务，它的性能不像路由器那样明显下降。

本实验要实现内网网段 192.168.1.0/24 的地址转换，将内部网络 192.168.1.0/24 中的 IP 地址映射为公网 200.1.1.0/24 网段的某个 IP 地址，假设只有 50 个公网地址，地址池是 200.1.1.100/24～200.1.1.150/24，假设外网服务器地址为 100.1.1.X/16。Router1 为企业内部的边界路由器，Router2 为外部网络的路由器，因此网络地址转换需要在 Router1 上配置。

3. 实验设备

路由器 2 台，二层交换机 1 台，V.35 线缆 1 对，主机 4 台。

4. 实验拓扑

NAT 拓扑如图 8-45 所示。

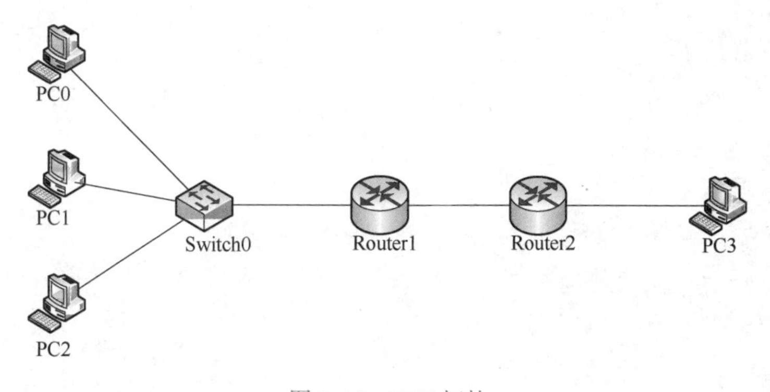

图 8-45 NAT 拓扑

5. 实验步骤

第 1 步：连线组网。

关闭电源，将 HWIC-2T 模块拖拽到空卡槽，为路由器添加串口，并连线组网，如图 8-46所示。

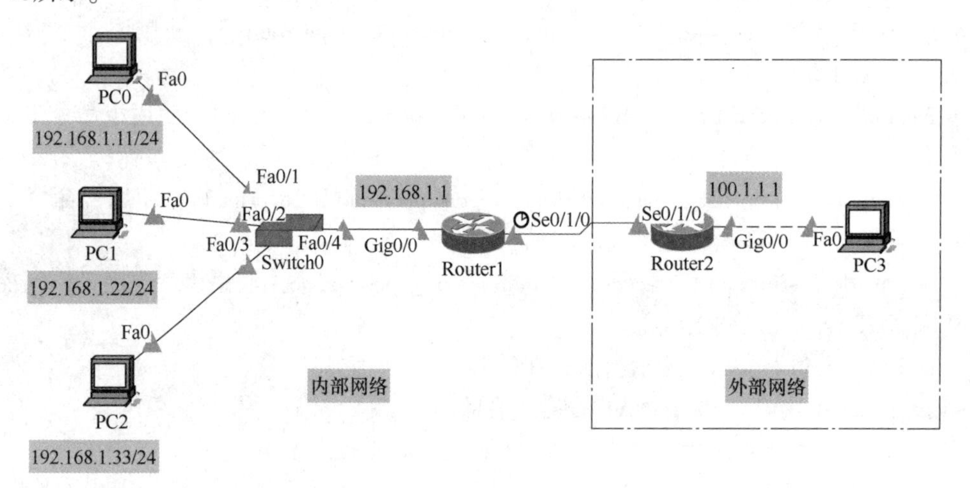

图 8-46　实验组网图

Router1 和 Router2 之间的串口用 V. 35 线缆连接，Cisco 模拟器可以选择“自动连接类型线”进行连线。

将内网主机所在交换机与 Router1 的 Gi0/0 口相连；将另一台主机和 Router2 的 Gi0/0 相连。

第 2 步：配置主机网卡地址。

内网主机配置网卡地址分别为 192. 168. 1. 11/24、192. 168. 1. 22/24、192. 168. 1. 33/24，网关地址设为 192. 168. 1. 1。

外网服务器网卡地址设为 100. 1. 1. 5/16，网关地址设为 100. 1. 1. 1。

第 3 步：路由器的基本配置。

Router1 上的配置命令如下：

```
Router1(config)#
Router1 (config)# interface gigabitEthernet 0/0
Router1 (config-if)# ip address 192.168.1.1  255.255.255.0
Router1 (config-if)# no shutdown
Router1 (config-if)# exit
Router1 (config)# interface serial 0/1/0
Router1 (config-if)# ip address 200.1.1.1 255.255.255.0
Router1 (config-if)# clock rate 64000
Router1 (config-if)# no shutdown
Router1 (config-if)# exit
```

Router2 上的配置命令如下：

```
Router2 (config)# interface gigabitEthernet 0/0
Router2 (config-if)# ip address 100.1.1.1  255.255.0.0
Router2 (config-if)# no shutdown
Router2 (config-if)# exit
Router2 (config)# interface serial 0/1/0
Router2 (config-if)# ip address 200.1.1.2  255.255.255.0
Router1 (config-if)# clock rate 64000
Router2 (config-if)# no shutdown
Router2 (config-if)# end
```

查看 Router1 的接口状态，命令如下：

```
Router1#show ip interface brief
Interface            IP-Address    OK?       Method Status              Protocol
GigabitEthernet0/0   192.168.1.1   YES manual    up                       up
GigabitEthernet0/1   unassigned    YES unset  administratively down   down
Serial0/1/0          200.1.1.1     YES manual    up                     up
Serial0/1/1          unassigned    YES unset  administratively down   down
Vlan1                unassigned    YES unset  administratively down     down
```

查看 Router2 的接口状态，命令如下：

```
Router2#show ip interface brief
Interface            IP-Address    OK?      Method Status               Protocol
GigabitEthernet0/0   100.1.1.1     YES manual      up                      up
GigabitEthernet0/1   unassigned    YES unset  administratively down       down
Serial0/1/0          200.1.1.2     YES manual      up                      up
Serial0/1/1          unassigned    YES unset  administratively down       down
Vlan1                unassigned    YES unset  administratively down       down
```

第4步：Router1 上配置默认路由，注意，Router2 为外部路由器，它不知道企业内部网络结构以及企业内部使用的 IP 地址，因此 Router2 上不需要配置任何路由。Router1 的配置命令如下：

```
Router1(config)#ip route  0.0.0.0  0.0.0.0  200.1.1.2
```

查看 Router1 上的路由表，命令如下：

```
Router1#show ip route
192.168.1.0/24 is variably subnetted, 2 subnets, 2 masks
C         192.168.1.0/24 is directly connected, GigabitEthernet0/0
L         192.168.1.1/32 is directly connected, GigabitEthernet0/0
      200.1.1.0/24 is variably subnetted, 2 subnets, 2 masks
```

```
C         200.1.1.0/24 is directly connected, Serial0/1/0
L         200.1.1.1/32 is directly connected, Serial0/1/0
S*      0.0.0.0/0 [1/0] via 200.1.1.2
```

查看 Router2 上的路由表，命令如下：

```
Router2#show ip route                          ！只有直连网段
100.1.0.0/16 is variably subnetted, 2 subnets, 2 masks
C         100.1.0.0/16 is directly connected, GigabitEthernet0/0
L         100.1.1.1/32 is directly connected, GigabitEthernet0/0
      200.1.1.0/24 is variably subnetted, 2 subnets, 2 masks
C         200.1.1.0/24 is directly connected, Serial0/1/0
L         200.1.1.2/32 is directly connected, Serial0/1/0
```

第 5 步：在 Router1 上配置 NAT，命令如下：

```
Router1(config)#interface gigabitEthernet 0/0
Router1(config-if)# ip nat inside  ！定义内部接口
Router1(config-if)# exit
Router1(config)# interface serial 0/1/0
Router1(config-if)# ip nat outside！定义外部接口
Router1(config-if)# exit
！定义转换的地址池范围,并命名为 net50
Router1(config)# ip nat pool net50  200.1.1.100  200.1.1.150  netmask
255.255.255.0
！定义内部地址网段,使用 ACl 表示
Router1(config)# access-list 1  permit 192.168.1.0  0.0.0.255
Router1(config)# ip nat inside source list 1 pool net50
！定义内部源地址调用公网地址池
```

第 6 步：验证测试，如果从 PC 上进行测试，首先保证 PC 能 ping 通自己的网关，再从网关出发，由近及远地进行测试。本实验内部主机能访问外部网络和外部服务器，但是外部服务器并不能访问内部网络。测试命令如下：

```
Router1#ping 200.1.1.2
Type escape sequence to abort.
Sending 5, 100-byte ICMP Echos to 200.1.1.2, timeout is 2 seconds:
!!!!!
Success rate is 100 percent (5/5), round-trip min/avg/max = 2/7/27 ms
Router1#ping 100.1.1.1
Type escape sequence to abort.
Sending 5, 100-byte ICMP Echos to 100.1.1.1, timeout is 2 seconds:
!!!!!
Success rate is 100 percent (5/5), round-trip min/avg/max = 2/2/5 ms
```

```
Router1#ping 100.1.1.5
Type escape sequence to abort.
Sending 5, 100-byte ICMP Echos to 100.1.1.5, timeout is 2 seconds:
.!!!!
Success rate is 80 percent (4/5), round-trip min/avg/max = 1/2/3 ms

Router2#ping 192.168.1.1                ! 不能连通
Sending 5, 100-byte ICMP Echoes to 192.168.1.1, timeout is 2 seconds:
  < press Ctrl+C to break >
.....
Success rate is 0 percent (0/5)
Router2#ping 192.168.1.22               ! 不能连通
Sending 5, 100-byte ICMP Echoes to 192.168.1.22, timeout is 2 seconds:
  < press Ctrl+C to break >
.....
Success rate is 0 percent (0/5)
```

第 7 步：查看配置。

PC 端 ping 外部服务器之后，通过如下命令查看地址转换的情况：

```
Router1#show ip nat translations
Pro Inside global     Inside local     Outside local    Outside global
icmp 200.1.1.100:1    192.168.1.11:1   100.1.1.5:1      100.1.1.5:1
icmp 200.1.1.100:2    192.168.1.11:2   100.1.1.5:2      100.1.1.5:2
icmp 200.1.1.100:3    192.168.1.11:3   100.1.1.5:3      100.1.1.5:3
icmp 200.1.1.100:4    192.168.1.11:4   100.1.1.5:4      100.1.1.5:4
icmp 200.1.1.101:1    192.168.1.22:1   100.1.1.5:1      100.1.1.5:1
icmp 200.1.1.101:2    192.168.1.22:2   100.1.1.5:2      100.1.1.5:2
icmp 200.1.1.101:3    192.168.1.22:3   100.1.1.5:3      100.1.1.5:3
icmp 200.1.1.101:4    192.168.1.22:4   100.1.1.5:4      100.1.1.5:4
icmp 200.1.1.102:1    192.168.1.33:1   100.1.1.5:1      100.1.1.5:1
icmp 200.1.1.102:2    192.168.1.33:2   100.1.1.5:2      100.1.1.5:2
icmp 200.1.1.102:3    192.168.1.33:3   100.1.1.5:3      100.1.1.5:3
icmp 200.1.1.102:4    192.168.1.33:4   100.1.1.5:4      100.1.1.5:4
```

通过如下命令查看地址转换的统计情况：

```
Router1#show ip nat statistics(思科路由器指令)
Total translations: 0 (0 static, 0 dynamic, 0 extended)
Outside Interfaces: Serial0/1/0
Inside Interfaces: GigabitEthernet0/0
```

```
Hits: 12  Misses: 41
Expired translations: 12
Dynamic mappings:
-- Inside Source
access-list 1 pool net50 refCount 0
pool net50: netmask 255.255.255.0
       start 200.1.1.100 end 200.1.1.150
       type generic, total addresses 51 , allocated 0 (0% ), misses 0
```

第 8 步：路由器 Router1 上的参考配置，命令如下：

```
Router1#show running-config
Building configuration...

Current configuration : 983 bytes
!
version 15.1
no service timestamps log datetime msec
no service timestamps debug datetime msec
no service password-encryption
!
hostname Router1
!
no ip cef
no ipv6 cef
license udi pid CISCO1941/K9 sn FTX15244582
!
spanning-tree mode pvst
!
interface GigabitEthernet0/0
ip address 192.168.1.1 255.255.255.0
ip nat inside
duplex auto
speed auto
!
interface GigabitEthernet0/1
no ip address
duplex auto
speed auto
```

```
shutdown
!
interface Serial0/1/0
ip address 200.1.1.1 255.255.255.0
ip nat outside
clock rate 64000
!
interface Serial0/1/1
no ip address
clock rate 2000000
shutdown
!
interface Vlan1
no ip address
shutdown
!
ip nat pool net50 200.1.1.100 200.1.1.150 netmask 255.255.255.0
ip nat inside source list 1 pool net50
ip classless
ip route 0.0.0.0 0.0.0.0 200.1.1.2
!
ip flow-export version 9
!
access-list 1 permit 192.168.1.0 0.0.0.255
!
line con 0
!
line aux 0
!
line vty 0 4
login
!
end
```

6. 思考讨论

（1）NAT 技术产生的背景是什么？

（2）NAT 有哪些局限性？

附录

名词及术语中英文对照索引表

简　称	英文全称	中　文
ISO	International Organization for Standardization	国际标准化组织
OSI/RM	Open System Interconnection Reference Model	开放系统互联参考模型
DTE	Data Terminal Equipment	数据终端设备
DCE	Data Communication Equipment	数据通信设备
PDU	Protocol Data Unit	协议数据单元
DPDU	Data link Layer Protocol data Unit	链路层协议数据单元
DNS	Domain Name System	域名系统
FTP	File Transfer Protocol	文件传送协议
NFS	Network File System	网络文件系统
TFTP	Trivial File Transfer Protocol	简单文件传送协议
NVT	Network Virtual Terminal	网络虚拟终端
SMTP	Simple Mail Transfer Protocol	简单邮件传送协议
MIME	Multipurpose Internet Mail Extensions	通用 Internet 邮件扩充
POP	Post Office Protocol	邮局协议
IMAP	Internet Message Access Protocol	互联网信息获取协议
WWW	World Wide Web	环球信息网
URL	Uniform Resource Locator	统一资源定位符
HTTP	Hyper Text Transfer Protocol	超文本传送协议
HTML	Hyper Text Markup Language	超文本标记语言
DHCP	Dynamic Host Configuration Protocol	动态主机配置协议
BOOTP	BOOT strap Protocol	引导程序协议
MIB	Management Information Base	管理信息库
SNMP	Simple Network Management Protocol	简单网络管理协议
API	Application Programming Interface	应用编程接口
UDP	User Datagram Protocol	用户数据报协议
TCP	Transmission Control Protocol	传输控制协议
TPDU	Transport Protocol Data Unit	传输协议数据单元
rwnd	receiver window	接收端窗口
cwnd	congestion window	拥塞窗口

（续）

简　称	英文全称	中　文
RTO	Retransmission Time-Out	超时重传时间
NAT	Network Address Translator	网络地址转换
PAT	Port Address Translation	端口地址转换
AS	Autonomous System	自治系统
IGP	Interior Gateway Protocol	内部网关协议
RIP	Routing Information Protocol	路由信息协议
OSPF	Open Shortest-Path First	开放式最短路径优先协议
NBMA	None Broadcast Multi-Access	非广播多路访问型
ARP	Address Resolution Protocol	地址解析协议
ICMP	Internet Control Message Protocol	Internet 控制报文协议
IGMP	Internet Group Management Protocol	Internet 组管理协议
IETF	Internet Engineering Task Force	互联网工程任务组
DDCMP	Digital Data Communications Message Protocol	数字数据通信报文协议
ARQ	Automatic Repeatre Quest	自动重传请求
FCS	Frame Check Sequence	帧检验序列
SDLC	Synchronous Data Link Control	同步数据链路规程
HDLC	High-level Data Link Control	高级数据链路控制
LAP	Link Access Procedure	链路接入规程
PPP	Point-to-Point Protocol	点对点协议
LCP	Link Control Protocol	链路控制协议
NCP	Network Control Protocol	网络控制协议
LLC	Logical Link Control	逻辑链路控制
MAC	Medium Access Control	媒体接入控制
NIC	Network Interface Card	网络接口卡
CSMA/CD	Carrier Sense Multiple Access with Collision Detection	载波监听多点接入/碰撞检测
TBET	Truncated Binary Exponential Type	二进制指数类型退避算法
ESS	Extended Service Set	扩展的服务集
AP	Access Point	接入点
DS	Distribution System	分配系统
IFS	Inter Frame Space	帧间间隔
NAV	Network Allocation Vector	网络分配向量
RTS	Request To Send	请求发送
CTS	Clear To Send	允许发送
VLAN	Virtual Local Area Network	虚拟局域网

参考文献

[1] TANENBAUM A S. Computer Networks [M]. 4th ed. Upper Saddle River：Prentice-Hall Inc.，2013.

[2] STALLINGS W. Computer Networking with Internet Protocols and Technology [M]. Upper Saddle River：Prentice-Hall Inc.，2003.

[3] 谢希仁. 计算机网络 [M]. 8 版. 北京：电子工业出版社，2020.

[4] COMER D E. Computer Networks and Internets [M]. Boston：Addison-Wesley，1988.

[5] COMER D E. Internetworking with TCP/IP Vol. 1：Principles，Protocols，and Architecture [M]. Boston：Addison-Wesley Professionl，1988.

[6] KUROSE J F，ROSS K W. Computer Networking：A Top-Down Approach Featuring the Internet [M]. Boston：Addison Wesley，2013.

[7] PETERSON L L. 计算机网络：系统方法（原书第四版）[M]. 薛静锋，等译. 北京：机械工业出版社，2009.

[8] MATTEW S J. 计算机网络实验教程 [M]. 李毅超，等译. 北京：人民邮电出版社，2006.

[9] PANWAR S S. TCP/IP 基础教程：基于实验的方法 [M]. 陈涓，译. 北京：人民邮电出版社，2006.

[10] 钱德沛，等. 计算机网络实验教程 [M]. 北京：高等教育出版社，2005.

[11] 吴功宜. 计算机网络 [M]. 北京：清华大学出版社，2003.

[12] 王群. 计算机网络教程 [M]. 北京：清华大学出版社，2005.

[13] 鲁士文. 计算机网络习题与解析 [M]. 2 版. 北京：清华大学出版社，2005.

[14] 李峰，陈向益. TCP/IP 协议分析与应用编程 [M]. 北京：人民邮电出版社，2008.

[15] 张建忠，等. 计算机网络实验指导书 [M]. 北京：清华大学出版社，2005.

[16] 吴功宜，等. 计算机网络教师用书 [M]. 北京：清华大学出版社，2004.

[17] 吴功宜，等. 计算机网络课程设计 [M]. 北京：机械工业出版社，2005.

[18] STALLINGS W. 网络安全基础：应用与标准（第三版）[M]. 白国强，译. 北京：清华大学出版社，2007.

[19] STALLINGS W. 密码编码学与网络安全：原理与实践（第四版）[M]. 孟庆树，译. 北京：电子工业出版社，2006.

[20] 王洪泊，边胜琴. 计算机网络 [M]. 北京：清华大学出版社，2015.

[21] 边胜琴，王建萍，崔晓龙，等. “在线教学+项目实训”实验教学模式研究 [J]. 实验技术与管理，2021，38（3）：201-206.

[22] 边胜琴，王建萍，张力军，等. 面向工程应用开展综合网络设计实验 [J]. 实验室科学，2020，23（3）：60-66.

[23] 边胜琴，王建萍，张力军，等. 综合组网实验的设计与实现 [J]. 实验科学与技术，2020，18（3）：11-17.

[24] 边胜琴，王洪泊，崔晓龙，等. 基础性网络实验教学设计与创新 [J]. 中国教育技术装备，2020（6）：118-120.

[25] 边胜琴，王洪泊，崔晓龙. NAT 实验教学在 Packet Tracer 软件上的实现 [J]. 实验科学与技术，2018，16（2）：116-120+145.

[26] 边胜琴，王建萍，崔晓龙. 计算机网络实验室建设与实验教学改革 [J]. 实验室研究与探索，2017，36（2）：259-262.